World Habitat®
世界人居

世界人居系列丛书

世界人居设计年鉴

WORLD HABITAT DESIGN YEARBOOK

（第二卷）

（VOLUME II）

王润强　龚兵华　主编

中国建材工业出版社
北　京

图书在版编目（CIP）数据

世界人居设计年鉴 . 第二卷 / 王润强，龚兵华主编
. -- 北京 : 中国建材工业出版社，2024.8
(世界人居系列丛书)

ISBN 978-7-5160-3523-8

I. ①世… II. ①王… ②龚… III. ①景观－园林设
计－作品集－世界－现代 IV. ① TU986.2

中国版本图书馆 CIP 数据核字（2022）第 100628 号

世界人居设计年鉴 （第二卷）
SHIJIE RENJU SHEJI NIANJIAN（DI-ER JUAN）
王润强　龚兵华　主编

出版发行：中国建材工业出版社
地　　址：北京市西城区白纸坊东街 2 号院 6 号楼
邮　　编：100054
经　　销：全国各地新华书店
印　　刷：北京天恒嘉业印刷有限公司
开　　本：635mm×965mm　1/8
印　　张：45
字　　数：500 千字
版　　次：2024 年 8 月第 1 版
印　　次：2024 年 8 月第 1 次
定　　价：**498.00** 元

本社网址：**www.jccbs.com**，微信公众号：**zgjcgycbs**
请选用正版图书，采购、销售盗版图书属违法行为

世界人居网网址：

www.worldhabitat.cn

世界人居微信公众号：

主编介绍

王润强

广州美术学院教授，博士生导师，广州美术学院文化创意研究院院长，长期从事教育及设计创作工作，主持和参与多项教改和科研创作实践工作，主持设计的“东莞东坑镇井美村美丽乡村规划设计”获得国家林业和草原局主办的第三届全国林业草原行业创新创业大赛唯一金奖，同时主导规划的“南平静修小镇美丽乡村规划设计”获得文化和旅游部颁发的全国乡村旅游重点村及中共广东省委授予的广东十大美丽乡村荣誉称号。参与了国家艺术基金《川音艺谷》项目，出版专著《景观规划与设计案例实践》《建筑与环境设计案例实训》《社会转型下当代四川村镇建设发展与探索》《城市水空间景观设计》《造型元素》《建筑外部环境设计》《城市规划概论》，主编了全国高等院校美术与设计专业等一系列教材，并发表《云南建水朱家花园与江南私家园林对比研究》《以乡村振兴为背景的文化景观重塑路径》《基于文化视角下的川南泸县龙脑桥形态探讨》等研究论文。

龚兵华

美国先锋理工学院博士，世界人居智库秘书长，世界人居网创始人，艾景奖发起人，中国长城绿化促进会副秘书长、生态人居与绿色建筑分会副会长兼秘书长，全国景观规划设计创新创业大赛执行秘书长，艾景奖（北京）建筑科学研究院院长、法人，世界人居（北京）环境科学研究院执行院长、董事。自 1997 年起，龚兵华深耕于设计领域，拥有丰富的建筑、景观、室内及陈设等设计领域的培训经验。自 2010 年起，他转型从事设计竞赛和行业展览，成功培育了艾景奖、世界人居等知名行业品牌，为行业作出了积极贡献，并于 2021 年获得国家林业和草原局授予的第三届全国林业草原行业创新创业大赛最佳组织个人，2008 年获得中国室内装饰协会授予的行业贡献奖。龚兵华主持的活动每年参会人数达 2000 人，展览面积达 15000 平方米，得到了各地政府的高度支持。龚兵华还积极组织设计师代表团进行国际商务交流与学术交流，提升中国设计领域的国际影响力。

PREFACE

序言

在 21 世纪的全球语境下，随着城市化进程的加速，人居环境建设的议题日益凸显其重要性，人居环境成为衡量社会可持续发展的重要标尺。党的十八届五中全会以来，我国迈向全面建设社会主义现代化国家的新征程，明确提出了新型城镇化、绿色生产生活方式普及及城乡均衡发展三大目标，标志着人居环境优化已成为国家现代化蓝图的核心要素。

在此背景下，《世界人居设计年鉴》应运而生，行业专家、院校知名教授及学科带头人、知名企业参与其中，旨在记录并传播我国人居环境建设领域的探索与成就，首卷的成功出版不仅获得了中国知网等多家权威学术机构与包括北京大学、清华大学、同济大学、东南大学、中国农业大学和天津大学等知名大学图书馆的认可与收藏，还见证了“艾景奖”获奖作品的卓越贡献，这些设计力作不仅是创新设计与绿色理念的结晶，更是推动中国乃至全球人居环境进步的重要力量。

进入第二卷的编纂，我们站在新的历史起点，面对“乡村振兴”与“城市更新”的双重使命，更加深刻地认识到打造绿色健康、和谐宜居的人居环境对于社会福祉的重要性。《世界人居设计年鉴（第二卷）》将继续秉承开放、创新的精神，聚焦于绿色建筑、城乡规划、生态景观等多元领域，不仅是设计佳作的展示平台，更是跨界合作、理论探讨与实践交流的桥梁，旨在通过设计的力量推动产业升级，促进经济转型，引领文化创新，最终指向一个人与自然和谐共生的美好未来。

此卷年鉴将继续分为“优秀作品”“优秀企业”与“优秀人物”三大板块，深度挖掘和展示那些既尊重地域文脉又勇于创新的设计实践，表彰那些在人居环境领域默默耕耘、成绩斐然的设计师与团队，同时也为全球读者提供一份观察中国乃至世界人居环境发展趋势的参考指南。

在全球生态环境修复与可持续发展目标的指引下，中国作为快速城市化进程中的先行者，其人居环境建设的探索和经验对全球具有不凡的意义。《世界人居设计年鉴》的持续发布，正是中国高质量发展的设计智慧与创新精神面向世界的自信表达，它不仅是对中国乃至全球人居环境发展的时代见证，更是一部激励创新、启迪未来的设计史记，期待能够激发更多的创造力，共同绘制人类理想家园的宏伟蓝图。

广州美术学院教授、广州美术学院文化创意研究院院长

World Habitat
世界人居

CONTENTS

目录

第一篇 世界人居

优秀作品

CONTENTS

目录

第一篇　世界人居

优秀作品

第二篇　世界人居

优秀企业

第三篇　世界人居

优秀人物

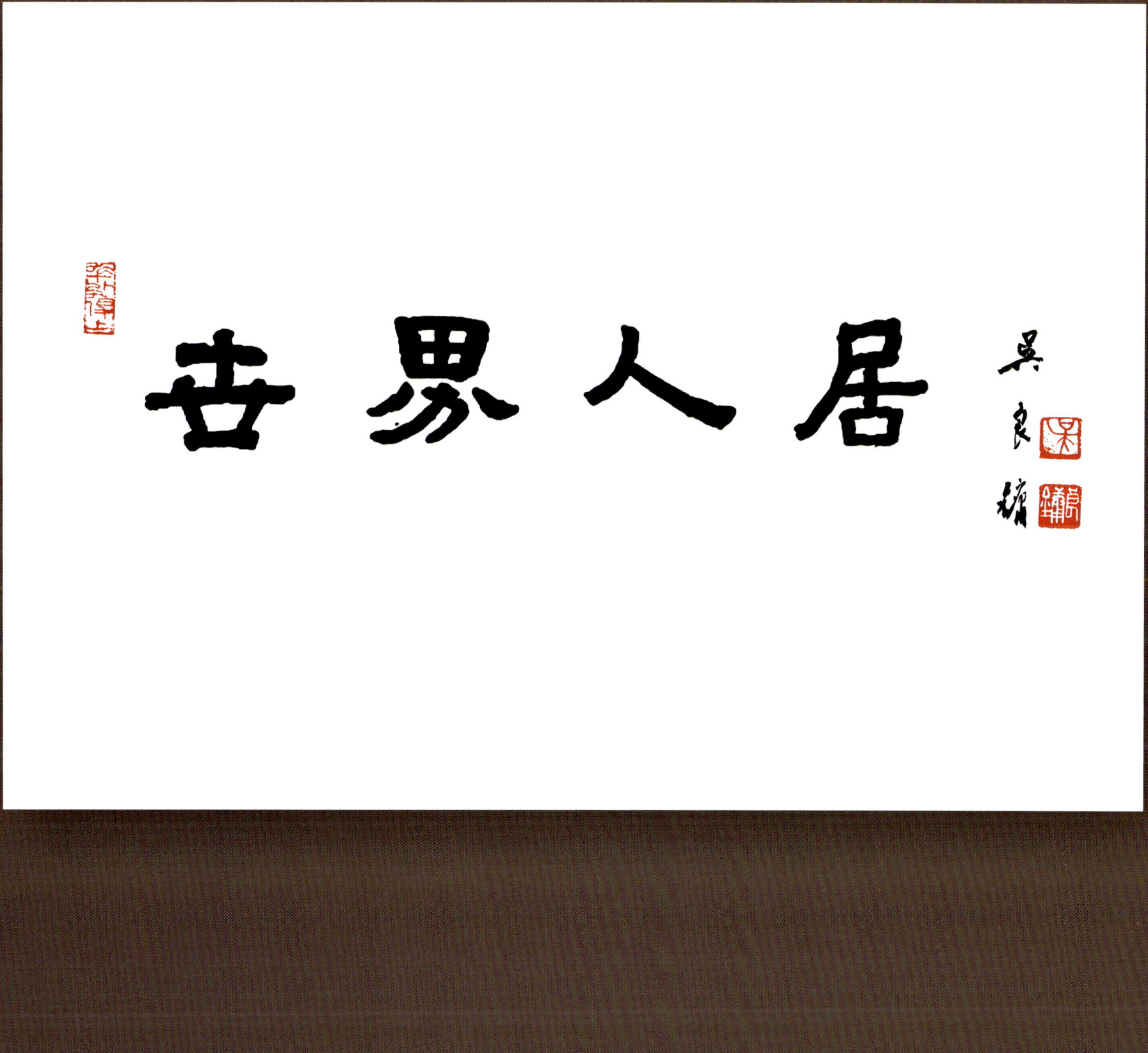
古界人居
吴良镛

01

World Habitat
世界人居

世界人居优秀作品

第一篇

德国 MHK 集团欧洲总部的公园规划

设计单位：AS+P ALBERT SPEER + PARTNER GMBH
委托单位：MHK GROUP
主创姓名：AXEL BIENHAUS
成员姓名：KATHRIN GALLUS ETC
设计时间：2015
建成时间：2018
项目地点：德国黑森州德莱艾希
项目规模：6公顷
项目类别：建筑设计/景观设计/室内设计

[A]

[A] 建筑实景图
[B] 项目平面图

[B]

1. 园区主入口
2. 论坛中心入口
3. MHK办公楼
4. 论坛中心
5. 花园酒店
6. 镜面水景
7. 休憩平台
8. 木兰花林
9. 杜鹃花园

[C]

[D]

MHK集团欧洲总部位于法兰克福市区南部，气候宜人，6公顷的园区和这座现代化节能办公楼于2018年竣工。

作为全球最大的国际化家居及商用地面材料供应商，MHK集团年营业额达到60亿欧元，和很多细分领域隐形冠军一样，MHK集团建造这座园区的目的不仅仅是通过可实现的建筑和景观技术展示自身实力和抱负，更想为这座城市与自然之间的割裂提供织补和缝合，并为城市创造一处可完美融合于原有肌理的新地标。MHK集团委托AS+P主持整个园区的景观规划和园区内三座建筑物的建筑、室内一体化设计，让城市通过MHK园区完美过渡到自然怀抱中。面向城市的界面，园区以开放欢迎的姿态和独特的结构设计展示MHK新的企业形象：主体建筑——MHK欧洲新总部大楼总长112米，包括一个32米的悬挑结构的建筑入口，大悬挑结构在保证足量工位和

[C] 入口水景
[D] 绿化组团
[E] 办公空间
[F] 办公空间
[G] 中央通道
[H] 杜鹃花园
[I] 草坪景观

[E]

[F]

[G]

[H]

功能空间的前提下减少了建筑的占地面积，释放出更多的地面景观空间，同时展现了公司的雄心壮志。无立柱支撑仅通过2根四层楼高的巨柱支撑的钢桁架体系实现，结构极具挑战性。透过建筑外立面尺寸为8.10米×3.20米的双层玻璃幕墙，设计结构从内部可清晰辨认。玻璃幕墙与楼层高度一致，确保了与建筑一致的平和、均匀外观，通过对自然进气口进行预处理，兼具降噪和节能效应。位于悬挑结构下方的水渠将建筑与天光倒映其中，与建筑有机连接起来。悬挑结构下方的镜面材质饰面板倒映在自然水景上，加强了建筑入口的标识感。一层、二层通过通透的玻璃门廊，使得建筑内外部无缝融合。

总部建筑的3~6层用于办公，并设有餐厅和会议区等。办公层空间通过1.35米的模数网格进行功能划分，高度灵活的空间可按需配置。每个办公室都设有可开启式窗户以及内、外遮阳设备，建筑通过冷却翼板以及安装在楼板中的自然通风系统来调节温度。建筑的北部和南部各有一个阳光中庭，自然光源可以直接进入办公区域，也可以为员工交流创造宜人的氛围和场所。

园区的水渠将引导访客到达水渠尽头的论坛中心。论坛中心配备最新的会议和多媒体支持设备，可以举办各种文化、学术、庆典活动。

除了三座建筑外，整个园区被千种植物覆盖，其中，杜鹃花品种就超过600种，杜鹃花岛点缀于开阔的草坪区，既是步行节点，供人驻足观赏、交谈、休憩，又达成了园区内“一步一换景”的效果。考虑到杜鹃花喜阴的特性，配备了不同季节呈现不同花色的高大树木，兼顾功能性和观赏性。

MHK集团欧洲总部园区和总部大楼从规划、建筑、景观、室内等方面全专业一体化对标德国绿色建筑（可持续建筑委员会）DGNB铂金认证的最高标准，结合海绵城市的雨水回收再利用系统、屋顶太阳能光电板、生物颗粒燃料等技术，将一座企业的经济实力和社会责任通过建筑这个载体完美传达，也为所在的这座城市提供了一处赏心悦目的绿洲。

[I]

华润深圳湾第一幼儿园景观设计

设计单位：深圳市方外园境景观设计有限公司

委托单位：华润（深圳）有限公司

施工单位：深圳蛇口招商港湾工程有限公司

主创姓名：刘喆、何琼

成员姓名：陈培、吴德清

设计时间：2019.03

建成时间：2023.05

项目地点：深圳市南山区蛇口工业八路

项目规模：12000平方米

项目类别：校园景观

[A]

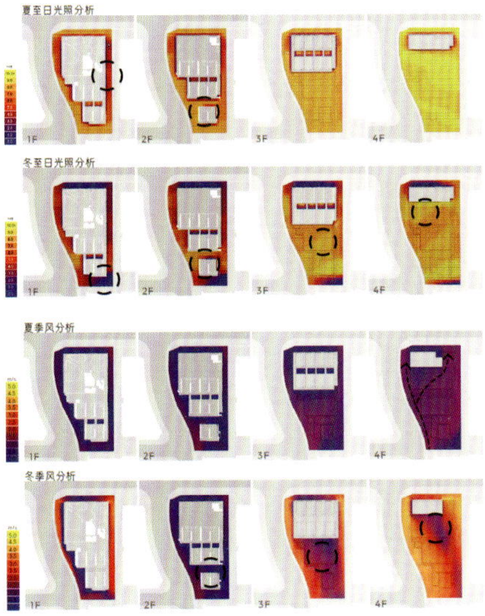

[B]

[C]

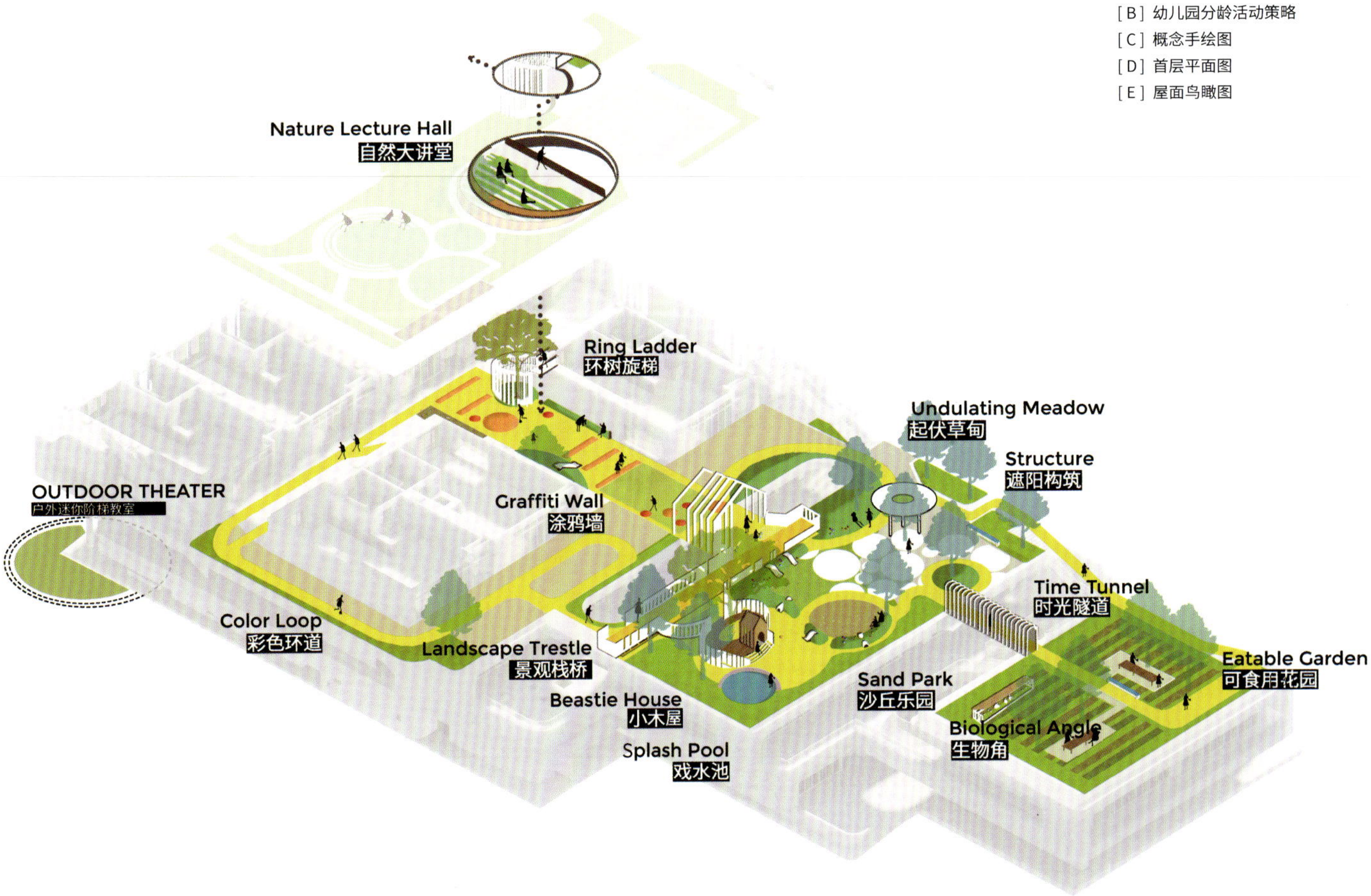

[A] 项目基地风光分析

[B] 幼儿园分龄活动策略

[C] 概念手绘图

[D] 首层平面图

[E] 屋面鸟瞰图

设计说明：

在都市森林中打造一座“苔园上的儿童天地”。

项目场地位于深圳湾核心地区，寸土寸金的土地规划限制了幼儿建筑规模及用地条件。超高密度的学校，意味着户外互动场地非常有限，本项目大部分都集中在了建筑设计的3、4层屋顶平台之上。景观的设计概念为“Rainbow Loop”彩虹之环，即利用各层连板及廊道把3、4层屋顶平台连接，形成一条串联教室和活动场地的活动带。鼓励不同年龄的小朋友到户外活动，通过环道的穿行，会途经“微地形草坡、小树林、戏水池、游戏方地、树屋、迷你交通岛、蔬菜花园”等不同的场景，每个场景都是根据两三位老师能够照顾的大小和出入口设置，形成安全而又生动的空间。把原本生硬的建筑平台重构成儿童成长交流的乐园。

项目自我评价：

该项目挑战在于利用分离的多层屋面进行重构，创造出活动、社交、教育的空间。方案很好地根据班级分布及日照条件设置适合不同年龄的功能场地，同时满足每个区都能安全管理而又方便各自串联形成混龄活动区。其中，附土、天窗、设备等条件需要景观前置来协调建筑方调整，难度很大。该方案的完成为高密度开发下的立体校园提供借鉴。

项目经济技术指标：

该项目占地面积为6700m^2，建筑面积为12000m^2，景观面积为9000m^2。

[D]

[E]

[F]

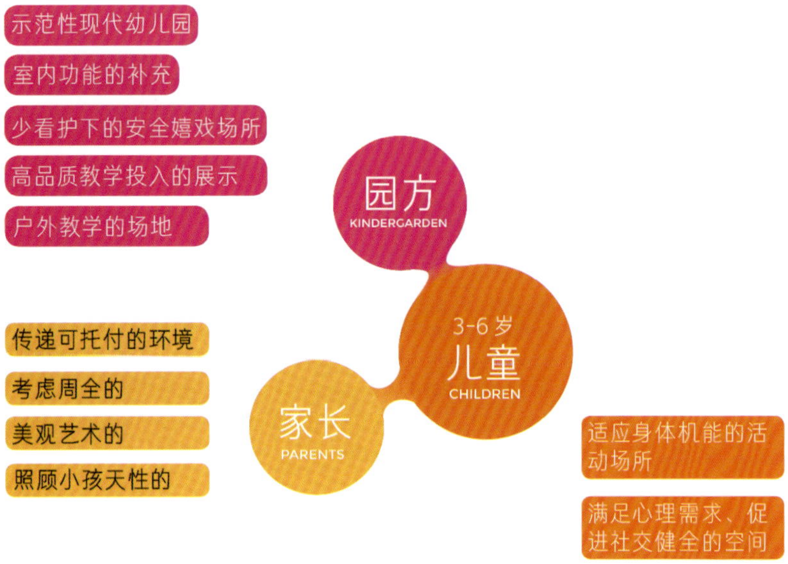

[G]

3-6 岁幼儿的体力活动时间及疲劳点

Activity time and fatigue point of 3-6 years old children

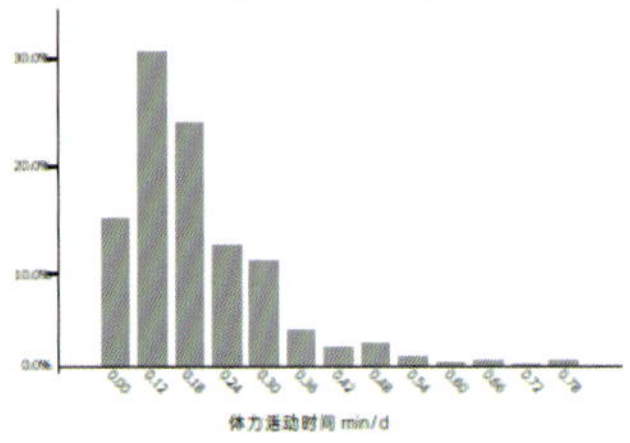

幼儿的注意力集中时间

Children's attention span

	2 岁	3 岁	4 岁	5 岁
平均注意力集中时间	7min	10min	12min	14min

幼儿的注意力集中时间

Children's attention span

	2 岁	3 岁	4 岁	5 岁
平均注意力集中时间	7min	10min	12min	14min

3-6 岁，幼儿的身高尺度

3-6 years old，children's height scale

年龄	3 岁	4 岁	5 岁	6 岁
男孩	960 mm	1020 mm	1130 mm	1180 mm
女孩	960 mm	1010 mm	1120 mm	1160 mm

3-6 岁，幼儿的身体尺度

3-6 years old，children's physical scale

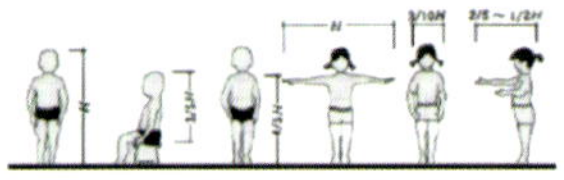

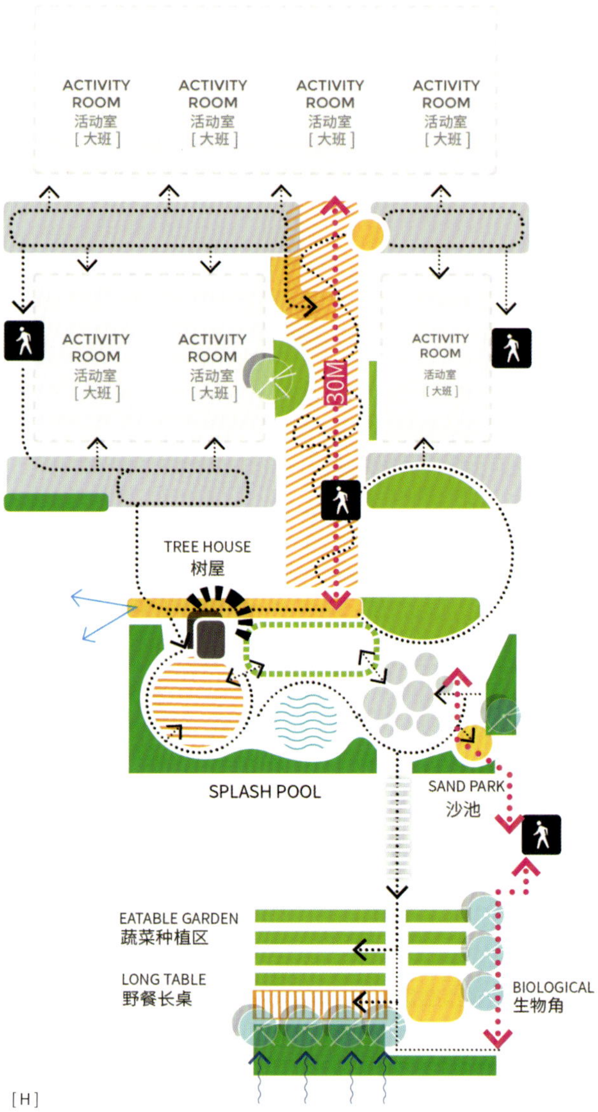

[H]

[I]

在三层屋面布局上，景观大胆地把一个教学课室“挖掉”，只保留楼板。使公共空间在建筑内得到延续，连接南北，使得活动场景得以渗透、贯穿，让幼儿的活动得以漫游于整体建筑内部。而保留的楼板则提供了一个遮阳挡雨的灰空间游戏区，应对潮湿多雨的深圳气候。

校园的儿童活动系统都是参照各个年龄层的幼儿身体、心理发育程度所需的内容来设置。比如针对3~4岁初步掌控自身活动的幼儿，会设置胶垫缓坡、相对平坦、安全无障碍的活动设施；针对4~5岁已经发育一定程度的幼儿则有限度地设置一些小有“挑战”或“危险”可控的活动设施来鼓励他们进行探索和挑战自我；而针对5~6岁的大龄儿童，将会设置更多的鼓励社交行为、团体合作的活动设施。

最南端屋面，参考主要季风方向，设置迷你菜园及野餐教育区，形成一个寓教于乐的活动花园。

[J]

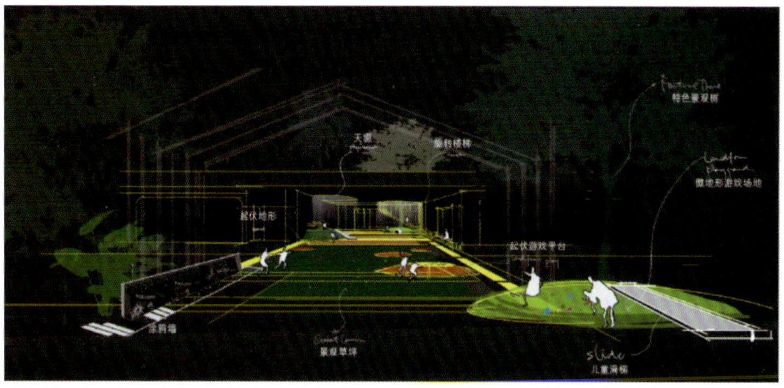

[K]

[L]

[F] 需求分析
[G] 3~6岁幼儿人体工程学研究
[H] 活动规划策略
[I] 外景
[J] 手绘方案分析图
[K] 阳光树庭效果图
[L] 迷你菜园效果图

都江堰市精华灌区农业公园

设计单位：上海中建建筑设计院有限公司

委托单位：都江堰市规划管理局

主创姓名：周宁

成员姓名：汪辛、曹宏岩、张智栋、盛雷

设计时间：2018.07

项目地点：都江堰市精华灌区

项目规模：270公顷

项目类别：风景区及乡村规划

基地在都江堰市区的位置——位于都江堰市东部区域，西与都江堰市区紧邻，西北与创新型工业镇蒲阳镇接壤，南部止于岷江河道。

本次规划郊野公园拓展研究范围为都江堰精华灌区核心区，涉及天马、胥家、聚源、崇义四镇镇域范围。

柏条河郊野公园建议范围拓展为主城区以东，天马镇镇域边界以西，柏条河以南，沙西线以北；启动区范围位于柏条河以南、沙西线以北、主城区规划范围以东、第三绕城以西区域。

[A] 微观区位分析

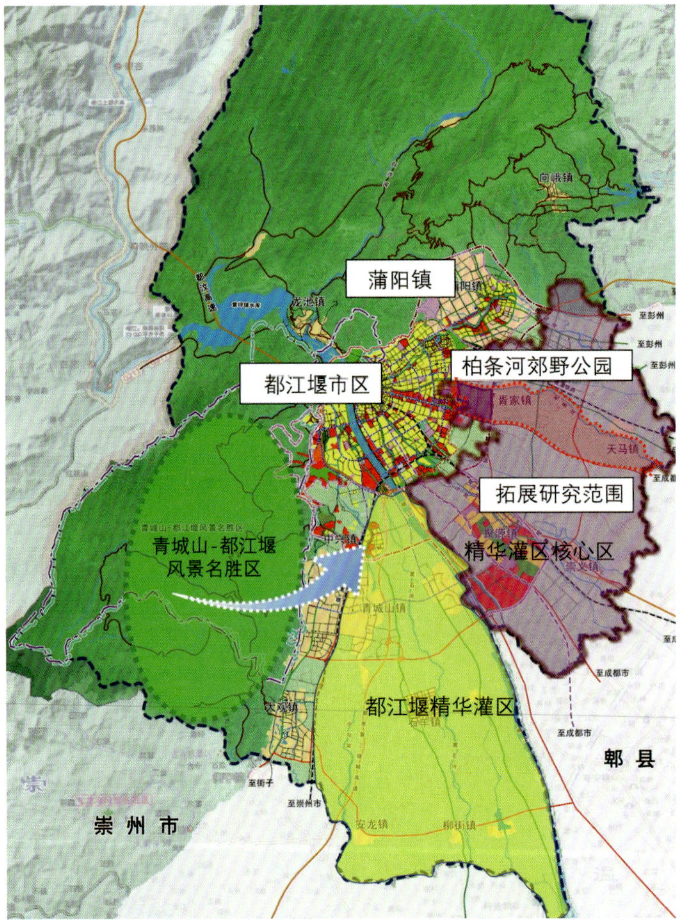

[B] 规划分期

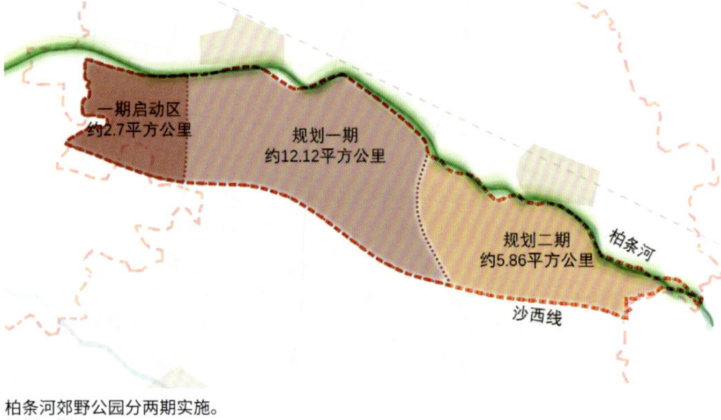

柏条河郊野公园分两期实施。

规划一期：

位于主城区以东，彭青路以西，柏条河以南、沙西线以北，规划占地约 12.12 平方公里。

启动区：启动区位于一期范围内主城区以东，成都第三绕城高速以西，沙西线以北，柏条河以南区域，规划占地约 2.7 平方公里。

规划二期：

位于彭青路以东，天马镇镇域边界以西，柏条河以南，沙西线以北区域，规划占地约 5.86 平方公里。

启动区范围位于柏条河以南、沙西线以北、主城区规划范围以东、第三绕城以西区域。

[C] 主题形象、功能定位图

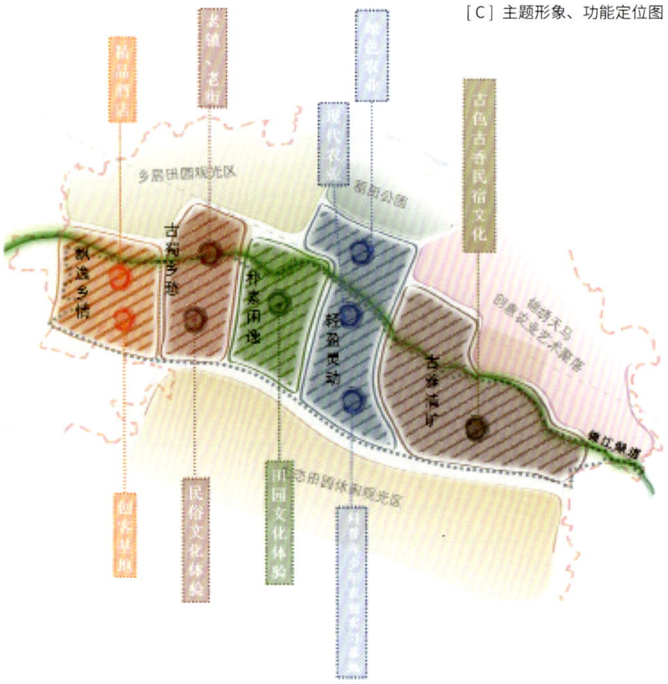

[D] 景观功能结构图

“一带双心，七区多点”

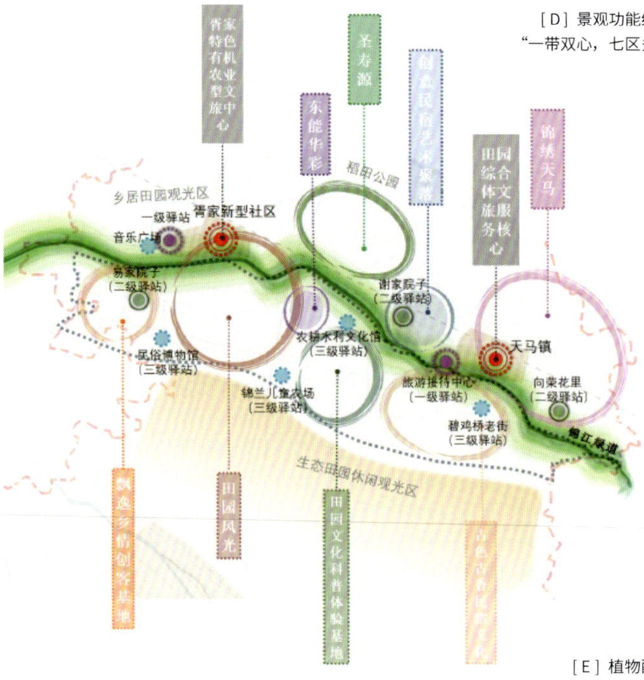

[E] 植物配置图

设计说明：

公园规划立足现代农旅产业融合发展，以人为中心，以绿道为主线，以生态为本底，以田园为基调，以文化为特色，充分展示农村自然之美，多彩人文之韵，水利农耕文明之魂，全面提升游客游览体验和市民宜居生活品质，塑造国际化城市新形象。

“推进生态文明建设、传承古代中国的水生态智慧、保护世界自然文化遗产、保护和彰显特色农耕文明遗产，按照历史眼光、国际视野、全球一流、成都特色的理念，以郊区基本农田、生态片林、水系湿地、自然村落、历史风貌等现有生态人文资源为基础建设郊野公园体系。

根据成都市“西控”战略，结合都江堰城市总体规划、水利规划、环境保护规划等相关规划，对规划区内产业布局、村镇体系、林盘聚落、道路交通、公共服务设施、基础配套设施和景观、旅游、文化资源等进行全面梳理，多规合一，系统规划。将精华灌区核心区水农生态公园打造为“分布合理、环境优美、有机连接、融入共享的绿色开敞空间”，做到“推窗见田、开门见绿”，全域呈现“村庄美、环境优”的水润天府盛景。将郊野公园打造为“世界级水生态文化典范”“国家级生态农业示范区”。

[F] 启动区

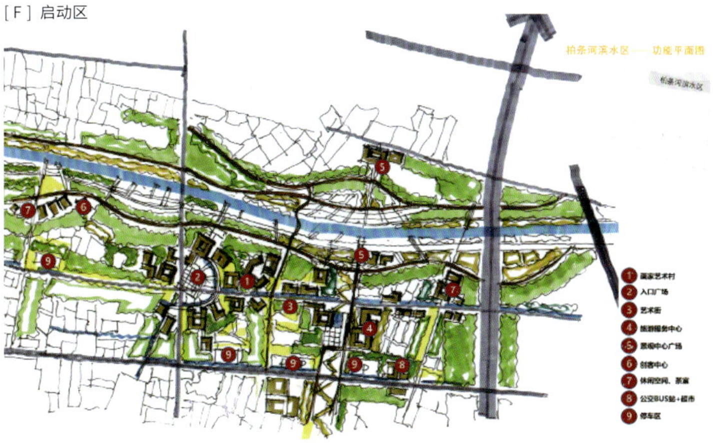

[G] 启动区功能分区图

[H] 启动区道路系统图

[I] 启动区土地利用规划图

[J] 启动区鸟瞰图

身如孤鹤在林间，百事无营只爱闲。

住在高高的树屋里，和鸟儿对话，吃着零食，仰望星空，看得见山，望得见水，记得住乡愁。

[K] 树屋民宿

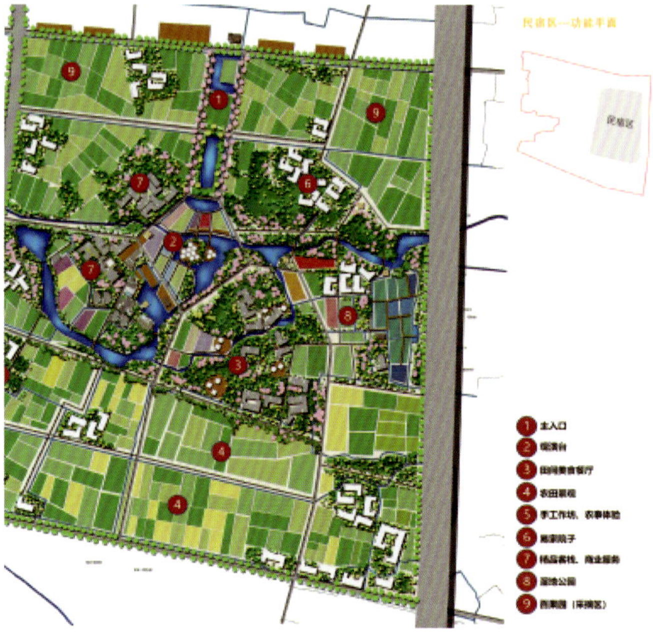

[N] 启动区

[L] 荷花池

[M] 稻田湿地

[O] 美食广场

[P] 启动区鸟瞰图

[Q] 农业公园

[R] 百花园

[S] 启动区核心分布图

[T] 景观游览步道

[U] 乡村主要道路

[V] 启动区鸟瞰图

深圳市南山区西丽生态公园

设计单位：创以景(上海)景观规划设计有限公司
委托单位：深圳园林/深圳市南山区城市管理和综合执法局
主创姓名：KAN SRISAWAT(徐康)
成员姓名：陈丽娟、简振声、严志成、郭承恩、陈慧铃
设计时间：2017—2020
建成时间：2020.04
项目地点：深圳市南山区西丽
项目规模：20公顷
项目类别：城乡公共空间

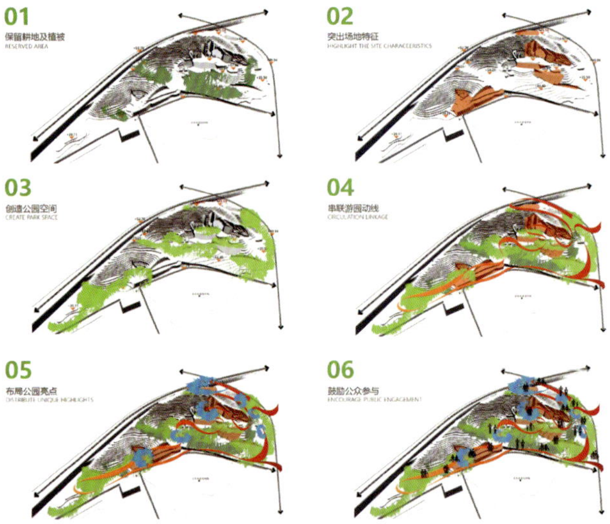

[A]

[B]

[A] 方案平面图
[B] 项目鸟瞰图
[C] 项目实景图
[D] 项目实景图
[E] 项目实景图
[F] 项目实景图
[G] 项目实景图

设计说明：

城市绿肺+社交课堂+环保课堂。

西丽生态公园位于深圳南山西丽地块，地处城市核心建设区域，公园地块曾经远离城市发展中心，周边主要是工业园区。随着城市建设的规划开发，周边的地块逐渐转化为新兴的商业办公及住宅区。

以“都市形态及自然景观的融合”为公园规划设计的切入点。景观设计充分利用场地自然地形地貌，提升植物群落、动物的栖息地及多样性的生态品质，并落实海绵城市作为稳固公园及重塑自然系统的策略。设计充分利用场地内的80米高差的特色地貌设置观景平台；保留场地中的现状荔枝林，提供林下舒适的休憩空间；搭造景观桥，保留场地中的排水冲沟，在满足动线通达的同时，符合雨洪管理的策略。

另一方面，在城市的不同方面展现和创造了多样的空间和联系，形成了富有节奏感和层次性的景观系统策略。公园活动的规划，通过多元的展览及互动性的公园活动，向公众传达生态维护及保育的理念，例如，垃圾分类展览，让公众在自然轻松的环境中感受和了解保护生态的可持续理念及实在的行动。

项目自我评价：

尊重场地特质、自然地貌和生态系统，实现城市发展与生态保护的资源平衡。

[D]

[E]

[C]

[F]

[G]

现状植栽群落及山石地貌的保护与再利用。

· 建筑设计与场地地形的结合。

· 自然雨洪管理系统的策略实施。

项目经济技术指标：

该项目占地面积约20公顷，景观面积为12.9公顷。

2019年北京世界园艺博览会大师园——新丝绸之路

业主名称：北京世界园艺博览局
设计联合体：詹姆斯·希契莫夫设计与管理公司、
汤姆·斯图尔特·史密斯花园设计公司联合体
项目类型：展园设计（委托）
项目地点：北京延庆，中国
项目规模：1500平方米
完成时间：2019年4月

[A]

[B]

技术经济指标

公园总面积 total area (m2)	用地类型 Type of Land Use	面积 Area (m2)	比例 Ratio (%)	备注 Notes
1564.8	绿化 Vegetation	1081.51	69.11%	
	道路 Paths	175	11.18%	胶封砾石
	硬质铺地 Paving	290	18.53%	青石
	竖向构筑物 Vertical Structure	18.29	1.17%	水泥墙2米高，共计67.1米长 水泥柱39根，每根露出地面2米高 水泥凳2个，曲线，共计13米长 帐篷结构

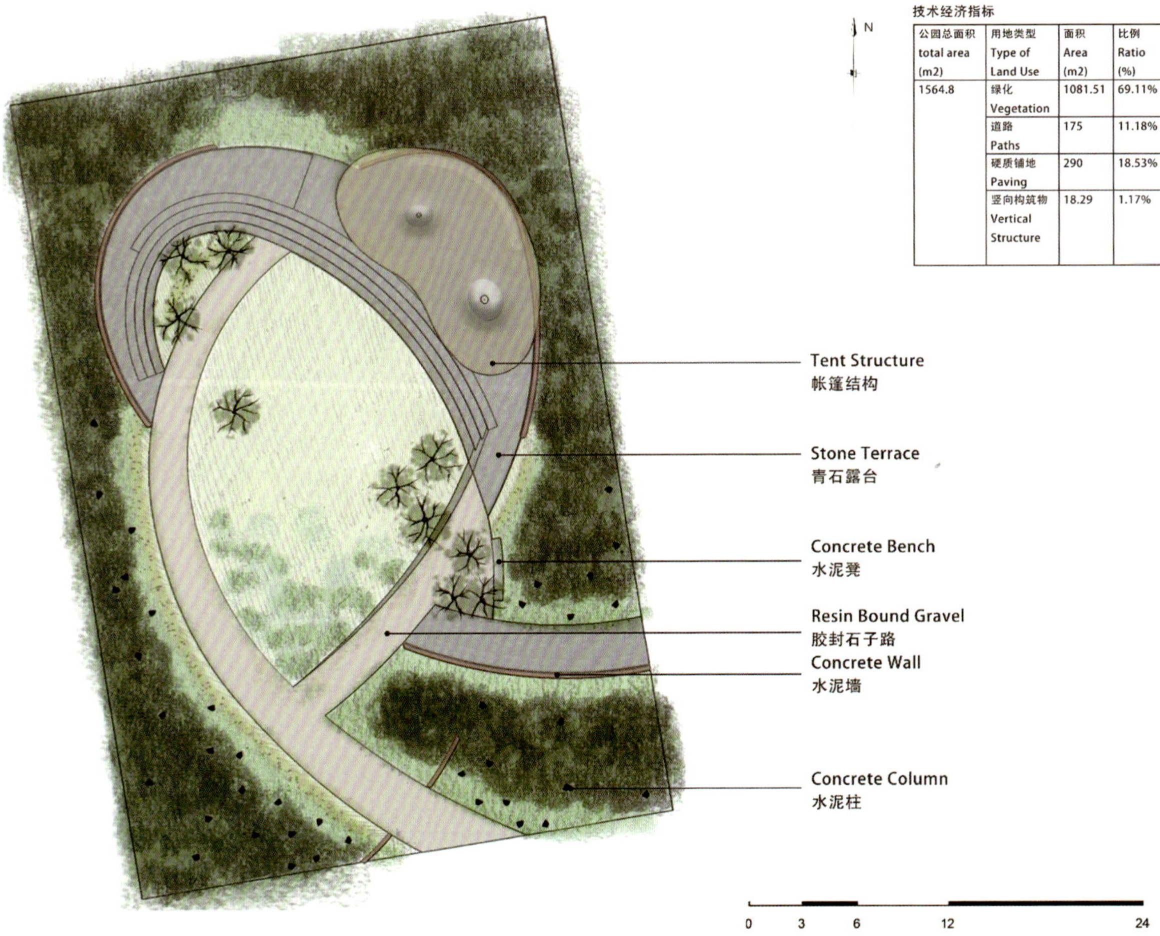

[A] 项目鸟瞰图
[B] 项目平面图
[C] 项目草图
[D] 项目效果图
[E] 植被分区图
[F] 分析图
[G] 剖立面图
[H] 项目实景图
[I] 项目实景图
[J] 项目实景图
[K] 项目实景图
[L] 项目实景图
[M] 项目实景图
[N] 项目实景图

设计说明：

作为5A级国际园艺博览会，花园设计应跨越政治形态和地缘边界，因此我们选择“丝绸之路”作为主题。园区植被选择以北京至伊斯坦布尔的古贸易线路为轴，横越中亚到西欧，以丝绸之路为意向，打造多年生、低成本维护的可持续生态景观，构建北京到西方“一带一路”的花园旅程。

“新丝绸之路”展园设计将新自然主义的概念融入展园景观设计，在生态维度诠释园艺的意义与价值。花园以拟自然的生态景观学手法，设计了林地群落、林缘群落、生态干草甸群落等微型生境，同时在林缘群落融入有海绵城市概念的生态排水花沟设计。我们的花园利用了植物群落的演替特征，每个月呈现不同的植物之美，为游客提供令人兴奋的景观美学体验，为野生动物在城市环境中提供宝贵的栖息地，同时展示了如何在小尺度空间里实现雨洪管理等方面的景观功能。花园设计意在探索如何将自然融入园艺，同时，我们也重点展示如何将园艺以一种更为生态的设计哲学表达呈现。

设计还选用了大量具有景观应用潜力但尚未被发掘应用的本土草本、木本植物，展示具有中国地缘特色的植物群落组成。设计充分考虑可持续性，呈现园艺种植的长期稳定性，以示范园艺景观种植是可以无须重复设计和重复种植，易于后期维护管理。

展园用生机盎然的植物材料教育人们热爱自然、尊重自然的重要性，为植物景观营建提供了新的园艺植物应用理念、视角和思路。花园的设计理念得到世园局的高度认可，并得到广大游客和专业人士的一致好评。

[E]

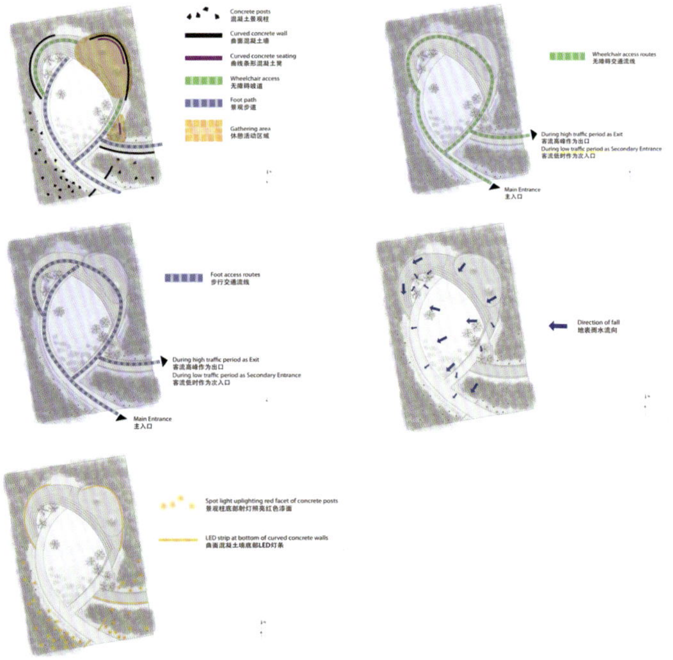

[C]

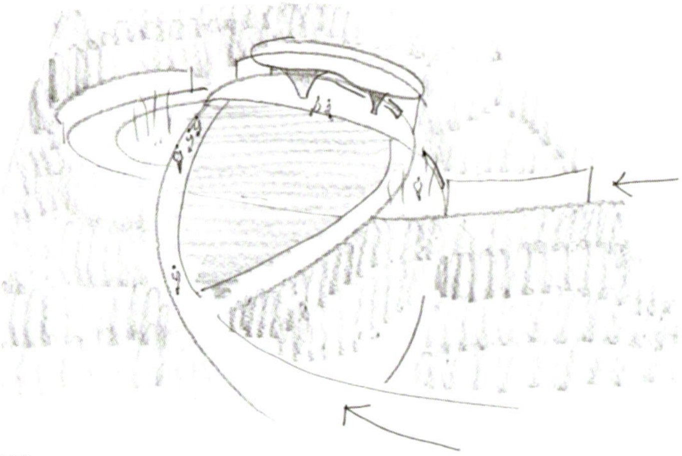

[D]

DRAINAGE SWALE VEGETATION TOLERANT OF OSCILLATING WET DRY CONDITIONS

可承受季节性干湿变化的生态排水花沟植物群落

[F]

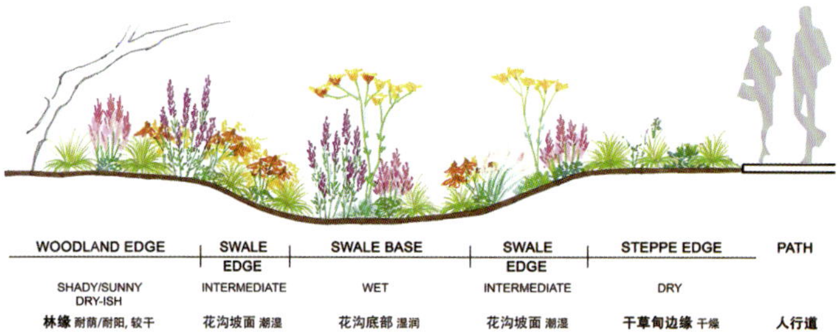

生态花沟在不同季节的表现

6月June　7月July　8月August　9月September

[G]

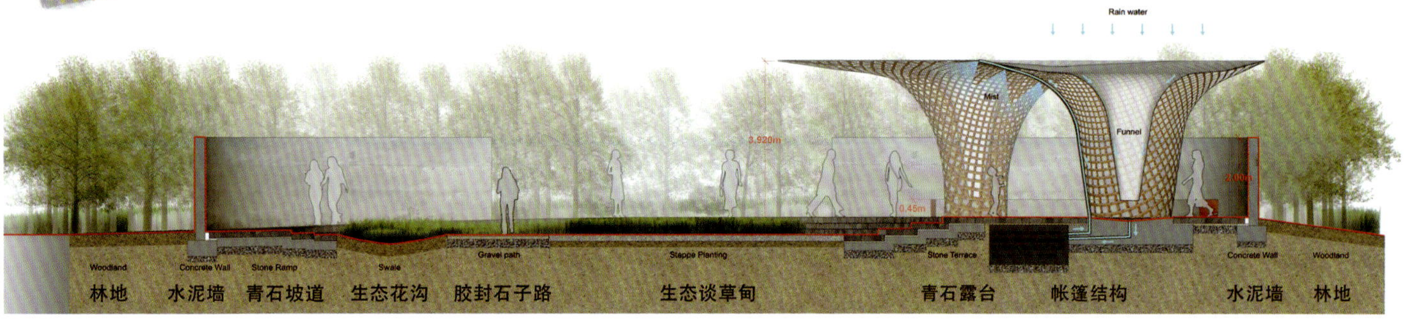

[H] 丝绸之路沿线的原生郁金香和独尾草是五月花园的亮丽风景（2019年5月）

[I] 世园会期间游人在交流探索花园中的惊喜（2019年6月）

[J] 具有节水园林概念的生态干草甸草花群落在盛夏绽放（2019年7月）

[K] 迎客面呈现中国红的混凝土雕塑和树木、地被一样在林地中重复出现（2019年9月）

[L] 金秋十月干草甸花园在世园会闭幕后依然美艳惊人（2019年10月）

[M] 一年只修剪一次不额外浇灌的干草甸再次夺目登场（2020年6月）

[N] 林缘的生态雨水花沟用能忍受干湿变化的草本植物打造独特季相景观（2020年8月）

深圳龙光红山玖钻综合体

设计单位：艾奕康设计与咨询（深圳）有限公司

委托单位：龙光地产

施工单位：广州普邦园林股份有限公司

主创姓名：DANIEL CORTEZA

成员姓名：陈萍君、骆启江、RICHELLE FRANCISCO、JASON PASION、梁丽、肖露、路瑶

设计时间：2015

建成时间：2021

项目地点：深圳市龙华区红山地铁站

项目规模：项目总占地面积为87044平方米

项目类别：公寓 酒店 办公

[A]

[A] 项目鸟瞰图
[B] 方案平面图
[C] 项目实景图
[D] 项目实景图
[E] 项目实景图
[F] 项目实景图

[B]

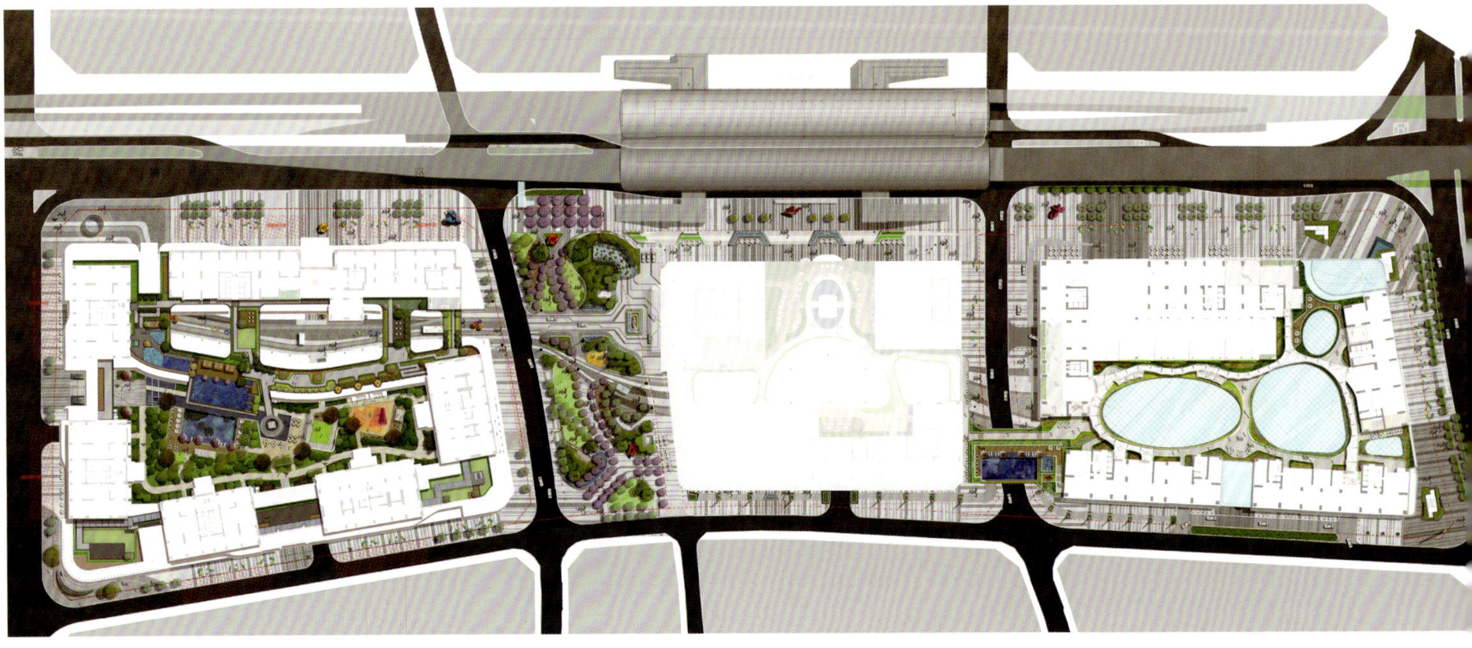

设计说明：

以双轨交站为基点，展开联系紧密、功能互补的多元复合社区，用开放渗透的姿态与周边文化、教育、医疗、绿地等城市资源相互编织，形成高密度的能量场与聚散地，为深圳北中心的持续成长定义可识别的活力空间。

设计以“秀”为主题，四大秀：设计秀——畅想中心；时尚秀——演绎风尚；艺术秀——集展艺术；科技秀——交互参与等贯穿全区。设计主旨是打造商业商务休闲活动空间，创意文化户外展厅；以营造一处“自然与艺术结合，可玩可赏”的公共空间；打造一个契合商业商务休闲大规划理念的公园。

项目自我评价：

通过前期充分调研以确定项目地位，在建筑专业方案阶段介入，让景观构想更能全面发挥。

立体化景观空间打造，以景观为载体，把碎片化地块整体化：垂直上连接地下至屋顶空间；水平上连接三地块的斑驳空间。

强调使用者场地的参与性，并以“秀”为主题，结合富有创想体验的“科技”与“奇幻”元素，极大地丰富了场所的体验感。

[D]

[E]

[C]

[F]

项目经济技术指标：

项目总占地面积为87044平方米，总计建筑面积577900平方米，景观总面积为50300平方米，其中05地块首层总景观面积约18200平方米，07地块总景观面积约6200平方米，09地块首层总景观面积约11200平方米，11地块首层总景观面积约14700平方米。

鲁甸县龙头山镇地震遗址公园及抗震纪念馆景观设计

设计单位：中国建筑西北设计研究院有限公司华夏建筑设计研究院
委托单位：鲁甸县文化广播旅游局
施工单位：云南省建设投资控股集团有限公司
主创姓名：吕成
成员姓名：陆龙、李明涛、宋哲、张亦林、王海银、樊可、杜昭、沈倩、曹维娜、陈磊
设计时间：2016.04
竣工时间：2017.11
项目地点：云南省鲁甸县龙头山镇
项目规模：16874平方米
项目类别：园区景观设计

[A]

[A] 项目鸟瞰图
[B] 项目现场图
[C] 项目现场图
[D] 项目草图
[E] 项目草图
[F] 示意图
[G] 项目效果图
[H] 剖立面图
[I] 项目实景图

[B]

[C]

[D]

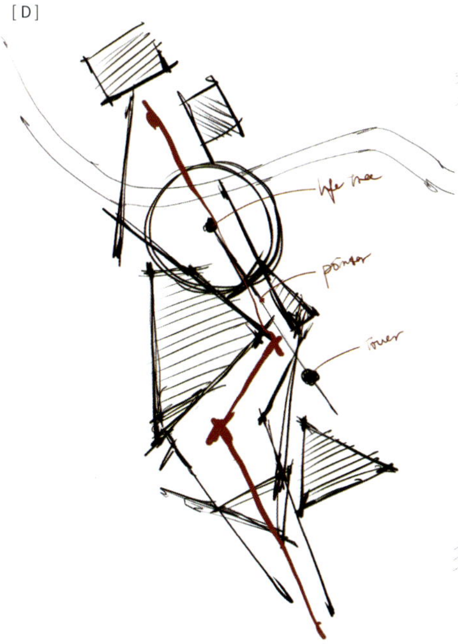

[F]

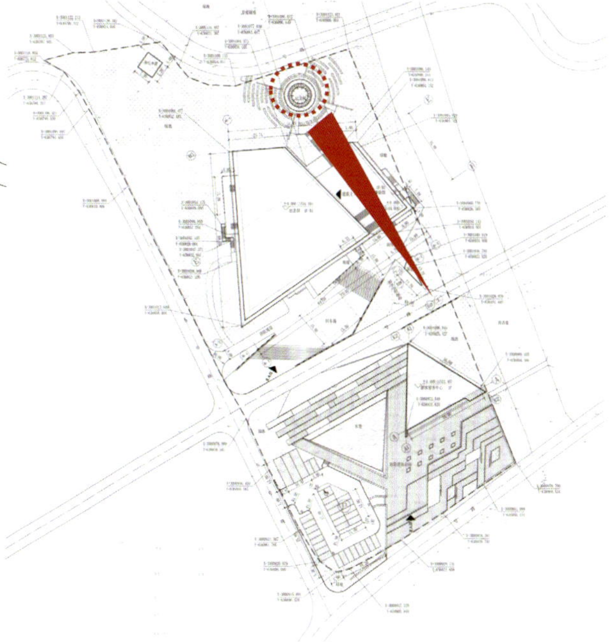

[E]

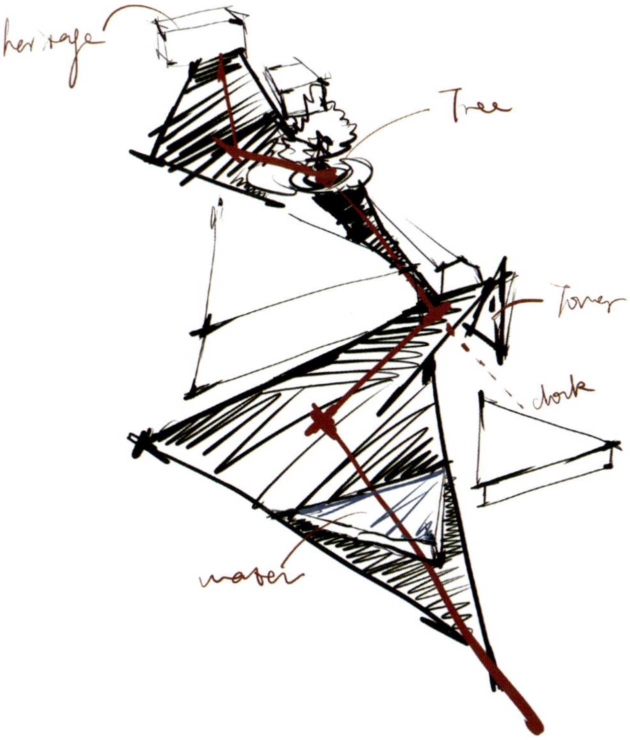

设计理念：

整个设计的主题是自然的无情、不屈的抗争和生活的希望。大地震过后，整个用地地表全毁，只有一棵榆树顽强地生存了下来，在一片废墟中显得格外醒目，象征着生命不屈、坚韧不拔的抗震精神。

设计以树为圆心，向着地震发生的时间，下午四点三十分，划出一道巨大的指针，指针所形成的巨大“裂痕”将区域“一分为二”，在大地上标记出那个凝重的时刻。

整个园区将景观、纪念馆、地震遗址有机结合，整体布局，形成了“宁静—破裂—重生—追思”有序列的四大主题，环环相扣。园区建筑整体采用具有冲突感的三角形，与大地景观结合形成了破土而出之势，体现出自然无常的巨大力量。

景观设计注重对人流线的引导以及给人以更多的休憩和活动空间，使人们得以停留，营造出一个服务于周边居民的公共空间，使纪念园区不再仅仅成为象征性的场所，同时也可以是生活的舞台。广场南区、静思潭以及游客服务中心共同形成了具有趣味同时兼备游客服务性质的功能性广场。以生命之树为圆心的纪念广场在注重仪式感的同时，将生命之树周边以圆弧形石条围绕，石条高低错落，形成剧场式的向心空间，使人在室外空间中产生凝聚力和停留感。

[G]

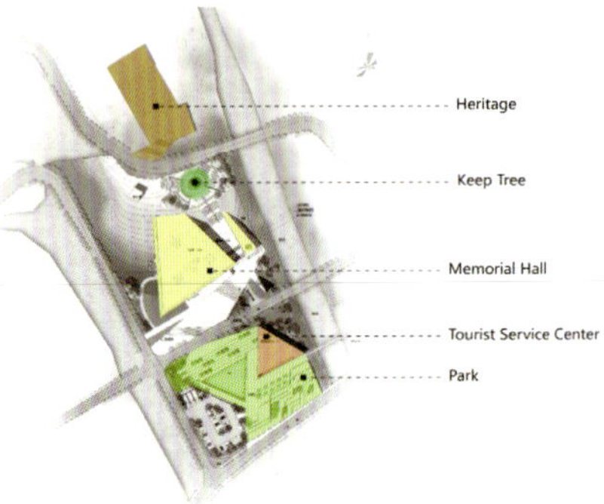

因地制宜，依山就势。

基地南高北低，景观跟随地形和建筑流线，与高差巧妙结合，迎合观众的情绪变化。

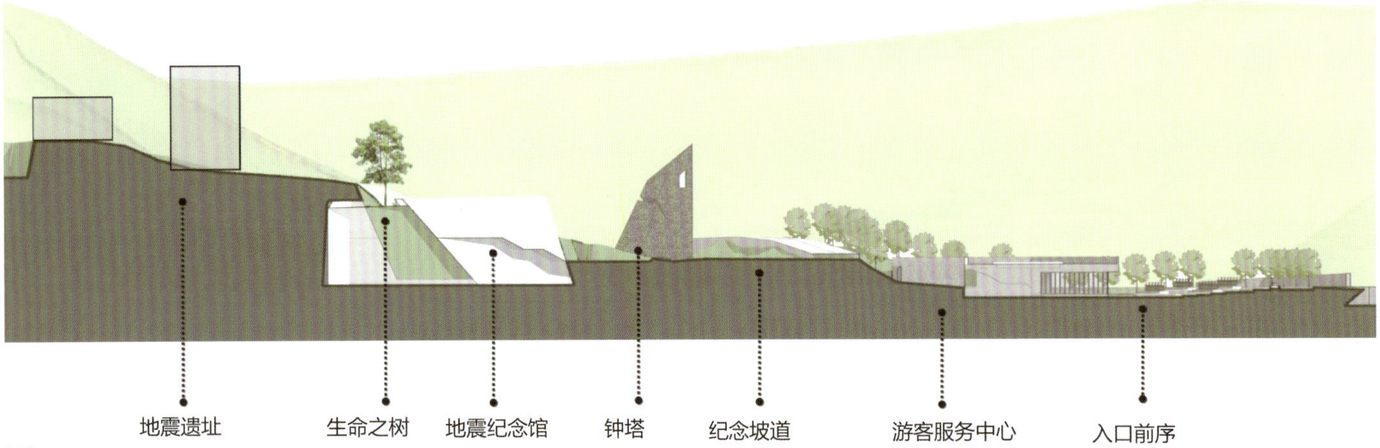

[H]

项目自我评价：

景观设计结合周围环境，兼顾功能，与主体建筑的形态相协调，以体现人文关怀为核心理念，在营造具有地域特色的公共空间的同时，突出文脉。
景观设计延续建筑主体的形态与文化理念，打造纪念氛围，营造多角度的建筑观赏。景观设计与周围的乡野风貌融合，使建筑与环境融为一体。
园区以人性化设计为理念，体现人文关怀。

项目经济技术指标：

景观设计总面积：16874平方米
广场铺装面积：7978平方米
水景面积：520平方米
绿化面积：8376平方米

[1]

兰州中车·拾光公园

设计单位：宝佳丰（北京）国际建筑景观规划设计有限公司
委托单位：中车置业（兰州）有限公司
施工单位：北京林大匠心园林工程有限公司
主创姓名：寇航
成员姓名：李文学、薛亚芳、冯志鹏、祖卉、孙特丽、陈明涛、柳冰莹、武舒婷
设计时间：2019.03
建成时间：2020.07
项目地点：兰州市七里河区兰工坪路611号
项目规模：27547.1平方米
项目类别：公共空间

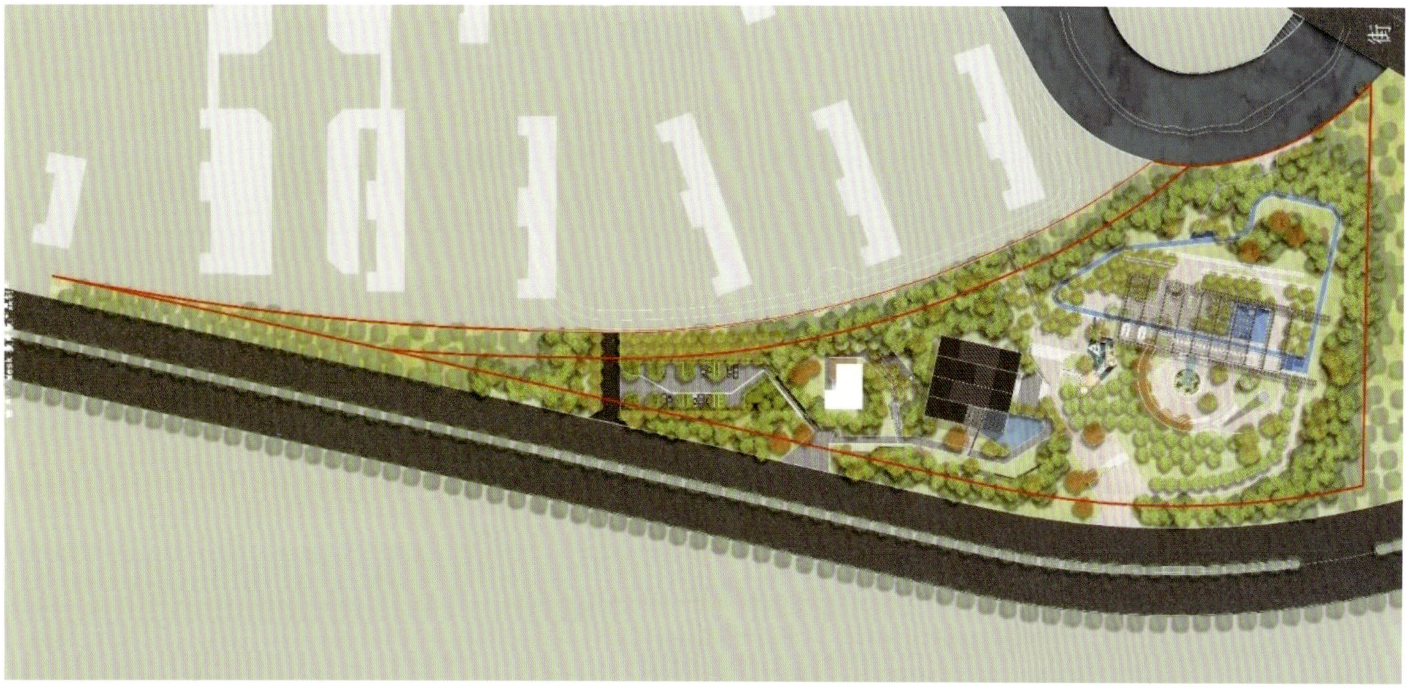

[A]

[B]

[A] 方案平面图
[B] 项目鸟瞰图
[C] 项目实景图
[D] 项目实景图
[E] 项目实景图
[F] 项目实景图

设计说明：

打造承载历史文化、展示城市个性、丰富城市内涵的具有浓厚工业文化属性的公园，从而向外界彰显城市魅力，成为城市名片。

保留一个新公园的老故事，重塑一个老厂区的新故事。基于场地项目特质，采用现代的设计手法展现工业文明的历史痕迹。

拆除存在安全隐患的构架，加固原有的桁架结构，并运用色彩、材质及种植等多种手法，打造复合型功能场地，为场地注入新的活力空间。

灵动的水景元素组合、工业感极强的图书馆和由原桁架吊灯组成的雕塑，将原厂区内部长势不好的树木加工成圆木桩重新利用，结合锈板材质斑驳沧桑的质感，使景墙与场地辉煌的历史相得益彰。

结合工业遗留构筑物融入多种活动功能：篮球、健身、跑道。

利用原厂生产的机械部件设计一系列雕塑，对其形态进行拆解与组合，再结合球形镜面不锈钢元素赋予其动态，材质上形成厚重与轻盈、陈旧与崭新的碰撞。

[C]

[E]

[D]

[F]

项目自我评价：

在项目实施过程中，我们始终坚持尊重场地自身特性的原则，尽量保护原有的场地材料、场地特征，最大化利用现状遗迹资源，通过对原有材料组合构成，采用解构、重组的方式，形成具有独特质感的作品，并且增添功能，赋予新园区旧工业时代的记忆。

项目经济技术指标：

该项目占地面积27547.1平方米，景观用地面积为26547.1平方米。

肇庆景业·壹方天地展示区景观设计

设计单位：北京大享空间设计有限公司

委托单位：景业名邦

施工单位：广州泽春莆园林景观有限公司

主创姓名：罗强、周建猷

成员姓名：罗强、周建猷、姜晨、侯鑫鑫、冯宗保、王军、向开宣

设计时间：2019.04

建成时间：2020.07

项目地点：广东省肇庆市

项目规模：8000平方米

项目类别：地产景观

[A]

[B]

[A] 方案平面图

[B] 项目鸟瞰图

[C] 项目实景图

[D] 项目实景图

[E] 项目实景图

[F] 项目实景图

[G] 项目实景图

设计说明：

概念引入：设计从场地原有的“桑基鱼塘”独特记忆中，以“阡陌之中·塘里基上”为设计概念，平面形式由桑基鱼塘的空间分隔演化而来，立面上结合新中式建筑元素，整体突出一种以退为进的人生智慧，一种和谐天地的社会哲学，一种改造自然的探索精神实践。

空间线索：以“随鱼而安”为景观故事线索，通过启、礼、赏、探、悦、游的空间变化，达到起承转合、虚实相生、柳暗花明之趣，串联前场及示范区景观。

空间布局：项目前场的临街面至市政道路仅有不到20米的进深，设计巧妙地以一道简单的绿篱，将市政路及场地隔开，形成内向围合式景观空间，在喧闹的市政路旁营造了一处安静的庭院空间。同时，以草坪为主的前场庭院公园，也减轻了后期拆改的工程量，达到了举轻若重的效果。

展示即交付：项目后场的活动区包含了儿童活动区和泳池区，作为社区未来的两处主要的居民活动场地，让客户在售楼期间即可看到交付的实际场景，对物业销售产生的正面作用不言而喻。

项目自我评价：

本项目着重考虑展示区和大区之间的时空关系是如何交织错落的议题，来取代社会上常见的示范区如何争奇斗艳的设计价值取向。最后呈现了闹市中的一处朴实、静谧的公共空间，这是我们认为设计最核心的意义和价值所在。本项目本着服务为民的工作要求，力求将使用者的需求融入设计，打造时尚、浪漫、活力的公共空间。

[E]

[F]

[C]

[G]

[D]

项目经济技术指标：

展示区景观总面积：8000平方米，前场庭院区景观面积：3650平方米。
后场活动区景观面积：4350平方米。

宁波万科·海上都会项目

设计单位：创浦景观设计（上海）有限公司
委托单位：宁波万科
施工单位：杭州天勤景观工程有限公司
主创姓名：符淑明
成员姓名：肖琳、符淑明、李芳瑜、伊璟诺、李苗苗、周新平
设计时间：2019.12
建成时间：2020.05
项目地点：浙江宁波镇海镇
项目规模：16650平方米
项目类别：地产园林

[A]

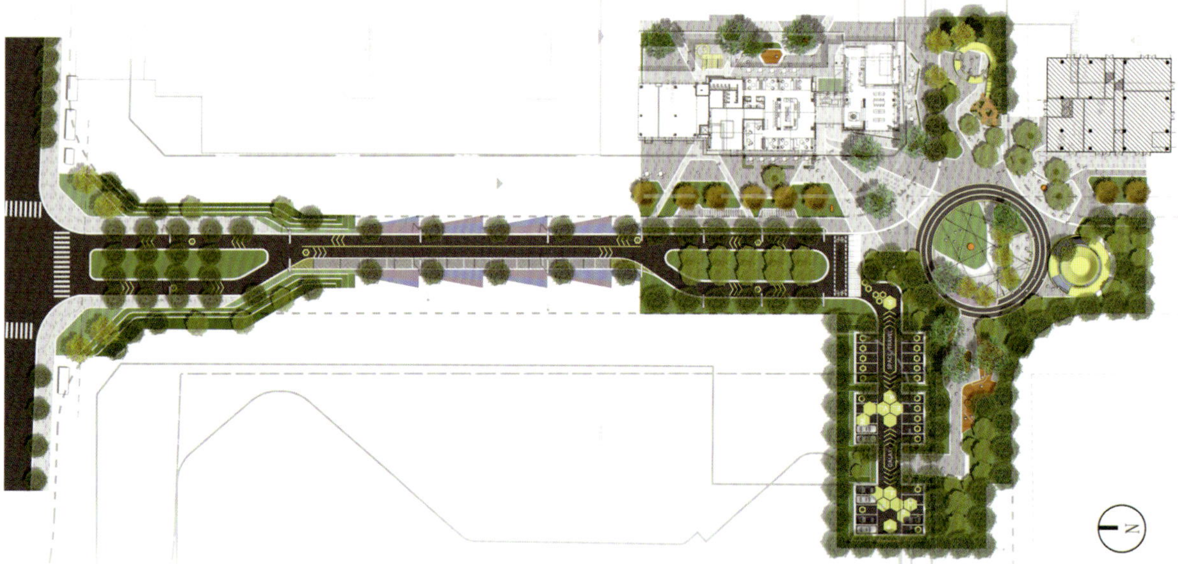

[B]

[A] 方案平面图
[B] 项目实景图
[C] 项目实景图
[D] 项目实景图
[E] 项目实景图
[F] 项目实景图
[G] 项目实景图
[H] 项目实景图
[I] 项目实景图
[J] 项目实景图
[K] 项目实景图
[L] 项目实景图
[M] 项目实景图

[C]

[D]

设计说明：

在创建有社区归属感的城市片段。

项目地处宁波市镇海新城片区，项目东侧有沿河景观绿带，东南地块内有历史文物保护遗迹（觐祖桥）。周边有较多现状居住区、商圈及产业园区，城市业态丰富，为以全新的景观设计定义新时代的“乐活”社区。

依托宁波万科多业态共存的综合社区开发理念，在探索如何让社区与道路等的一体化串联，最大化消融社区与城市的边界，形成更多的共享城市公共空间，使之与城市、商业共生，跟随城市脉搏融合、生长。

极具可持续与适应未来发展的属性，它是最具生命力的空间。因此，它不单纯是个“环”，它象征着场地的巨大潜力和人们对未来的期待。

共享意识是未来城市发展的主导方向，社区街道应增加更多的公共空间，以串联住宅、交通与生活。

[E]
[F]

项目自我评价：

以人为本是我们的设计出发点，在更广泛的维度去研究场地活力。我们有意去营造出向心的、有凝聚力的、森罗万象的空间。通过万科宁波海上都会展示未来开放式复合社区生活场景缩影，重构活力社区与街区，强调住区与城市、住区与街道、住区与未来生活模式的探索，致力于营造一个承载居民温情、具有幸福感的社区空间。

[G]

[H]

[I]

[J]

[K]

[L]

[M]

北京润泽中隐公园

设计单位：北京顺景园林股份有限公司
委托单位：北京润泽庄苑房地产开发有限公司
施工单位：北京顺景园林股份有限公司
主创姓名：庞志国
成员姓名：段建华、朱微、芦琨、高春苗、周鑫
设计时间：2016.10
建成时间：2020.06
项目地点：北京市朝阳区来广营乡
项目规模：125000平方米
项目类别：公园设计

[A]

[B]

[A] 方案平面图
[B] 项目实景图
[C] 项目实景图
[D] 项目实景图
[E] 项目实景图
[F] 项目实景图

设计说明：

润泽中隐公园坐落于北京市朝阳区立水桥东北侧的国奥核心区，占地面积12.5万平方米，基地周边城市住宅林立。从城市角度来讲，我们将润泽中隐公园定位为具有人文特征的高品质社区公园。以自然山水为主要景观元素进行场地构建，同时设置了1公里跑步道、社区草坪、休闲景亭平台、儿童乐园等功能场地，为居民提供了一处可以晨跑、读书、聚会、散步、儿童娱乐自然教育的场所。

景观以《辋川别业》的“山水空间”为构架，以其自然质朴清幽的环境为基调进行营造，山、林、泉、石、树、湖、瀑作为主要元素，打造了一幅“六胜 · 十二景”，展现山水林泉之美的长轴画卷，并将人们的日常生活交织在这自然山水之间，构建了一个可望、可居、可游、可行的自然山水公园。

项目自我评价：

1.场地内堆放了大量土方，为了做到土方内部平衡，减少外运，我们利用现状土方进行堆坡造园；

2.设计理念与场地特征高度契合，以“自然山水空间”为构架，将“宏大、幽邃、人力、水泉、苍古、眺望”六种特质融入其中，同时为周边居民提供一个可以慢跑、聚会、休闲娱乐、儿童活动的高品质场所。

[D]

[E]

[C]

[F]

[G]

[H]

[I]

[G] 项目实景图
[H] 项目实景图
[I] 项目实景图
[J] 项目实景图
[K] 项目实景图
[L] 项目实景图

[J]

[K]

[L]

南京融创·锦麟融誉

设计单位：贝尔高林国际（香港）有限公司
委托单位：新希望地产、融创中国、水利地产
施工单位：苏州金螳螂园林绿化景观有限公司
主创姓名：谭伟业
成员姓名：卢奕萍、JONAS CORNELIO BARRIENTOS、孙超
设计时间：2019.06
建成时间：2020.03
项目地点：南京市栖霞区电建路与熙浽路交会处
项目规模：6900平方米
项目类别：示范区

[A] 内亭水景实拍图

[B] 门庭迎宾实拍图

[C] 总平面图

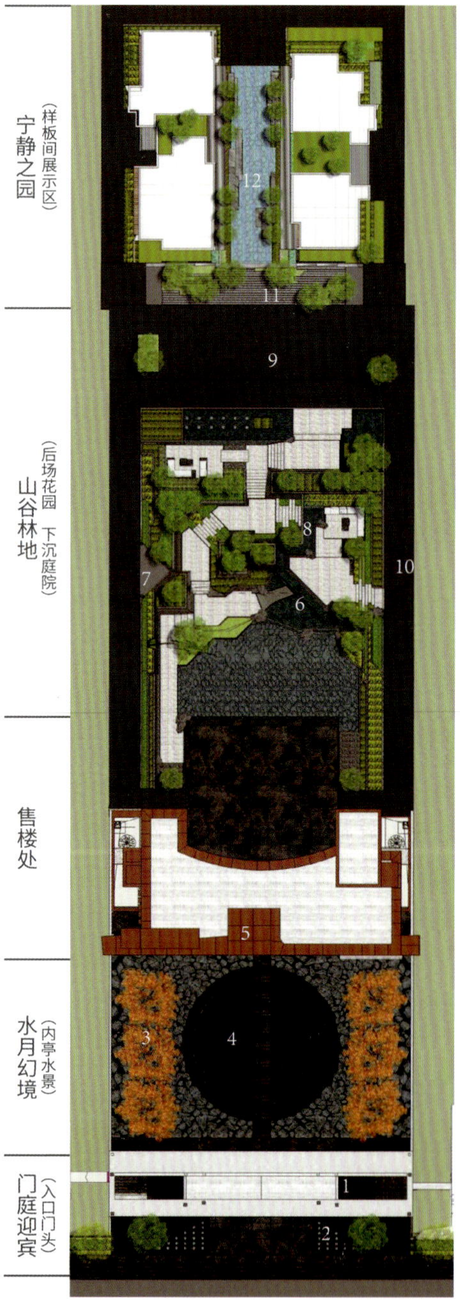

图例：

1.入口门头
2.迎宾水景
3.特色种植
4.跌水景观
5.售楼处
6.跌水瀑布
7.观景平台
8.休息交流平台
9.会客厅
10.风雨连廊
11.静思花园
12.特色水景

[D] 下沉庭院实拍图

镇江·桂语兰庭

设计单位：杭州朴一景观设计有限公司
委托单位：镇江市润旺房地产开发有限公司
施工单位：浙江震泰市政园林工程有限公司
主创姓名：陈庆凯、曾鹏琴
成员姓名：彭娇燕、李冬阳、周碧霞、吴惠敏、周莹莹
设计时间：2018.09
建成时间：2019.06
项目地点：江苏省镇江市京口区港南路与银山南路口
项目规模：17600平方米
项目类别：现代高层、多层公寓

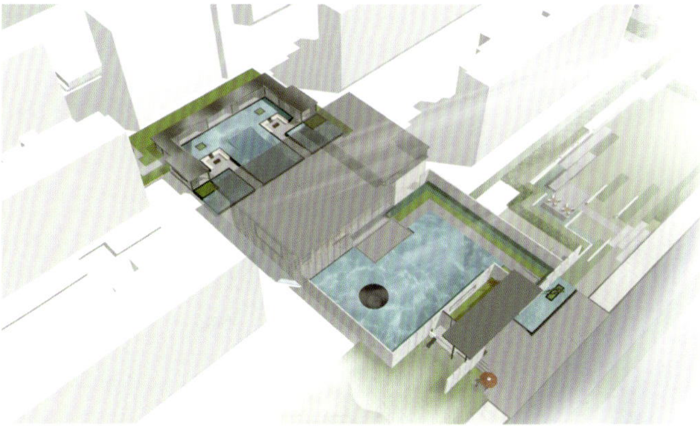
[A]

[B]

[A] 方案鸟瞰图
[B] 方案平面图
[C] 项目实景图
[D] 项目实景图
[E] 项目实景图
[F] 项目实景图
[G] 项目实景图
[H] 项目实景图

项目经济技术指标：

项目占地面积17600平方米，
景观面积为16600平方米，
屋顶景观面积620平方米，
屋顶绿地面积10平方米。

01 市政道路
02 入口广场
03 造型松
04 艺术水景
05 构架
06 景石
07 镜面水景
08 色叶树
09 无心窗
10 售楼处
11 弧形水景
12 下沉平台
13 风雨连廊
14 洽谈平台

设计说明：

写山水之形为物境，寄景生情为情境，托物言志为意境。

基地位于镇江市镇江新区大港未来核心区，面朝等级较高的市政主干道，交通便捷，区域可达性较高。周边无可直接利用的景观资源，需要示范区自成完整一体。

鉴于镇江传统的船文化以及售楼处的“玻璃盒子”建筑，我们选用了水作为设计核心元素，将景观愿景中水的理念融汇进场地空间中。以水为物镜，现代东方美学情愫为情境，通过水的镜面效果使空间无限延伸。

入口空间：运用“留白”的手法，通过欲扬先抑的障景手法，以简单干净的墙体立面作为背景画板，松浮于净水涌泉之上，凸显峻然纯粹的景观效果。

前场空间：镜湖一片，倒映天空和建筑。妖娆乌柏、特选红枫、阵列涌泉及艺术景石，共筑空间纯洁宁静，营造无界之美，所有的风月都在这里凝固了下来。

后场空间：以环廊为背景，设置船型水景与售楼处室内遥相呼应，结合室外下沉卡座。极具设计感的弧形水景之上，中间浮光暂隐，花木弄影，表达美好寓意，营造空间使用的稳定性。

项目自我评价：

以“语境东方”为主旨，以自然天成的设计表达材质的温润朴质、空间的自然大气。景观与建筑无界融合，形成了开合有致、气韵生动的空间流线。结合对物境、情景和意境的辩证思考，转化为“沉浸式的生活场景”，再塑一处契合生活的景观居所。

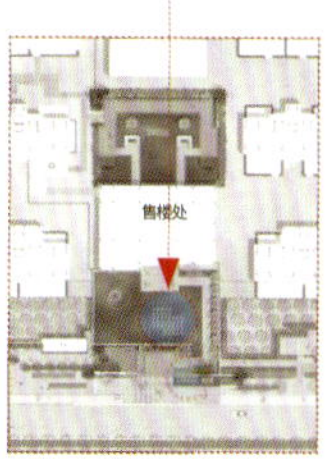

星星点点的“水光”

[D]

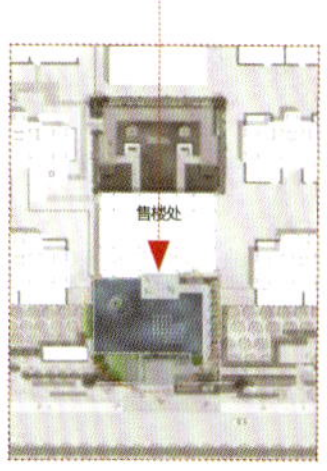

汇于一堂的“水境”

[E]

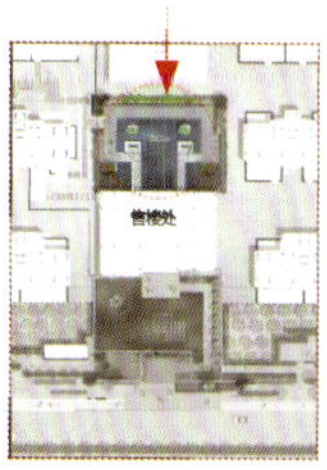

自然舒畅的“水幕”

[F]

[C]

[G]
[H]

洛阳绿地城示范区

设计单位：上海纳千景观环境设计有限公司
委托单位：洛阳绿地置业有限公司
施工单位：杭州绿馨园林有限公司
主创姓名：丛伟
成员姓名：李志巍、张玮、吴子瑶、马丁、方成卓、
程贵鸣、黄中姝、陆皓珣、袁亚伟
设计时间：2020.03
建成时间：2020.07
项目地点：河南省洛阳市宜阳县
项目规模：20401平方米
项目类别：地产景观

[A]

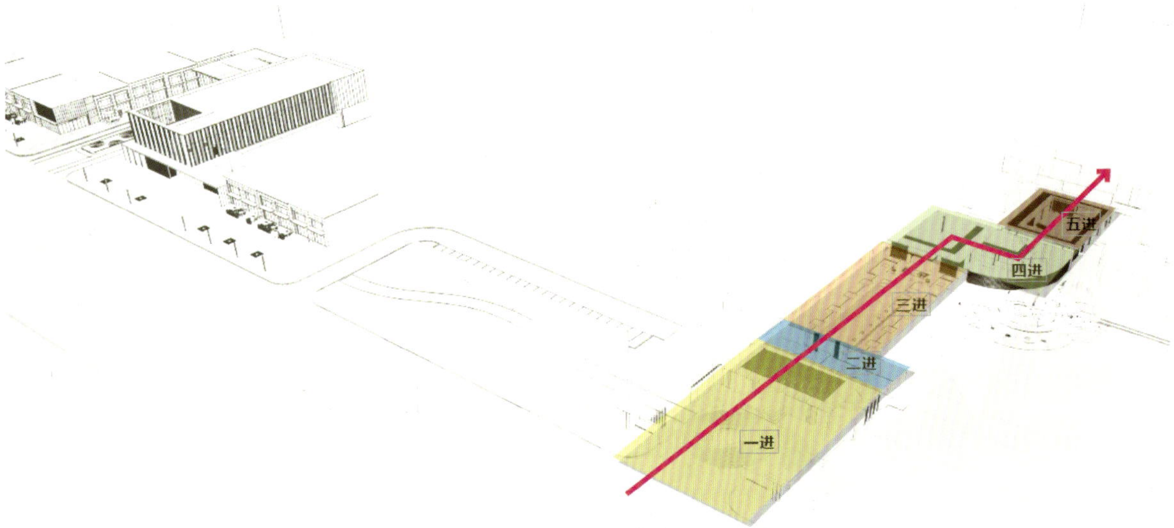

[B]

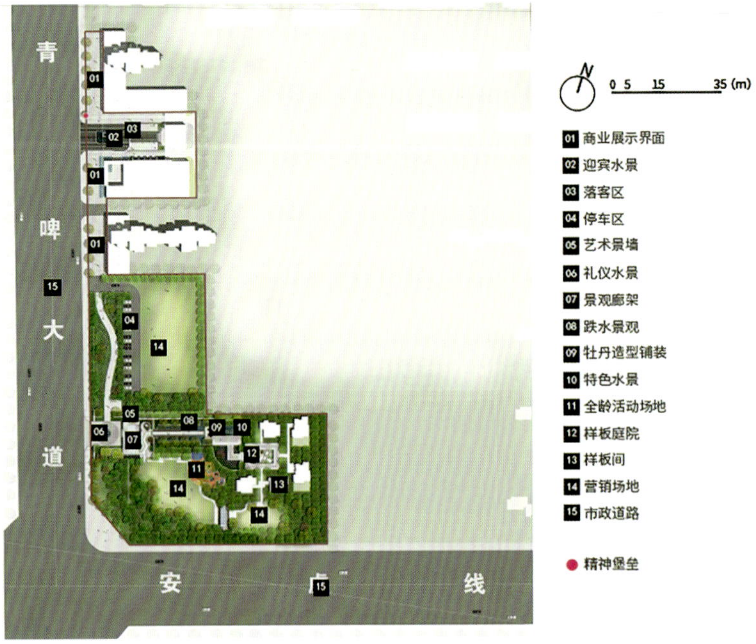

[A] 方案平面图
[B] 项目鸟瞰图
[C] 项目实景图
[D] 项目实景图
[E] 项目实景图
[F] 项目实景图

设计说明：

如何延续洛阳千年古都的气韵是设计师思考的核心。落花于尘世，心泊于洛阳，从自然与东方之间找寻共情关系，以洛阳牡丹为主题构思，秉承新中式景观营造体系，提取古典园林院落礼制精髓形成“五进院落”的布局。留牡丹印记于可触的媒介之上，不同空间如牡丹花般多姿绽放。景观作为一种生活方式的再诠释，设计师们将古典园林造景手法融入现代景墙、廊架、水景等设计中，以达到步移景异的景观效果，打造自在森居、五进院落、六重空间的体验。

项目自我评价：

从古典园林院落礼制中提取精髓，形成“五进院落”的空间布局。具有仪式感的空间以及自然禅意的空间，无一不彰显着设计的层次感和优质的生活氛围。通过可触碰的媒介上留下关于牡丹花的印记，像刻刀勾勒轮廓，像线索引领前行，以“花”的不同形态绽放，让人从城市走向自然。

[D]

[E]

[C]

[F]

项目经济技术指标：

该项目占地面积131924平方米，景观面积为20401平方米，容积率为1.65，绿地率为35.5%。

南通·桂语江南

设计单位：栖地设计
委托单位：绿城集团南通置业有限公司
施工单位：绿城装饰工程集团有限公司
主创姓名：聂柯、高明明、徐慧为
成员姓名：徐文涛、赵停光、罗莹、吴金玺
设计时间：2020.03
建成时间：2020.09
项目地点：南通市学贤路港达路
项目规模：1990平方米
项目类别：住宅类示范区

[A]

[B]

[A] 方案平面图
[B] 项目鸟瞰图
[C] 项目实景图
[D] 项目实景图
[E] 项目实景图
[F] 项目实景图

设计说明：

设计以“天光绿影、水印浅浅”为设计理念，营造城市里的自然意境院落，创造沉浸式的自然景观体验。大气的城市展示界面，丰富的文化内涵，良好的空间体验，精致的景观细节，在有限的空间内，利用视觉空间转换打造不一样的景观体验。

主入口简洁而富有仪式感的门楼矗立于市政大道旁，气势磅礴的挑高空间，以巴拉白石材为背景，搭配简洁线条与格栅装饰，体现优雅端庄的礼仪空间。

喧于市，静于庭，景观希望在此塑造一个小而精的城市展厅空间，将一个精致隽雅的庭院嵌入城市中，闹中取静，传递高端的气质，透露静谧的声音。前场中庭空间作为社区的第一印象，将水景、孤赏树、建筑连廊整体考虑，光与影、水与廊，阳光洒下，光影婆娑，给人无尽的想象与意境。

“云在青天水在瓶”，道在一草一木，道在一山一谷。后场空间通过精致的植物组团，打造现代中式禅意景观，留白与疏密之间，与自然对话，令人无限遐想；仅用砾石铺装勾画出优美的曲线，显现水乡的柔美。同时，具有诱导视线和增加延伸感的功能。园不在大，令人神往则至。

项目自我评价：

项目的整体特征是非常简洁大方的，所以在入口设计上，我们想打造一个BOX的概念，从当中打开一个口让光线进入，从门口引一道水在中庭，在庭中孤植一棵树，以此来表现整个项目的特质。整个中庭以水为中心，造就一个流动空灵的廊，单边柱且隐藏在U玻景墙中的设计使庭院中视线十分干净明朗，虽然是个中正礼序的传统格局，却没有压迫感；相反，十分通透。院外车水马龙，院内自在宁静。

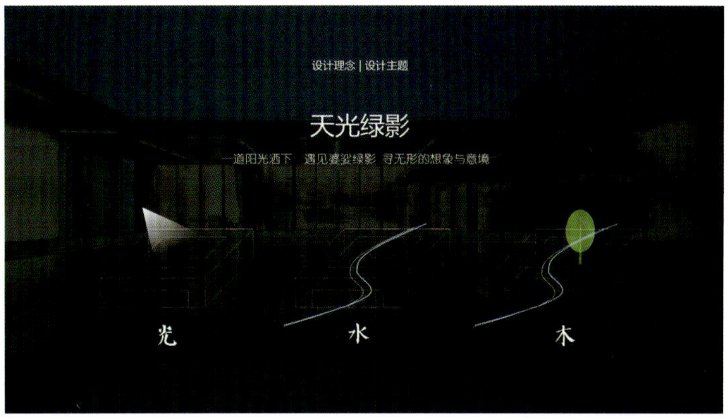

[C]

[D]

[E]

[F]

深圳盐田区 19.5 公里海滨栈道重建工程

设计单位：译地事务所有限公司，深圳市蕾奥规划设计咨询股份有限公司，中交水运规划设计院有限公司

委托单位：深圳市盐田区工务署，华润（深圳）有限公司

施工单位：中深建业建设集团有限公司，深圳市勘察测绘院（集团）有限公司，深圳金瑞建设集团有限公司，深圳市粤通建设工程有限公司

主创姓名：张谦、唐筱璐

成员姓名：张谦、唐筱璐、魏伟、范武峻、赖继春、张蓝兮、潘旭、廖文剑、纪思佳、谢园、章雁、吴承阳、陈震宇、刘启文、张忠起、钟紫璇、陈成、何翔、令狐小灵、张盼盼、ANANTSORRARAK VORRARIT、PARK SEJUN、吴丹、陈田逵、彭子珍、谢歆烨、陈文斌、朱嘉伟、李妍汀、张一康、王东、黄舒婷、高睿敏、王霞、程冠华、杨巧婉、卢晏羽、张栋、苏红利

设计时间：2019.02

建成时间：2020.09

项目地点：深圳盐田海岸线

项目规模：200000平方米

项目类别：灾后重建

[A]

[B]

[A] 项目鸟瞰图

[B] 项目平面图

[C] 项目实景图

[D] 项目实景图

[E] 项目实景图

[F] 项目实景图

设计说明：

盐田海滨栈道位于深圳东部的盐田海岸线，总长19.5公里，是深圳最为著名的滨海步道。本项目是台风山竹之后的重建工程。山竹台风自1983年来深圳遭遇的最强台风，原有的栈道和植被在灾害中遭到严重损毁。

新的栈道采用了更安全合理的选线，更适应气候的构造细节，为市民提供了更具容纳性和活动性的开放空间。借助重建的机会，海滨栈道将原本割裂的城市空间与自然景区紧密地联系在一起，重新定义了丰富的人文生活与壮阔的自然景观之间的关系，带给城市更具活力的滨海岸线。

海滨栈道大梅沙段由三层步道体系组成：原有车行道，新建的上层自行车骑行道和下层滨海栈道。新增的三座图书馆驿站位于车行道旁边，成为旅客进入骑行道的入口，屋顶作为观景平台，旅客可以在这里饱览大鹏湾。观景平台设置在地势较高的骑行道旁，而海角苏尔则设置在靠近海岸的悬挑栈道旁，两种休憩平台提供了截然不同的观海体验，成为活力海岸的催化剂。

[D]

[E]

[C]

[F]

项目自我评价：

这个重建项目是我们探讨永恒问题的好机会，人们应该面对还是服从自然的力量？该项目在场地上呈现出动态平衡，保护人类栖息地免受自然灾害，同时保持土地和自然资源的可持续利用。这是重建项目整个过程的重要战略。这种动态性平衡也是城市结构和海滨长廊空间的真正纽带，创造可持续发展且富有弹性的滨海景观。

工程实例

樟林激活计划——河富大井村扶贫记

设计单位：广东天元建筑设计有限公司
委托单位：韶关乡村振兴公益基金会
施工单位：御园景观集团有限公司
主创姓名：张晓聪、李旭
成员姓名：朱钟伟、胡莉云、林贤、郭伟东、黎发联、霍深尧、刘善波
设计时间：2018
建成时间：2020
项目地点：广东省韶关市仁化县大井村
项目规模：255490平方米
项目类别：旅游度假区规划

樟林激活计划

河富大井村扶贫记

以景观改变乡村，让贫困村能够自我“造血”，引领生活生产生态“三生合一”的健康发展。

河富村位于广东省韶关市仁化县，总面积59593亩，共12个自然村。大井村位于河富村中部，是一座由明朝便开始繁衍的古村落。

大井村东接丹霞山余脉，现有153户，为仁化县贫困村；村内建筑主要为砖混结构，风貌不具特色，但存多棵过百年古樟。总体而言，村民人居环境及经济环境皆需提升。

大井村表现出普通中国农村共有的问题：一方面，这里青山绿水，云蒸霞蔚；另一方面，村中人烟稀少，仅有老人和儿童在闲逛。对此，我们提出以生态振兴为基础，产业活化为动力的策略，希望达到精神与产业的双向扶贫。

[A] 总平面图

项目团队联合鸟兽虫木自然保育中心，以走访调研、生态调查、物种影像等方式对仁化河富村进行了实地昆虫、两爬、鸟类及植物的品种及分布调研。以多种指标对现状生态系统进行评估，通过“生态介入”的方法对全村水系统、古樟林群落体系进行生态修复，打造人人向往的“诗和远方”；在完成环境提升后，围绕古樟林整合多种优势资源，植入旅游产业实现一、三产业充分融合，打开农产品销售渠道，为大井经济的发展注入新的动力；同时，我们关注民生问题，在完成道路、亮化等基建工程之外，针对性地解决了灌溉用水不足的问题。

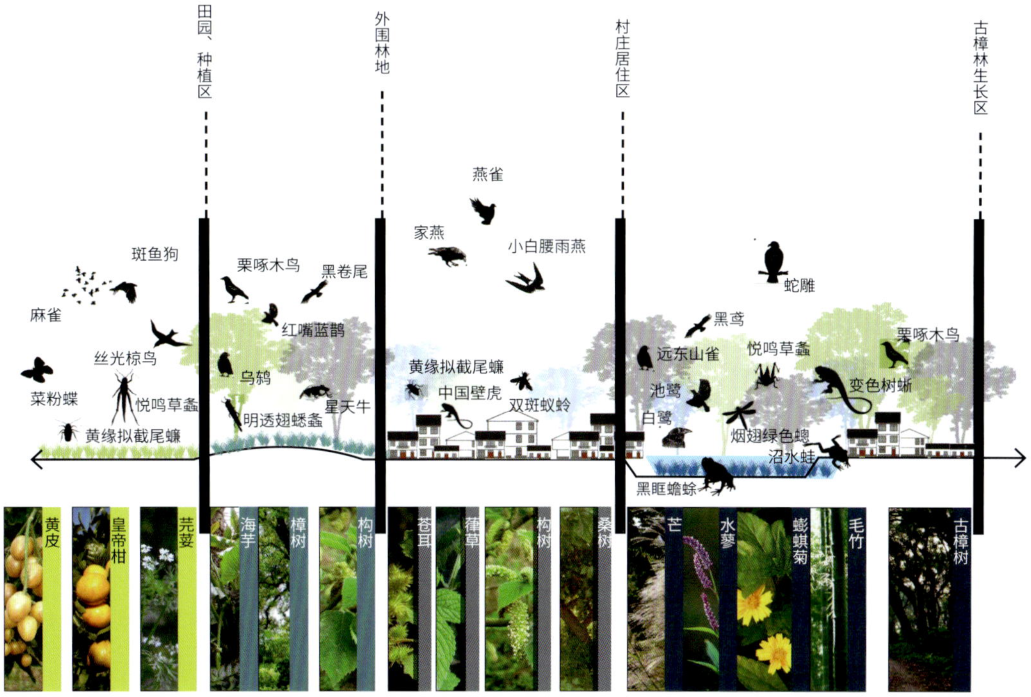

［B］分区主要动植物分布图

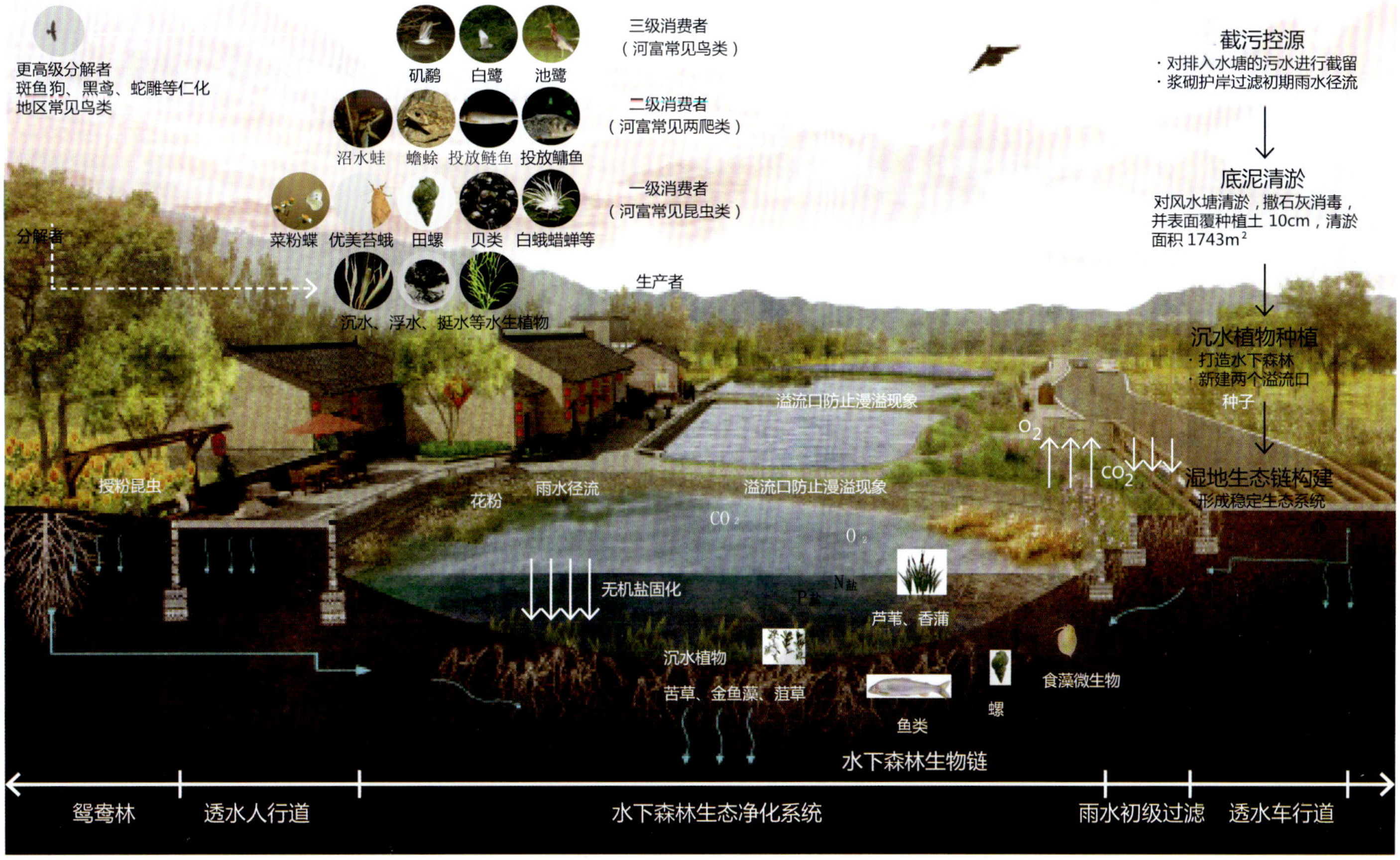

［C］生态净化系统图

古樟的故事

游客们可以伴随着“一棵樟树”的故事，从田边孤木，到鸳鸯林，让樟树自己讲故事，同时利用彩蛋为游客带来探索的惊喜；景观介入让旅游线路“横穿”自然与人类社会，游览中了解伴随着樟树一起成长百年的大井客家文化。

樟林激活计划

——河富大井村扶贫记

设计单位：广东天元建筑设计有限公司

委托单位：韶关乡村振兴公益基金会

施工单位：御园景观集团有限公司

主创姓名：李旭

成员姓名：杨岭兰，谢文健，郭伟东，杨岫

设计时间：2018

建成时间：2020

项目地点：广东省韶关市仁化县大井村

项目规模：255490平方米

项目类别：旅游度假区规划

汕尾陆丰市金厢镇精准扶贫及乡村振兴项目实施方案及工程设计

设计单位：深圳市建筑设计研究总院有限公司
委托单位：深圳市万科发展有限公司
施工单位：广东鑫基建设工程有限公司
主创姓名：肖枢
成员姓名：皮琪琦、马歧峰、朱景师、晏珊、叶孟旭、苏景海
设计时间：2018.10
建成时间：2020.10
项目地点：广东省汕尾市陆丰市金厢镇
项目规模：82300.31平方米
项目类别：城乡公共空间

[A]

[B]

[A] 方案总平面图
[B] 项目鸟瞰图
[C] 项目实景图
[D] 项目实景图
[E] 项目实景图
[F] 项目实景图
[G] 项目实景图

设计说明：

一期（黄厝寮村）

（1）“在地设计”，充分考虑到村内建筑的统一性，在当地建筑中提取元素，应用到设计中去，将设计融入村民的生活中去。

（2）旧屋修缮采用“修旧如旧”的手法，还原本真属性。

（3）采用构件式、易安装、快速施工、轻介入、乡土做法，散点式进行改造，最大程度地减少对居民生活的干扰。

二期（下埔村）

（1）下埔村足球场。建设山脚下十一人足球场，承办周边足球活动，满足周边村民运动需求。

（2）下埔村村民中心。结合村口已有党建文化广场以及规划建设的下埔村市场进行设计，设置儿童游乐场地以及村民集会休闲空间。

（3）下埔村小学。结合现有小学实际情况，完善小学教学功能，提升教育设施水平，改善师生学习工作环境。

三期（洲渚村）

（1）周恩来同志渡海纪念公园。占地面积48000平方米，利用现有地形地貌，分别建设滨海公园、周恩来同志渡海纪念公园、村民休闲公园，可以完美展现陆丰的传统红、宜居绿、海洋蓝。

（2）洲渚村党建文化广场。新建一条进村行车道、村民中心、村前池塘休闲长廊、村民中心停车场。其中，村民中心兼具党建宣传、村民议事、村民休闲、儿童乐园等综合功能，可以有效实现进村主干道的人车分流，解决村民停车难问题，增加村民休闲娱乐空间。

[D]
[E]

[C]

[F]
[G]

郑州·奥林匹克体育中心景观设计

设计单位：成都黑白之间景观规划设计有限公司
委托单位：郑州地产集团
施工单位：中国建筑第八工程局有限公司
主创姓名：张玮
成员姓名：张玮、黄丽娜、唐盈、廖剑秋、于佳旺、江鹏鹏、黄晓莉、胡婷、梁进、朱磊
设计时间：2016年
建成时间：2019年
项目地点：河南郑州市常西湖新区
项目规模：约232221平方米
项目类别：公共景观—城乡公共空间

[A]

项目经济技术指标：

总建筑面积约58.4万平方米；
红线内景观总面积约236228.50平方米；一层绿化面积34974.50平方米；
二层绿化面积10035.00平方米；
水景面积1000平方米；
绿地率为19.5%。

[A] 项目实景鸟瞰图
[B] 项目方案平面图
[C] 项目实景图
[D] 项目实景图
[E] 项目实景图
[F] 项目夜景鸟瞰图

[B]

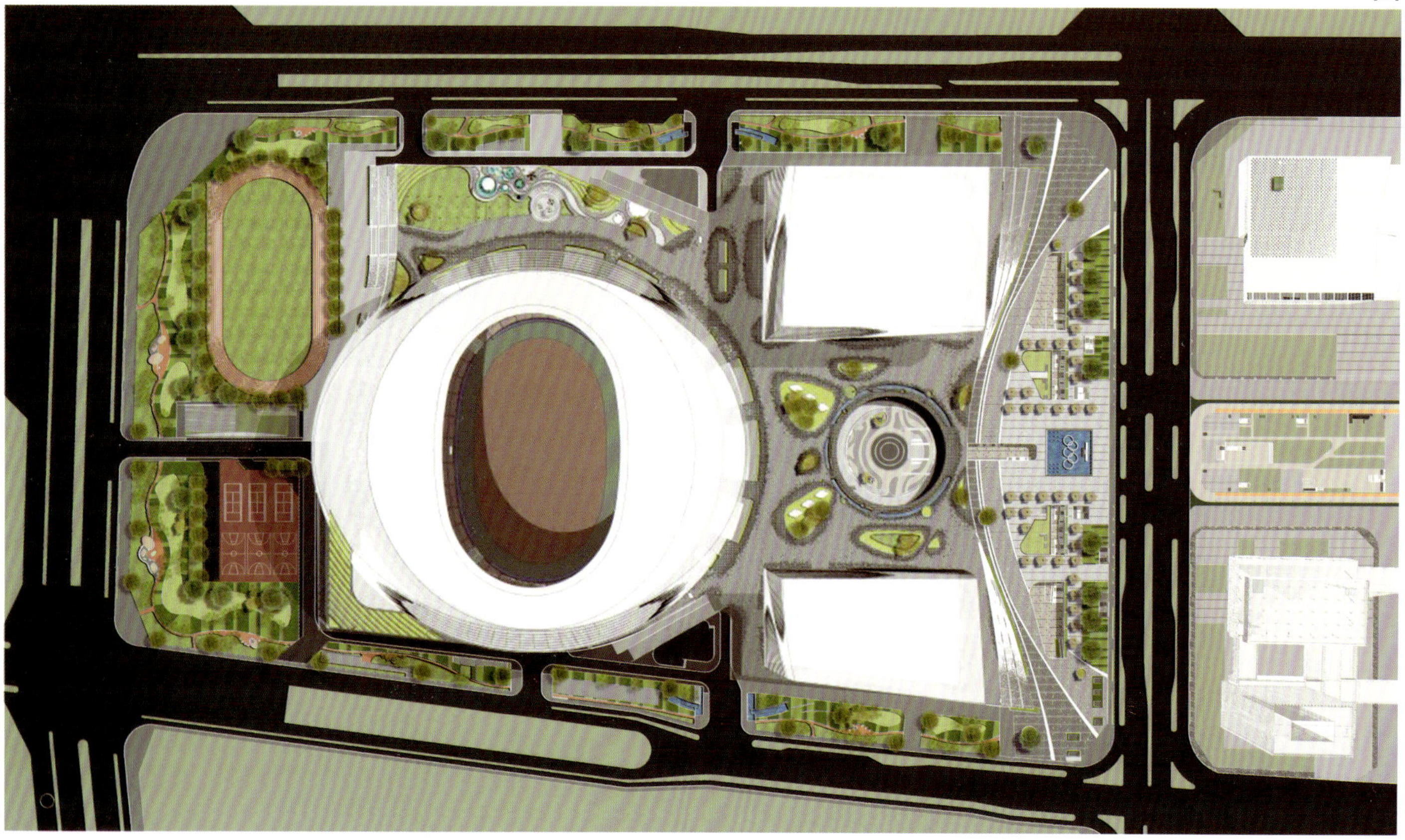

设计说明：

全民全时段的健康运动。

项目所在地郑州，是中国文脉最深厚的城市之一，具体项目位置北侧为南水北调中线工程，东侧为郑州市民公共文化服务区，南侧为郑州植物园；“健康生活”一直是人们关注的重要话题，而我们的健康生活，除了健康的衣食住行，健康的医疗保障外，最简单的健康生活方式就是坚持正确的体育锻炼。借由郑州奥林匹克中心项目的景观设计，我们希望引领全民全时段健康生活方式。

设计灵感来自项目的区域特色和建筑形态。以黄河之水天上来，孕育了中华文明为线索，运用九曲黄河的灵动柔美线条，迸发出无限生机和可能，以“以商养体”的思路，打造新型的大型公建景观。

[C]

[D]

[E]

[F]

[G]

[H]

[I]

设计说明：

针对场地需求打造“天水来”“滴于顶”“集在心”“东汇聚”四个景观功能空间，宛若一幅黄河东奔长卷。高大的场馆建筑，天地之中，黄河天水。景观延续建筑造型抽象成黄河意象。水流跌宕起伏飞落在二层平台滴成水花，形成渐变的图案。再顺流聚集在中心花园激起涟漪状，最后沿着建筑奔走朝着东方流淌汇聚。

项目的最大创新点是为避免常规大型场馆赛时热闹平时清冷的状态。提出了“以商养体”的模式，规划大体量的商业，充分吸引城市人流。景观规划设计了很多市民能够参与的功能和空间，把高高在上的顶级场馆与群众参与结合。并结合项目周围绿地和旁边的植物园，整体打造成全民、全时段都能够参与的健康运动主题公园。

[J]

[G] 项目实景图
[H] 项目实景图
[I] 项目实景图
[J] 项目实景图
[K] 项目实景图

[K]

[L]

[M]

[N]

项目自我评价：

本次项目的各种规格都是世界级的，仅红线内景观就达23万平方米；设计定位高端，对整体项目具有极高的要求。当景观开始参与到此项目时，最先考虑到郑州作为一个拥有黄河文脉之一的城市，具有最核心、最深远的就是黄河文化，如何合理地把黄河文化与世界体育文化结合，是我们作为景观创意来源的主要关键点；突破常规经营模式，采取“以商养体”的运营模式，打造全民全时段可参与的功能和空间，吸引人流，引导健康生活；其次项目最大的难点是二层平台的景观设计，由于建筑跨度太大，需充分考虑荷载和排水影响，景观上大胆地采用万能支撑器解决大跨度平台的结构和排水问题，在很多客观条件限制下打造景观。而我们借此项目，利用整体客观条件和项目本身的历史底蕴从景观的角度倡导生活不仅需要健康的体魄，还需要健康的心态促进生活的品质。

[L] 项目实景图　[N] 项目实景图
[M] 项目实景图　[O] 项目实景图

[O]

凤台县凤凰湖新区凤凰湖水系治理及景观绿化建设工程、项目勘测、规划、设计

设计单位：武汉华天园林集团有限公司
委托单位：凤台县滨湖新区投资建设有限责任公司
施工单位：武汉华天园林集团有限公司
主创姓名：王姣、胡文涛
成员姓名：黄书业、苏珺、朱娟英、王辉、邵丽、周淑贞、李慧君、操越、胡晏、王冠一
设计时间：2013.10
建成时间：2016.02
项目地点：安徽凤台
项目规模：552公顷
项目类别：公共景观—城乡公共空间

[A]

[B]

主要景点说明：
01 迎凤广场
02 迎凤台
03 拉索桥
04 栖凤岛
05 窜珠溪
06 栖凤台
07 运动乐园
08 梯田驳岸
09 停车场
10 朝凤门
11 迎宾桥
12 凤凰楼
13 舞凤台
14 凤凰台
15 戏凤台
16 迎宾楼
17 朝阳广场（丹凤台）
18 朝阳码头
19 扶风塘
20 有氧运动园
21 观凤台
22 心心相印
23 农耕景园
24 花鼓灯溪
25 思旧园
26 芬芳花海
27 隐凤林

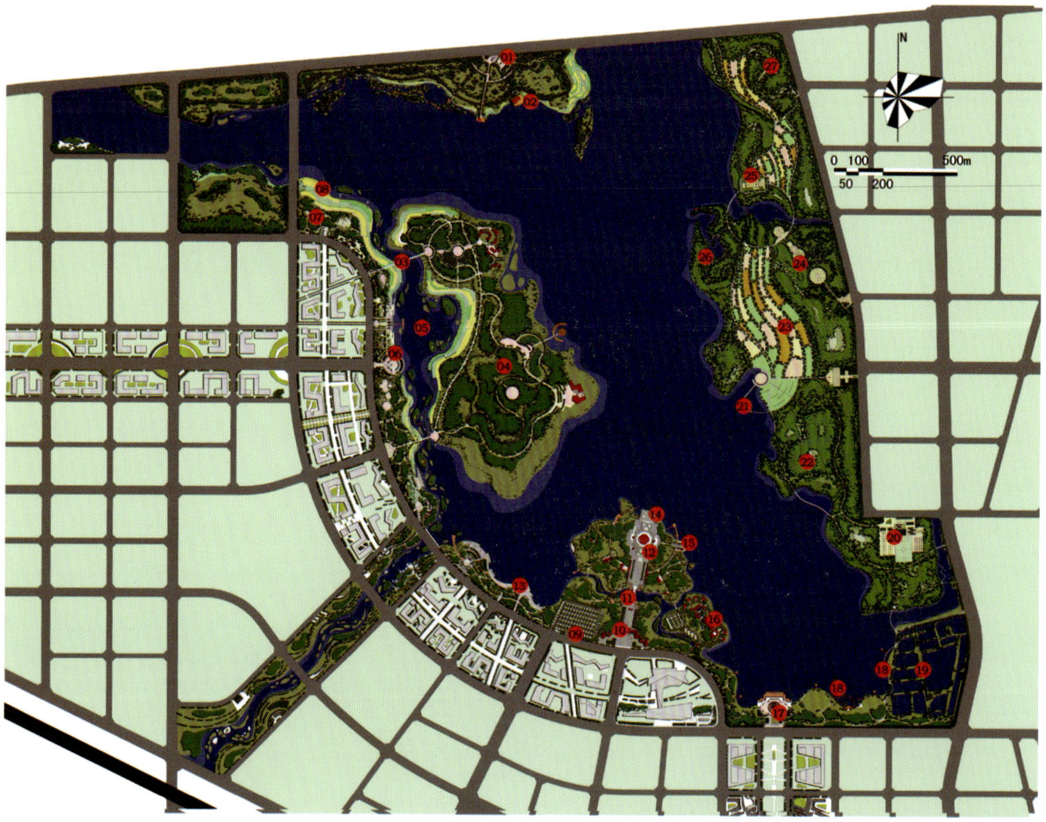

[A] 方案鸟瞰图
[B] 方案平面图
[C] 方案效果图
[D] 方案效果图
[E] 方案效果图
[F] 方案效果图
[G] 方案效果图

设计说明：

凤凰湖公园设计根据周边用地性质，分为对应的九大功能分区，即城市广场区、城市魅力区、文化体验区、滨水休闲区、生态湿地区、都市休闲区、生态运动区、生态涵养区和生态岛。

处于最南端与行政中心相连的区域定位城市广场区，此区域为公园的门户，可以欣赏大面积的湖面景观，以及进行亲水活动。西南端为城市魅力区，主要为商业街。

紧邻城市魅力区的为文化体验区和滨水休闲区，这两个区为本公园的重点建设区域，其中，文化体验区为项目的核心，在此设计凤凰楼和凤凰台，集中体现凤台文化特色和风貌，滨水休闲区主要为民众提供开敞式的、多元化的城市滨水公共活动空间。

北段为生态湿地区，主要是结合原有地形地貌建立观赏、体验、教育等复合功能的湿地景观。东端为都市休闲区，考虑到未来发展的需要，先以绿化为主，结合实际情况设置少量的活动空间，主要以亲水平台、疏林草地为主要景观。东南端设计生态运动区和生态涵养区，满足公园提供运动空间的需要，同时对原有池塘合理利用，增加对水体的涵养功能。

[D]
[E]

项目自我评价：

通过文化策略、生态策略、智能策略三个方面来对凤凰湖公园进行设计，在整个设计中我们建立了城市雨洪管理系统、柔性驳岸系统、湿地水体修复系统，达到展示凤台新城“宜居都市”景观新地标的目的。建设之后的凤凰湖公园成为凤台对外发挥旅游休闲功能、商务休闲功能，为市民提供户外休闲游憩、户外健身、亲子教育的平台。

[C]

[F]

[G]

项目经济技术指标：

规划的规划范围约为642公顷，其中凤凰湖公园占地面积约552公顷，水体约270公顷，绿地建设面积约281公顷。

泰安开元盛世·文旅城

设计单位：中外建华诚工程技术集团有限公司
委托单位：山东泰山财金实业有限公司
施工单位：山东广厦建设集团有限公司、山东长箭建设集团有限公司
主创姓名：张晓光
成员姓名：孙庆朋、张楠、周艺峰、魏宝江、王霞、张晶、侯建华、付琳、李志刚、朱延芳、姜明强、李越莺、刘春年、胡兆松
设计时间：2018.06
建成时间：2020.05
项目地点：泰安市高铁新区4A级景区泮河景区
项目规模：153170平方米
项目类别：城乡公共空间

[A]

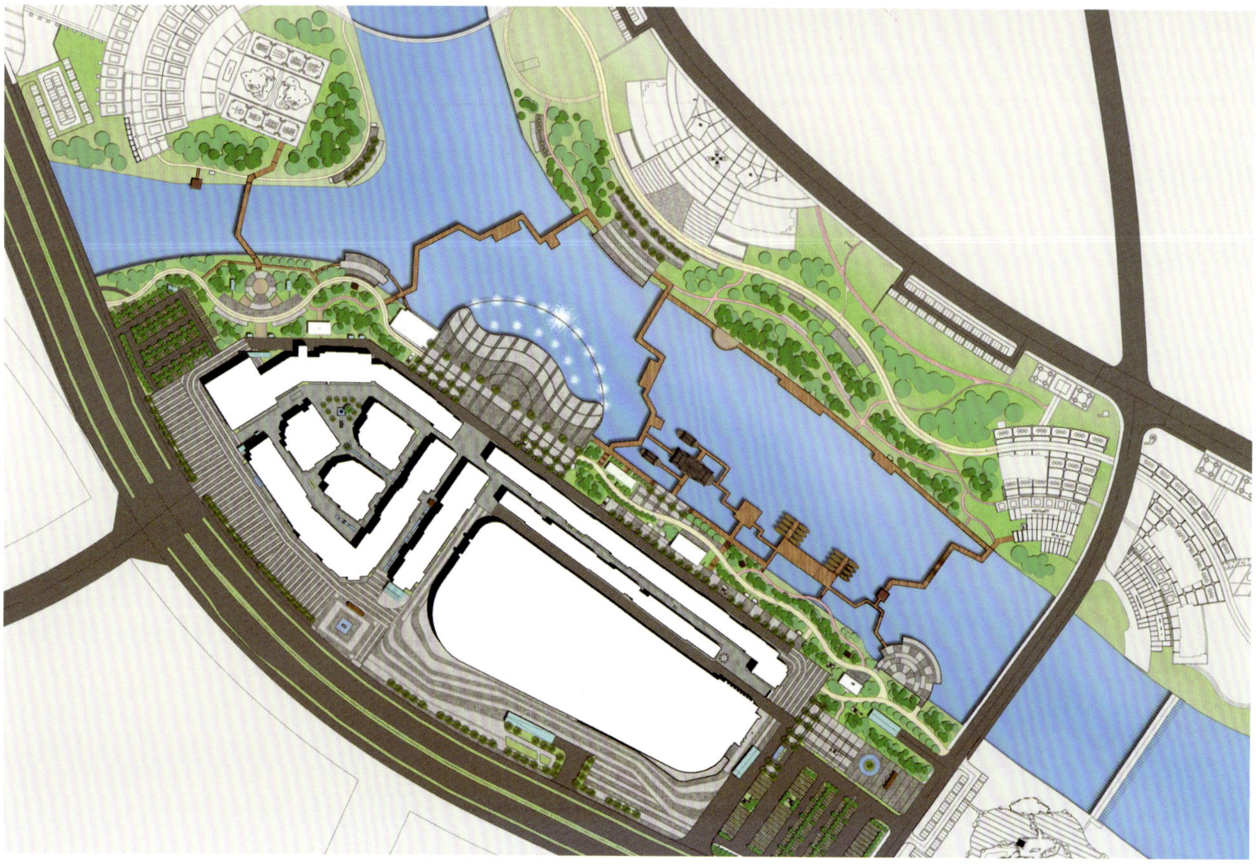
[B]

[A] 方案鸟瞰图
[B] 项目平面图
[C] 项目实景图
[D] 项目实景图
[E] 项目实景图
[F] 项目实景图

设计说明：

讲述一座山，一座城，一段二十四节气的民俗文化故事……

项目位于泰安市高铁新区4A级景区泮河景区范围内，以二十四节气民俗为文化故事脉络，以泰安当地的文化串联，向游客展示不同的文化故事，提供丰富的文化旅游体验。

项目引入红星美凯龙旗下爱琴海购物公园品牌，是一个集文化、情感、生态、摩登于一体的商业中心，项目成为泰安乃至山东地区高端优质旅游、度假、休闲娱乐中心。

商业业态主要分为“闲生活”“慢生活”“新生活”“民俗小镇景观区”“文旅城服务中心”“五星级酒店”六个分区。“闲生活”区以旅游休闲为主题，针对文化旅游客户群；“慢生活”区以品牌商业为主题，针对精品消费的目的性消费客群；“新生活”区以时尚活力为主题，针对都市年轻人客群；“民俗小镇景观区”结合天幕秀、互动光影秀、互动重力感应灯、表演台等重要的夜景节点吸引游客参与观赏，增加园区活力。

[D]
[E]

项目自我评价：

二十四节气是我国的文化艺术瑰宝，起源于黄河流域。远在春秋时代，就定出仲春、仲夏、仲秋和仲冬等四个节气。设计将开元盛世·文旅城打造成为民俗景观与建筑功能相结合的“二十四节气民俗文化舞台”。

[C]

[F]

项目经济技术指标：

该项目占地总面积153170.7平方米，建筑占地面积45200平方米，景观面积107970.7平方米，绿地率20.4%。

汉阳江滩景观改造项目

设计单位：武汉华天园林集团有限公司
委托单位：武汉市江滩管理办公室
施工单位：湖北三禾园林景观有限公司
主创姓名：王姣、胡文涛
成员姓名：王辉、苏珺、朱娟英、黄书业、邵丽、周淑贞、李慧君、操越、胡晏、王冠一
设计时间：2018.03
建成时间：2019.04
项目地点：湖北武汉汉阳江滩
项目规模：20000平方米
项目类别：公共景观—城乡公共空间

[A]

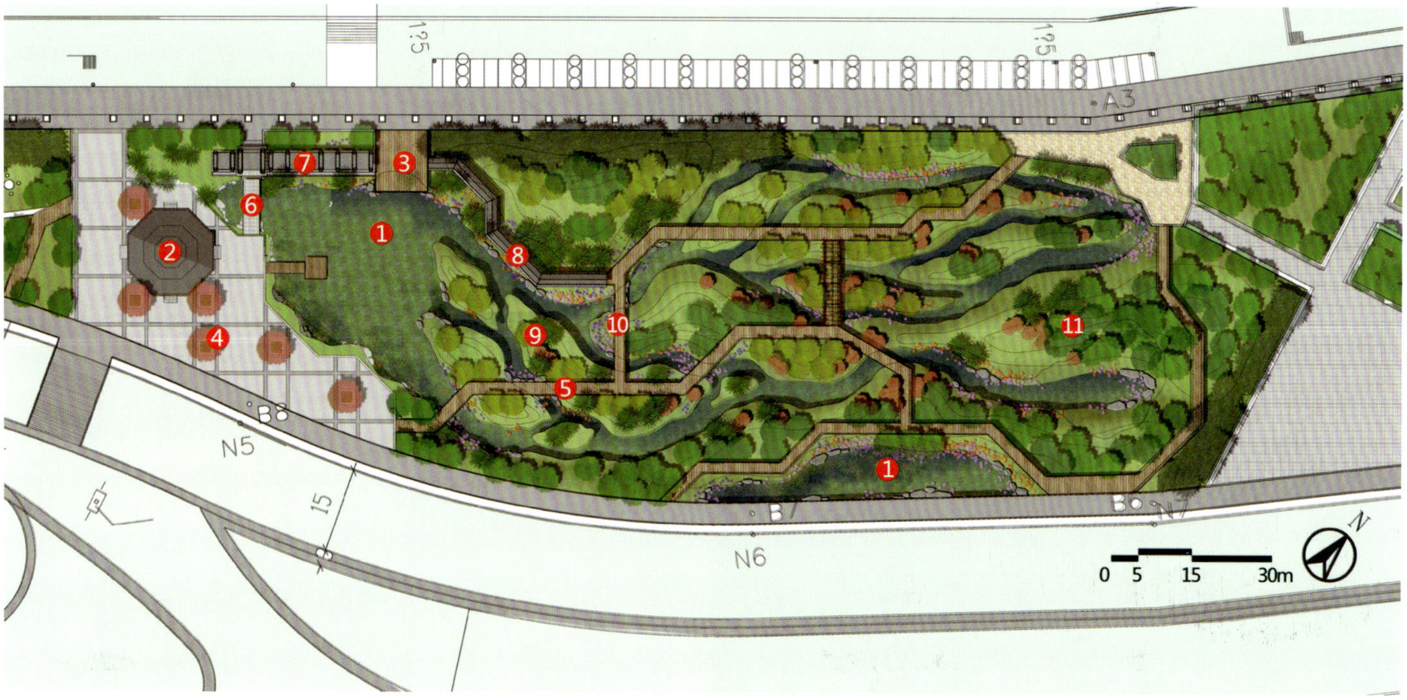

[B]

1 下沉绿地（雨水花园，雨季是池塘，旱季是花溪）
2 观江亭
3 木平台
4 集散广场
5 木栈道
6 石桥
7 原有廊架
8 连廊
9 微地形绿岛
10 木拱桥
11 景观绿地

[A] 方案效果图
[B] 方案平面图
[C] 项目实景图
[D] 方案效果图
[E] 方案效果图
[F] 方案立面剖面图
[G] 项目实景图

[D]
[E]

设计说明：

1）设计目的

①让汉阳江滩变得更完善，城市变得更安全。

②让汉阳江滩的周边环境变得贴近使用人群的需求和便捷。

③让生物多样性得到保护和丰富，提高生态价值。

④让文化符号唤起人们对历史的回忆，凸显文化底蕴。

2）设计定位：创造令人回味的门户印象，打造青草绿野的绿色客厅

3）设计理念

①关于防洪要求的统一

一座具有一定稳固性的亭子，既满足汛期观水位观江之用，同时又不被汛期所影响。

②注重现有城市服务功能

城市景观最终服务于市民，为衔接前后节点及延续现有的城市服务功能，我们在设计中将其按照城市客厅的定位打造门户景观，既能完善场地的功能、历史延续功能，又能满足市民的服务功能。

③因地制宜，崇尚生态

汉阳江滩处于一期，遵从的主题为“回归自然”，主打“青草绿野，芳草萋萋”的景象，场地周边现有一片旱溪，将之纳入场地中来，让其相对平坦的基地向下凹，既能象征承载着水的生机，又能满足使城市可持续发展中雨洪管理的功能。

④历史文化的延续

鹦鹉洲、烟波亭的历史经久传唱，具有很强的场所意义，在本次改造中，我们希望通过再创作，找回历史印记，传承经典文化。

[C]

[F]

[G]

项目自我评价：

以观江亭为主的汉阳江滩改造提升建成后得到建设方和使用方的一致认可，形成令人回味的门户印象，打造青草绿野的绿色客厅。尤其是观江亭，作为汉阳江滩的黄金打卡地，登高望远，能全域观看长江沿岸两边的美丽景色及长江大桥、鹦鹉洲大桥的雄伟壮观和近似飞龙的灯光美景，将全部汉阳江滩区域及市区的美丽夜景尽收眼底。

项目经济技术指标：

项目总用地面积20000平方米，观江亭总高度22.75米，其中一层建筑面积324平方米。

西安曲江汉华城艺术花园广场

设计单位：上海地尔景观设计有限公司
委托单位：西安曲江新区土地储备中心
施工单位：西安曲江文化园林有限公司
主创姓名：李健
成员姓名：沈雯、李科、孙诗捷、刘雪青
设计时间：2018.08
建成时间：2020.08
项目地点：曲江新区
项目规模：21000平方米
项目类别：城市绿地空间

[A]

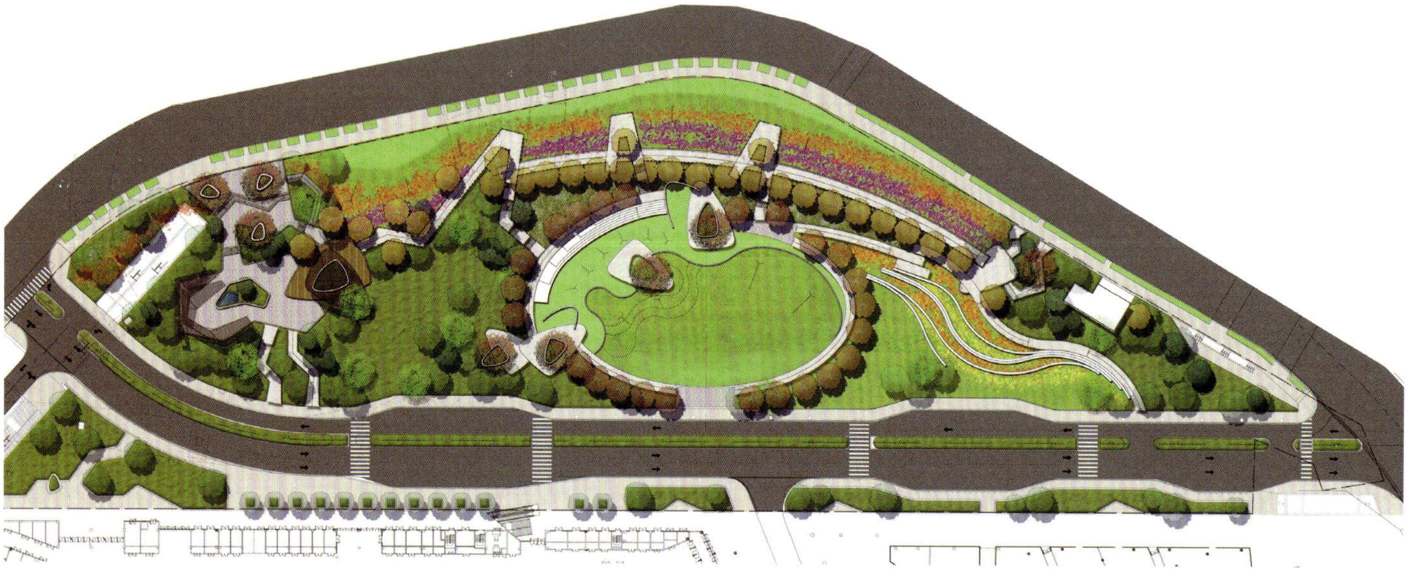

[B]

[A] 方案平面图
[B] 项目鸟瞰图
[C] 项目实景图
[D] 项目实景图
[E] 项目实景图
[F] 项目实景图

设计说明：

给曲江门户绿地添加一抹亮色。

地块位于城市地标曲江大转盘的一角，距离曲江立交桥约1.2公里，位于包茂高速出口，是西安曲江对外展示城市文化风貌的入口。周边主要为成熟商品住宅区与配套教育设施。一公里内可达国家5A级景区和生态区——曲江池景区。基地设计需考虑城市风貌展示与服务周边居民双重使用功能，同时需与已完成的绿地设计风格相融。

植被与硬质的组合规划空间不同尺度，聚集人流；合理的遮阳休憩场地与适当的公共便民设施，让广场时刻维持着活跃的环境氛围。公共绿地空间为繁忙的都市生活带来丰富的娱乐性，让不同年龄层次的人聚集到了一起，改变人们对空间的看法，促进社区和谐氛围，消除隔阂，建造更加美好的社区生活。灵活的地形变化为整个空间带来灵动的气氛，舒缓的草坡为孩子奔跑、嬉戏提供安全的场所，家长也可以与孩子一同享受这微坡带来的自然体验。如同散落的飘带一般的线条台阶，分散又会聚，形成丰富、丝滑、变化的空间。

草坪中的带状硬质，提供人更近距离接触、亲近绿色的通道。人们可以坐、站、跳跃、漫步等，极大地增加了景观互动，提高场地使用率。时花的组合带来七彩变化的植物景观，精致的小景让公共绿地也有了私家花园般的体验。坐在自由曲线的长条花池边，花香扑鼻，心情闲适。

[D]
[E]

[C]

[F]

项目自我评价：

曲江汉华城公园是区域微环境的调节地、是城市文化印象的展示馆、是居民生活品质提升的台阶。如同一颗萌芽的种子承托着曲江人对未来美好的憧憬最为质朴的愿望逐渐成长为最为华丽的花朵。

项目经济技术指标：

该项目占地面积21000平方米，景观面积为21000平方米。

天汉文化公园·汉中

设计单位：北京德纳兰景观设计有限公司
委托单位：汉中市滨江新区管理委员会
施工单位：河北绿城园林绿化工程有限公司
主创姓名：张军、曹建峰
成员姓名：李超、叶松涛、钟勋、陈博、刘陶、杨联文等
设计时间：2018.08
建成时间：2020.06
项目地点：陕西汉中滨江新区
项目规模：29.6万m^2
项目类别：公园设计

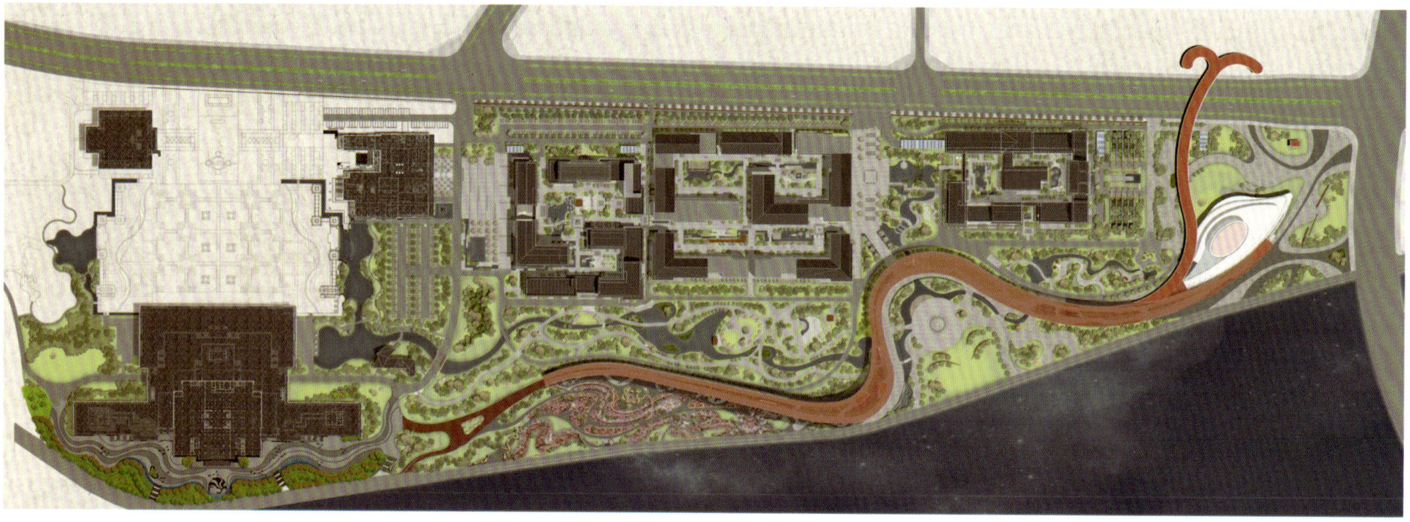

[A]

[B]

[A] 方案平面图
[B] 项目鸟瞰图
[C] 项目实景图
[D] 项目实景图
[E] 项目实景图
[F] 项目实景图

设计说明：

天汉文化公园位于汉中主城区西南部的汉江北岸，是滨江新区管委会依托汉江滨水景观，推进区域综合开发的重要基础性项目，是汉中市“一江两岸”打造5A级景区重要的组成部分。

总体设计主题：林、泉、清、韵

1.林：树林、竹林、洋林、林湍、林溆。各种配置才能显得景观绿林更丰富。

2.泉：也就是“源”，破土、破石而出，分流汇集成河，设计给他赋予活力。

3.清：清新、清心、清净、清幽、清香、清美。对应每个节点，和街市呼应，闹中取静，给疲惫的人们提供一个假日休闲娱乐的好环境。

4.韵：“汉中八景”对应“八韵”。

5.减少苑街以外的现代化铺装、造景，把自然界的景色引入，给设计以“神”。

6.“林泉清韵”是一幅画，我们能看得见河畔草地，能在水滨寓欢，能听得见群鸟鸣脆，能闻得见幽幽花香。

项目自我评价：

承载着汉中地域文化，取汉中八景落地于场景中，引入自然景色，诱发人们的情感记忆，使城市肌理得以延伸，城市文脉得以传承。

[D]

[E]

[C]

[F]

采用中式传统风格，结合部分现代表现手法。融入体验的互动性景观，创造具有生命力的公共环境，满足人对互动、社交等方面的情感诉求。回归自然与本真，让人在繁华的都市中寻觅放飞心情的舒畅。

项目经济技术指标：

该A区总面积：305600m^{2}建筑总占地面积：39940m^{2}飘带占地面积：8815m^{2}景观面积：265453m^2

中新天津生态城中部片区生态谷景观工程

设计单位：北京东方易地景观设计有限公司

委托单位：天津生态城投资开发有限公司

施工单位：天津海泰市政绿化有限公司、天津市天馨园林工程有限公司、天津市远成景观建设发展有限公司
创景园林建设有限公司

主创姓名：李建伟

成员姓名：孙智勇、于楠、牛蕾、郭红伟、张薇、刘超、傅鑫、寿洋、黄喆、张雅琛、王世旭、王瀚增、张锦生

设计时间：2015.05

建成时间：2018.12

项目地点：天津市滨海新区樊家村

项目规模：95000平方米

项目类别：公园设计

[A] 方案平面图
[B] 项目鸟瞰图
[C] 项目实景图
[D] 项目实景图
[E] 项目实景图
[F] 项目实景图
[G] 项目实景图
[H] 项目实景图

[A]

[B]

设计说明：

项目用地范围为中部片区生态谷，南起惠风溪，北至中新大道，长1320米，宽50~80米。项目主题是“汇聚 · 生态谷”。汇聚水、生物，形成自然生态；汇聚生活，形成人文生态；汇聚艺术，形成艺术生态。通过自然、人文和艺术多个层面解析城市人的最终需求。“汇聚水、生物”主要强调雨水利用，水体自净以及生物多样性。“汇聚生活”根据相邻地块城市属性，做到空间共享、生活交流同时具备经济活力。“汇聚艺术”为满足市民更高精神追求和项目形象，场地内结合自然融入了大量艺术元素。依据不同使用功能和景观主题分为四个部分，由北到南分别是“世界和平”“生命健康”“艺术生活”“自然和谐”四个主题景观区域。“世界和平”区，主要为新型生态广场，满足人流集散及活动需求，由和平广场区和雕塑水景区构成。“生命健康”区，为教育科普基地，具有健身和科普功能，设有健身休闲广场、科普讲室、雨水花园等，由韵律园、悦动园、水花园构成。“艺术生活”区，包括商业广场，婚恋广场，强调艺术生态与时尚生活的气氛。“自然和谐”区紧邻居住区并与河流相接，故此段为自然生态走廊，体现人与生物和谐共存，设有鸟屋，生态岛等有动植物参与的场所，兼具生态和趣味。

本项目针对不同功能地块分别布局设计。运用硬质景观营造视觉焦点，运用自然草坡绿化结合丰富的空间组织，塑造“生态谷”的特色，凸显现代园林元素与自然生态元素的完美结合。既满足市民休闲、健身需求，又具备城市生态修复功能，运用海绵城市理念，达到人与城市、自然、动植物的和谐共生。

[C] [D]

[E] [F]

[G] [H]

南京市浦口公园改扩建项目

设计单位：上海丽塔工程设计有限公司（荷兰NITA设计集团）
委托单位：南京高新城市建设发展有限公司
施工单位：南京高新城市建设发展有限公司
主创姓名：胡轶
成员姓名：TJERK HENDRIK REIJENGA、计璟、左静然、刘静雯、CHONG KONG YEN、刘梦乐、于小惠、童成程、阮冀、朱婕妤、贾涵
设计时间：2019.07
建成时间：2020.04
项目地点：南京浦口
项目规模：168667平方米
项目类别：城市公园

[A] 项目鸟瞰图
[B] 项目平面图
[C] 分析图
[D] 项目实景图
[E] 项目实景图
[F] 项目实景图
[G] 项目实景图

[A]

[B]

设计说明：

66岁的浦口公园，是江北最老的公园。

设计者从人们的幸福感、获得感出发，将“笑脸”作为公园设计的终极目标，打造“微笑的公园，浦口的笑脸”。

公园现状是绿化条件优良，大树茂密，但设施陈旧且活动空间不足。设计者着眼于市民的休憩需求，充分研究公园与周边社区的合理衔接，营造“尊重自然、注重休憩、突出生态、优化空间”的城市公园。

规划通过两条途径实现更新提升：基于现状的改造提升、基于未来的发展创新。公园总体保留了现状的空间骨架脉络——水系、道路骨架、特色元素等，通过空间重置、植栽优化、小品更新、重点提亮等方式完善设计。

设计保留公园现状景亭和叠石，对滨水空间的开合重新梳理，打开视线廊道，获得更好的对景效果和游赏体验。在不影响公园原有肌理的前提下，新增步行廊桥，在空中连接新增设的活动节点，也为市民提供遮风避雨的休憩场所。

公园内的建筑进行保留、改造，使其建筑形态及使用功能更符合现代审美和市民需求。

[C]

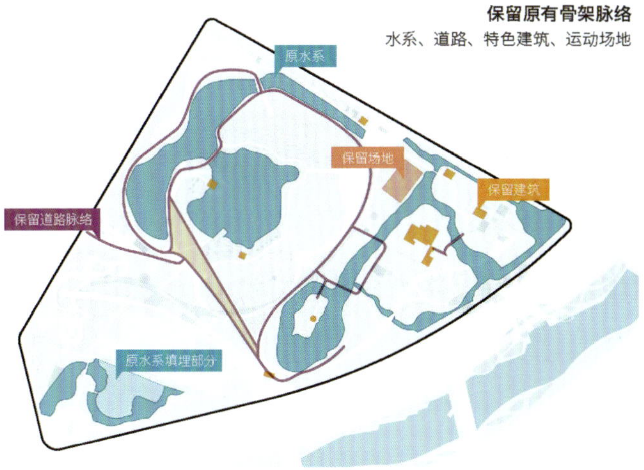

保留原有骨架脉络
水系、道路、特色建筑、运动场地

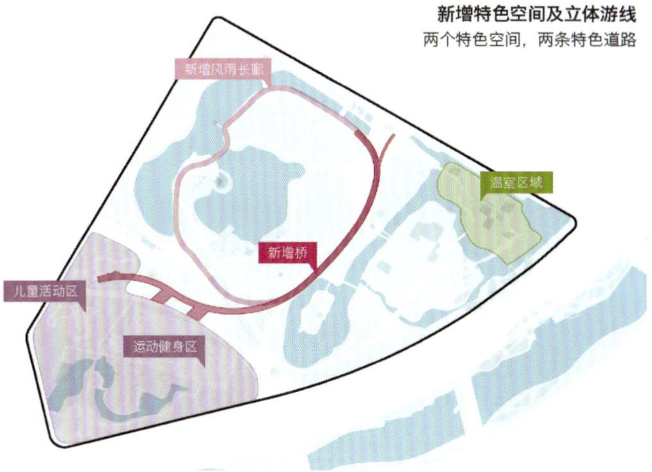

新增特色空间及立体游线
两个特色空间，两条特色道路

[D] [E]

[F] [G]

荣成市民文化公园项目

设计单位：上海创霖建筑规划设计有限公司
委托单位：荣成市风景园林管理局
新 材 料：泰孚新材料科技发展（上海）有限公司
主创姓名：吴永清
成员姓名：左悦、曹瑗麟、周航、陈龙、张国强、时玉娣、山东华信设计
设计时间：2018.11
建成时间：2020.08
项目地点：济宁市任城区运河路与京杭路交会处
项目规模：100000平方米
项目类别：公园设计

[A]

设计说明：

唤醒城市活力

基于原址的主要问题，希望通过设计达到以下目的：
一、构建城市核心印象：
作为城市客厅，见证城市发展，代表城市文明建设的缩影。
二、植入多重人性化功能体验：
针对不同年龄层人群，设置真正服务于公众的使用功能。
三、打造城市活力空间：
通过沿街界面的开放处理，导入周边人流，形成具有公民身份认同感的交互活动舞台。
四、营造生态宜人的绿色空间：
通过增加绿地率及林荫覆盖率，反映四季自然特征，成为市民休闲花园。

[B]

[A] 方案平面图
[B] 项目鸟瞰图
[C] 项目实景图
[D] 项目实景图
[E] 项目实景图
[F] 项目实景图

设计师在项目前期，对中国目前各类政府广场做了充分的研究，因而产生建设一个服务于市民的友好型公园的构想，希望能通过创造性的景观设计重新定义城市居民生活，打造生态广场，使公园兼具地标性与实用性。

[C]

而项目的最终成果是各种功能区在设计的引导下，灵活地衔接满足了不同人群的使用需求，让整个区域成为充满活力的动态空间。使市民能够充分地感受场地魅力和季节更迭，同时举办各类体育、文艺、亲子活动，如广场舞、音乐会、大型晚会等，给公众多样化的娱乐休闲体验。以轻松流畅的形式化解严肃的仪式感，建成后得到公众好评。

[D]

[E]

[F]

沣西新城环形公园三期设计

设计单位：意景生态环境科技有限公司（原陕西意景园林设计工程有限公司）
委托单位：陕西省西咸新区沣西新城开发建设（集团）有限公司
施工单位：广州普邦园林股份有限公司
主创姓名：李亚哲
成员姓名：李亚哲、商炜、王翠芳、吴宗新、马丹、孙二秀
设计时间：2016.08
建成时间：2019.11
项目地点：陕西省西咸新区沣西新城
项目规模：200000平方米
项目类别：城市公共空间

[A] 方案平面图
[B] 项目鸟瞰图
[C] 项目实景图
[D] 项目实景图
[E] 项目实景图
[F] 项目实景图

[A] 总平面图

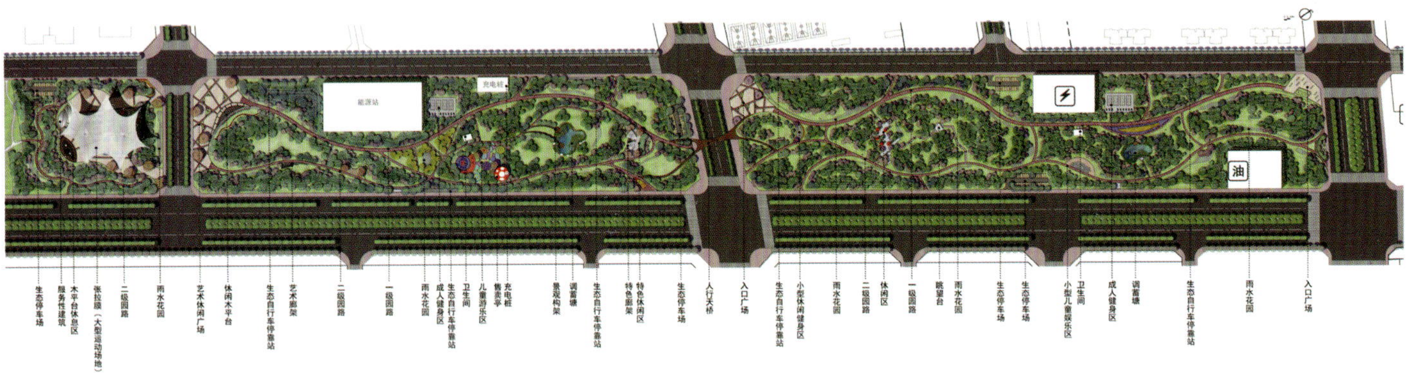

[B] 鸟瞰图

设计说明：

环形公园三期位于陕西省西咸新区沣西新城，东起同德路，西抵白马河路，北临尚业路，南接沣景路，同文路纵穿其中。公园总面积约20万平方米。

目前公园全长约1480米，宽约150米，被同心路分为东、西两个部分，其中西半部分长约670米，面积约89364平方米，东半部分长约750米，面积约106856平方米，公园总面积约19.62万平方米。在公园南侧范围内有燃气规划高压和燃气高压管道保护范围，并且在现状中有公共卫生间、变电站、公共自行车停靠站和加油站等设施。

公园两侧用地包括二类居住用地、商住混合用地、研发用地、商业用地、文化活动设施用地等多种用地类型。

公园与城市地块紧密连接，功能也应与周边用地相适应，通过对公园的设计，可以提高周边社区居住生活质量，帮助商业地块积聚活力，提升文化地块的文化氛围。区内共有五个分区，一步一景地展示着城市的形象名片，将休闲、娱乐、生活及节能生态科技融于一体。

（1）运动休闲区

将喧闹的运动区域设置在此处，既连接环形公园一期又临近路边，同时也不会对其他区域的人群造成干扰，让喜爱运动的人群独享自己的运动时光。

（2）艺术休闲活动区

此处地块紧邻西部电影集团，基于此，在塑造自然景观，打造生态优美的游园环境基础之上，充分发掘项目地的场所精神。通过诸如胶片景墙之类的景观装置和雕塑小品，展示城市活力，打造亮丽的城市名片。

（3）LID科普区

这里是一个生态实验室，也是一个科普教育观光基地，生态草沟、雨水花园、生态小池塘、下凹绿地等雨水收集设施遍布其中。

（4）生态休闲区

鉴于此处地块紧邻居民区，本着以人为本的设计原则，在绿树鲜花簇拥的天地里，自然随机地设置了一定数量的儿童娱乐设施。

（5）生态环保区

此地块与儿童休闲区相邻，北部紧靠居民区，是一个天然的公共庭院。运动休闲是本区的设计重点，园区服务对象以成人为主。极限运动、自行车、露营、街舞、摄影、赏花、登高、放孔明灯，这是年轻人绽放青春的天地，享受挥洒汗水带来的快感。节假日、茶余饭后，三五好友漫步园内，近观草木之秀，远闻赤子之声，或坐或卧，一张一弛，可以愉悦身心，亦可放声谈笑，不亦快哉。

丰富的艺术互动装置，激活客群与场地的互动和对品质的认同。本项目本着服务为民的要求，力求将使用者的需求融入设计，打造时尚、浪漫、活力的公共空间。

[C]

[D]

[E]

[F]

汕头中山东路高速出入口绿化景观改造提升项目

设计单位：广州华苑园林股份有限公司景观设计院
委托单位：汕头市国瑞置业有限公司
施工单位：广州华苑园林股份有限公司
主创姓名：刘国强
成员姓名：黄鹤清、潘辉、陆尚智、黄茵、唐怡创
设计时间：2018
建成时间：2019
项目地点：汕头市中山东路出入口
项目类别：园区景观设计

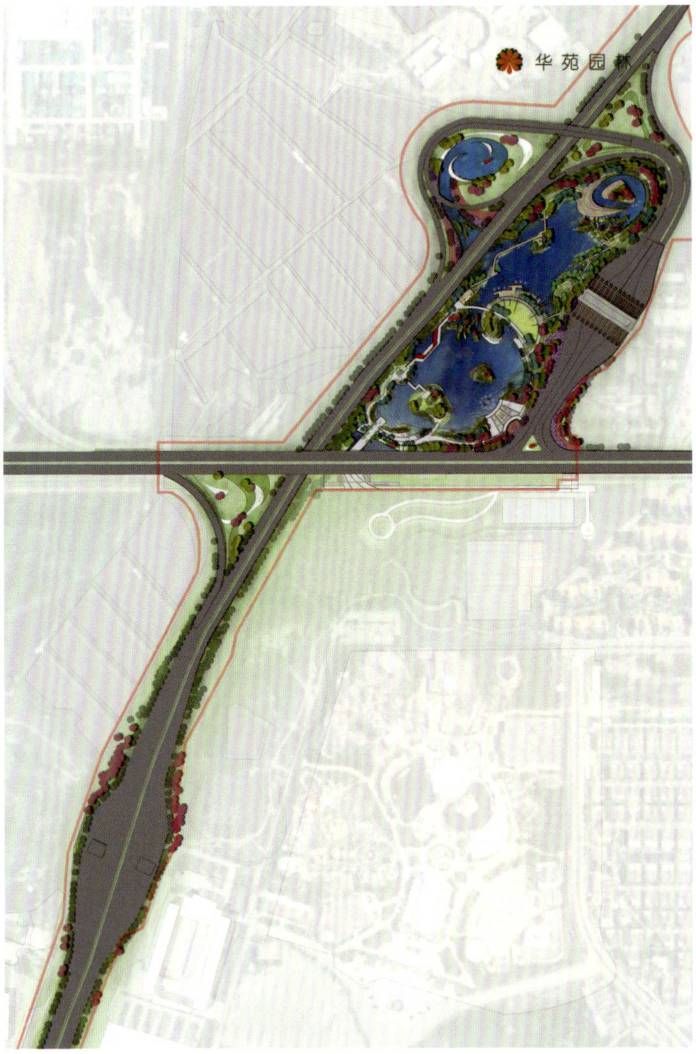

[A]

设计中对汕头传统文化进行提炼，将汕头文化转化为各具特色的景观小品及构筑物之中，提高居民或游人对项目的本土归属感和认同感。

[A] 项目平面图
[B] 项目实景图
[C] 项目实景图
[D] 项目实景图
[E] 项目实景图
[F] 项目实景图
[G] 项目实景图

[B]

[C] [D]

[E]

[F]

设计说明：

该方案打破原有驳岸的刚硬线条，重塑蜿蜒、自然的驳岸景观。设计中，结合丰富的坡度变化，营造简约、大气的草坪空间，点植大乔，并保留部分原有生长状况良好的植物，搭配春、夏、秋、冬的开花植物，打造“四季皆有景，风情各不同”的景观效果。同时，利用开阔的草坪，以借景手法，将湿地公园与体育公园连为一体，提升景观的连续性与丰富性。该方案在原有空间格局下，拓宽原有狭窄空间，梳理出清晰的功能关系，重点打造湖体景观，并对湖水进行清理净化。设计时，提炼当地生态文化，结合外围视线，设置堤门印象、环湖步道、亲水平台、生态莲岛、荷花栈道等主题景观，同时组织流畅的交通流线，实行人车分流，将各景观节点有机串联，营造现代大气、生机勃勃的湿地公园景观。

[G]

北京高碑店·紫泉河公园景观设计项目

设计单位：点红国际景观设计（北京）有限公司
委托单位：高碑店市园林局
施工单位：高碑店建设集团
主创姓名：程雪飞
成员姓名：程雪飞、史秀鹏、王飞、刘佰松
设计时间：2020.02
建成时间：2020.08
项目地点：河北省保定市高碑店市
项目规模：220000平方米
项目类别：城市滨水公园

[A]

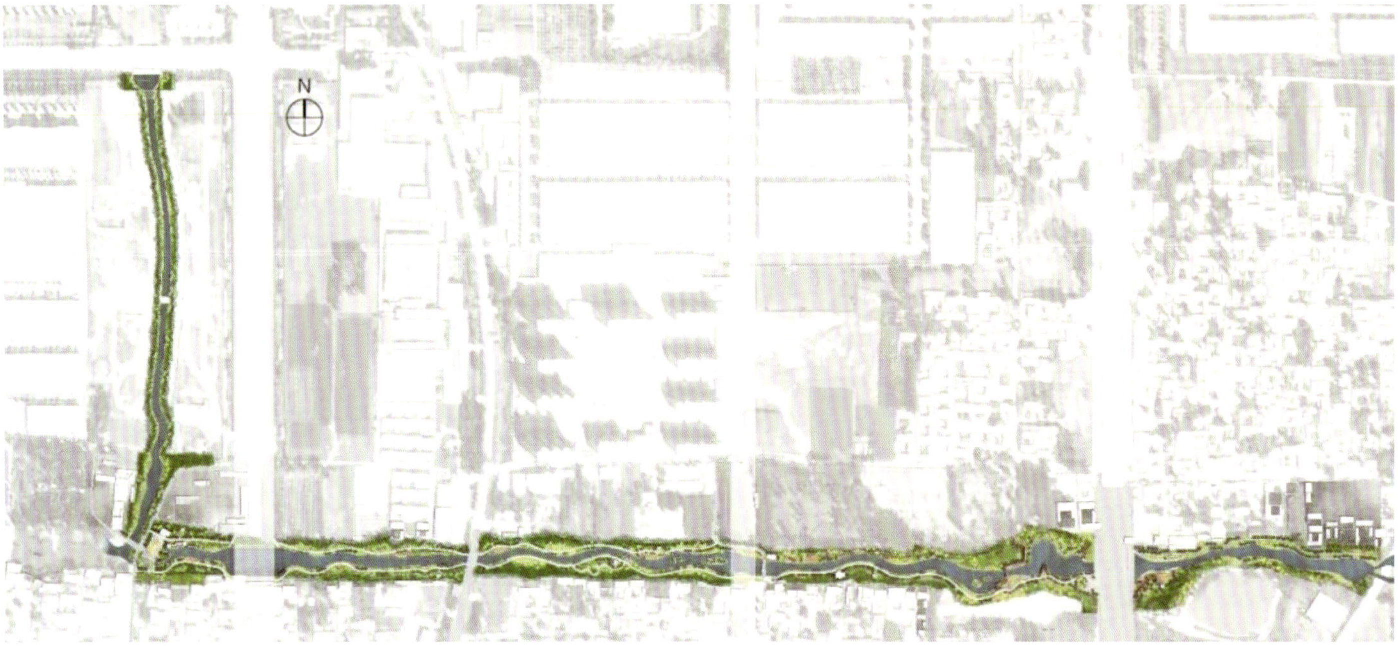

[B]

[A] 项目鸟瞰图
[B] 方案平面图
[C] 项目实景图
[D] 项目实景图
[E] 项目实景图
[F] 项目实景图

设计说明:

唤醒沉睡的紫泉河——

从功能唤醒、生态唤醒、文化唤醒三个角度切入。恢复紫泉河的往日生机。其运用生态水净化、雨洪生态管理、与水为友的适应性设计以及最小干预自然景观策略，结合硬化河堤进行生态修复、改造利用水利设施，并融入安全便捷的慢行交通网络，将过去严重污染的河道彻底转变为最受市民喜爱的生态、生活廊道。公园起到的作用更多是生态修复，为未来做储备，同时丰富城市功能。

功能上，以河道为核心，沿河道布置廊架、滨水广场等活动场地，设计不同体验感的路径串联各个景观节点。整体形成一个滨水的休闲空间，满足周边各类人群活动，聚集人气。

生态上，人工景观巧妙植入自然。将过去严重污染的河道彻底转变为最受市民喜爱的生态、生活廊道。设计实践通过最低成本投入达到综合效益最大化的可能，并为河道生态修复以及河流重新回归城市生活的设计理念提供了宝贵的实际经验。

文化上，保留和利用河道上的古桥、古碑、古庙等，充分体现紫泉河的历史文化，通过河道的修复与建设，唤醒人们对紫泉河文化的怀念，传承延续历史的印记。

[D]
[E]

[C]

[F]

项目自我评价:

结合项目充分考虑周边环境，以包容、接纳的心态来打造该河道区域景观设计，使得该区域景观做到相对的动静分区，做到了功能、生态、文化多方面的融合。

项目经济技术指标:

该项目占地面积109000平方米。合作路至龙塘村段面积约3.1万平方米，龙塘村段至兴隆大街面积约7.8万平方米，绿化面积58787平方米，水生植物4969.9平方米，总计63756.9平方米。

溧阳市燕山新区『一湖、两河』景观设计

设计单位：南京二十一世纪城市环境研究有限公司
委托单位：溧阳市燕山新区建设发展有限公司
施工单位：江西山湖园林建设集团有限公司
主创姓名：魏威
成员姓名：何宜健、程磊、张荣柱
设计时间：2012.05
建成时间：2014.12
项目地点：江苏常州溧阳市
项目规模：280000平方米
项目类别：公共空间景观—公园设计

[A]

[B]

[A] 方案鸟瞰图
[B] 项目平面图
[C] 项目实景图
[D] 项目实景图
[E] 项目实景图
[F] 项目鸟瞰图
[G] 方案效果图
[H] 项目效果图
[I] 项目实景图
[J] 项目实景图
[K] 项目实景图
[L] 项目实景图
[M] 方案效果图
[N] 项目实景图
[O] 项目实景图
[P] 项目实景图
[Q] 项目实景图
[R] 项目效果图
[S] 项目实景图

设计说明：

“一湖、两河”景观设计北起尚武桥，南至宁杭铁路，西止城东大道的河道两侧绿地，与燕湖公园的景观设计，其中河道全长约3270米，总景观面积约280000平方米。

[C]

[D]

燕湖公园以燕山特有的感恩文化为主题，设计出既富有文化内涵又能满足不同功能的休闲文化公园。燕湖公园以燕文化的感恩情愫作为设计的主题，体现出师生情、朋友情以及亲情等“情文化”。因此在岛内设计了恩情坊、谢恩廊、叙恩堂、燕归亭等景点设施。岁寒三友园以松竹梅三元素的相互映衬显示朋友之间的友情；恩情雕塑园内点缀着动物亲情雕塑，显示世间亲情的无私养育及反哺，整体上形成温馨而现代的景观氛围，营造舒适宜人又具地域特色的景观空间。

[E]

[F]

河道景观以："一河五园"为特色，分为燕祥园、燕飞园、燕舞园、燕喃园、燕呢园；打造特色滨水休闲空间。每个与桥梁相接位置均以桥梁文化为依据进行针对性的设计，比如：北起为尚武桥景观节点：灵感来自尚武精神。尚武精神意味着一个民族对武力的喜好，把武力强大和军事征服看成一种光荣。元帅桥景观节点：新四军江南指挥部在溧阳水西村公开宣布成立，指挥是陈毅。以陈毅元帅的诗《青松》和革命歌曲《映山红》为灵感，以雪松的挺立来借喻陈毅元帅的光明磊落等。

[L]

[M]

[I]
[J]
[K]

[G]
[H]

主要技术创新点：

根据不同景观位置的地理条件，给出了不同的驳岸形式，包括：草坡，如水驳岸、游船码头驳岸、阶梯广场码头驳岸。

根据调查研究，水上运动俱乐部发展得比较成功的案例分别位于北京、上海、苏州、杭州等几个城市，溧阳内目前还未开发类似项目。燕湖公园是供游客玩水的地方，在此开发皮划艇等水上运动项目吸引众多游客前来玩赏。

[N]

项目自我评价：

合理规划城市景观绿地，使城市各片区土地的综合利用效率达到最佳状态。将原有的城市中心水域扩大形成中心燕湖水面景观，形成曲合有致、层次丰富的环湖景观带，把中心水域打造成为一个综合性市民公园，并且在一个新区的城市绿地里充分考虑了未来城市发展的功能需求，充分结合未来周边的用地属性，为未来的拓展留有余地。

项目经济技术指标：

“一湖、两河”景观总面积：280000平方米

其中：

燕湖公园湖面面积：约69543平方米

燕湖公园硬质面积：约31631平方米

燕湖公园绿化面积：约45530平方米

河道区总长度：约3270米

[R]

[S]

新材料应用：

运用了多种透水材料，如嵌草式的铺装、透水砖等。

[O]
[P]
[Q]

新郑市黄水河郑韩湿地文化园综合治理工程

设计单位：河南省水利勘测设计研究有限公司
委托单位：新郑市水利局
主创姓名：安增强
成员姓名：严成、李中晖、张晓林、王鑫、郝小玉、李培、蔡琪、苟占涛
设计时间：2012
建成时间：2014
项目地点：新郑市
项目规模：53.9公顷
项目类别：市政景观

[A]

设计说明：

以“水与城市”为景观设计主线，以生态功能为核心，历史文化为脉络，现代化景观表现方式为手段，表现水与城市多主题、多空间的衍射和发展关系。

全线景观带分为四廊道、六板块、八景点，形成自然到城市、产业到商业、历史到现代的序列景观格局，以游憩线路一线贯穿。

四廊道——生态景观廊道、历史文化廊道、产业观光廊道、生物防护廊道；

六板块——综合休闲板块、商业风情板块、运动健身板块、产业观光板块、郑韩文化板块、景观湿地板块；

八景点——溱水新滨、云栖花影、溪亭日暮、陌上烟柳、郑韩故道、故城余韵、疏岛环径、重湖叠翠。

[B]

[A] 项目效果图
[B] 项目鸟瞰图
[C] 项目实景图
[D] 项目实景图
[E] 项目实景图
[F] 项目实景图

项目自我评价：

1）生态防洪技术运用：通过对传统水利工程的改造，采用生态防洪的方式，通过对10年一遇、20年一遇、50年一遇洪水的系统分析，在洪水淹没的地方作为滞蓄洪湿地，恢复河道海绵系统，增加生态弹性，减小洪水的冲击力，减轻城市防洪压力，与洪水和谐相处；

2）注重自然湿地的水质净化作用，在园区“首”“尾”两端强化和建立具有复合功能的高效湿地净化系统，改善河流水质；

3）展现独特的滨水季相景观：在种植设计中兼顾洪水期、常水期和枯水期的三大季相景观，随水位高低建立植被缓冲带，促进景观生态系统由沉水、停水，到灌木乔木群落的演替，丰富河岸景观层次；

4）文化内涵的体现：以水文化（水与人、水与城市、水与文化、水与自然的关系）、黄帝文化和郑韩文化为灵魂，以“八景点”为载体，构成文化内涵框架，形成地方文化特色浓郁的人文空间；

5）生态修复技术的应用及生物多样性保护：在工程设计中综合运用生态护岸、动植物栖息地营造等的生态修复技术措施，同时减少人类活动对生物（尤其是动物）生存空间的干扰和影响，最大限度地保护生物生境。

建成后的郑韩湿地文化园，保留了场地肌理、确保了洪水安全、恢复了湿地生态、传承了文化精髓，为使用者提供了一条可游、可赏、可参与、可主导的生态景观空间带，也为新郑市的城市发展起到了经济带动、环境改善、形象展示等作用，空间使用率达到了预期目标，实现了项建阶段的各项效益指标。

[C]

[D]

[E]

项目经济技术指标：

工程总占地面积约为53.9公顷，景观常水位高程为101.70米，水面面积为30.8公顷，绿地面积为23.1公顷，浅滩种植区为景观常水位以下、高程为100.9~101.7米之间区域，面积约为6.0公顷。该段河道5年一遇设计峰洪流量124.7368.3m^3/s，50年一遇设计峰洪流量368.3m^3/s。

[F]

简阳市城区防洪及生态湿地走廊工程（G段湿地景观工程）

设计单位：核工业西南勘察设计研究院有限公司
委托单位：简阳市水务投资发展有限公司
施工单位：成都建工第五建筑工程有限公司
主创姓名：梅玫、石英浩
成员姓名：柯栋、白杨、卢光寒、吴金枝、左明、张书亮、肖川、李伦、李薇、刘庚、隋艳华
设计时间：2017.03
建成时间：2019.11
项目地点：四川省成都市简阳市新城区
项目规模：475373.8平方米
项目类别：城乡公共空间

[A] 方案平面图
[B] 项目效果图
[C] 项目效果图
[D] 项目效果图
[E] 项目效果图
[F] 项目效果图

设计说明

简阳市城区防洪及生态湿地走廊工程（G段湿地景观工程）位于四川省成都市简阳新城区沱江东岸，北起于石桥电站，南止于文教卫生花园，东边以滨江路为界，西止于沱江，全长2.96千米，红线面积475373.8平方米，总投资40146.77万元，包含滨江景观绿化、防洪堤美化、河滩湿地建设。

本项目属于在天府滨江绿道体系下的“沱绛绿道”的组成段，按照天府滨江绿道建设要求与原则进行建设。通过“文化引领、景观营造、生态缝合、商体互动”四大设计理念，整体设置为5大功能区，分别为城市滨河湿地公园、南北城市休闲段、城市形象段与城市运动段，具有文化、运动、休闲、体育、教育等多种城市功能。

该项目的建立，将极大地提升简阳市生态环境以及城市形象，最终形成蓝绿互补相融，“江岸绿景城”高度融合的城市滨江公园，是简阳沱江沿岸美丽画卷中最绚丽多姿的篇章。

[G] 项目分区图
[H] 项目鸟瞰图
[I] 项目效果图
[J] 项目效果图
[K] 项目实景图
[L] 项目实景图
[M] 项目实景图
[N] 项目实景图
[O] 项目实景图
[P] 项目实景图
[Q] 项目实景图
[R] 项目实景图
[S] 项目实景图
[T] 项目实景图
[U] 项目实景图
[V] 项目实景图

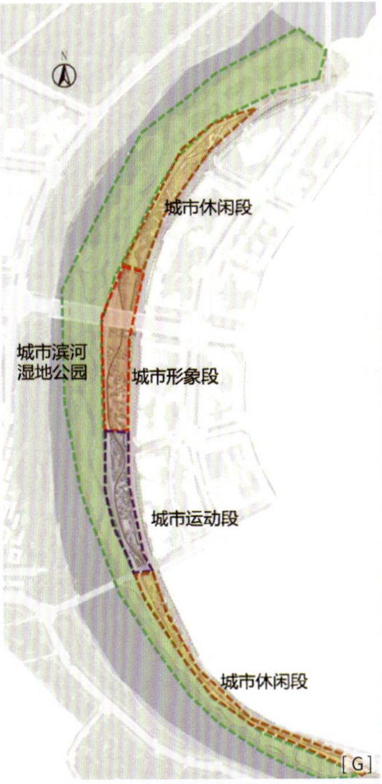

[G]

[H]

[I]

[J]

[K]

[L]

[M]

[N]

全民健身

考虑各个年龄段使用人群，打造人性化、互动化的体验，结合当地人民需求和当地文化，设置相关的健身场所和健身游乐设施，打造全民健身理念。

文化表达

简阳山水文化、城市记忆，通过景观雕塑小品、栏杆坐凳等城市家具进行细部表达。

光彩节能

水纹投影灯，在水舞广场处配合景观雕塑，起到灵动夜景的效果；车库导光管的运用，极大地节省电能。

[O]

[P]

[Q]

[R]

[S]

[T]

海绵城市

通过透水铺装、雨水花园植草沟、绿色屋面等低影响开发工程措施，收集场地内雨水，蓄水池对园区收集的雨水进行调节，补给园区平时用水。真正实现了雨水下渗、收集以及回收利用。

技术创新

一、雨水收集利用：通过透水铺装、植草沟、下凹绿地、雨水花园、生物滞留设施、绿色屋面、调蓄池等低影响开发工程措施，实现雨水渗透、滞留、净化、调蓄、利用等，并与城市雨水排水系统相辅相成。

二、节能减排：同时设计有日照导光管及常规电光源灯具，在白天将根据导光管引入的日照强弱，通过照度测量元器件，自动调节各电光源灯具的开关数量，以最大限度地减少对电能的消耗。

三、智慧城市：地面景观照明采用远程集中控制及时间控制；采用了水纹投影灯、智能互动设施等先进技术。

[U]

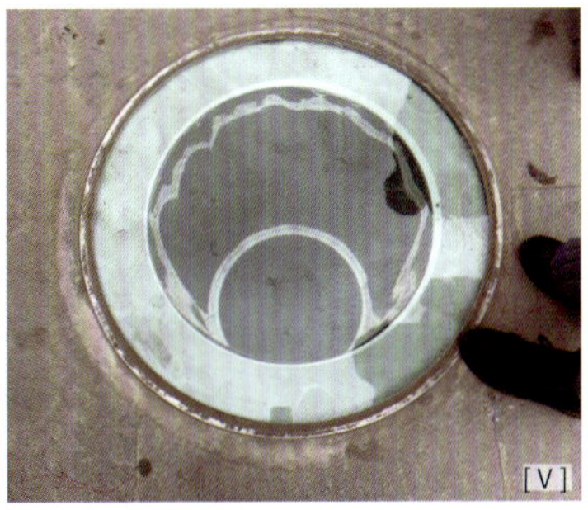
[V]

艺术大道（梨园、韩营）村庄拆迁后绿化工程设计

设计单位：冀北中原园林有限公司
委托单位：廊坊经济技术开发区管委会
施工单位：河北春添园林绿化有限公司
主创姓名：华绍宏
成员姓名：高明、李彩红、张迪、李荣泊、刘月月、田志丹、王森
设计时间：2018.05
建成时间：2019.09
项目地点：河北省廊坊市经济技术开发区
项目规模：98000平方米
项目类别：市政景观

[A]

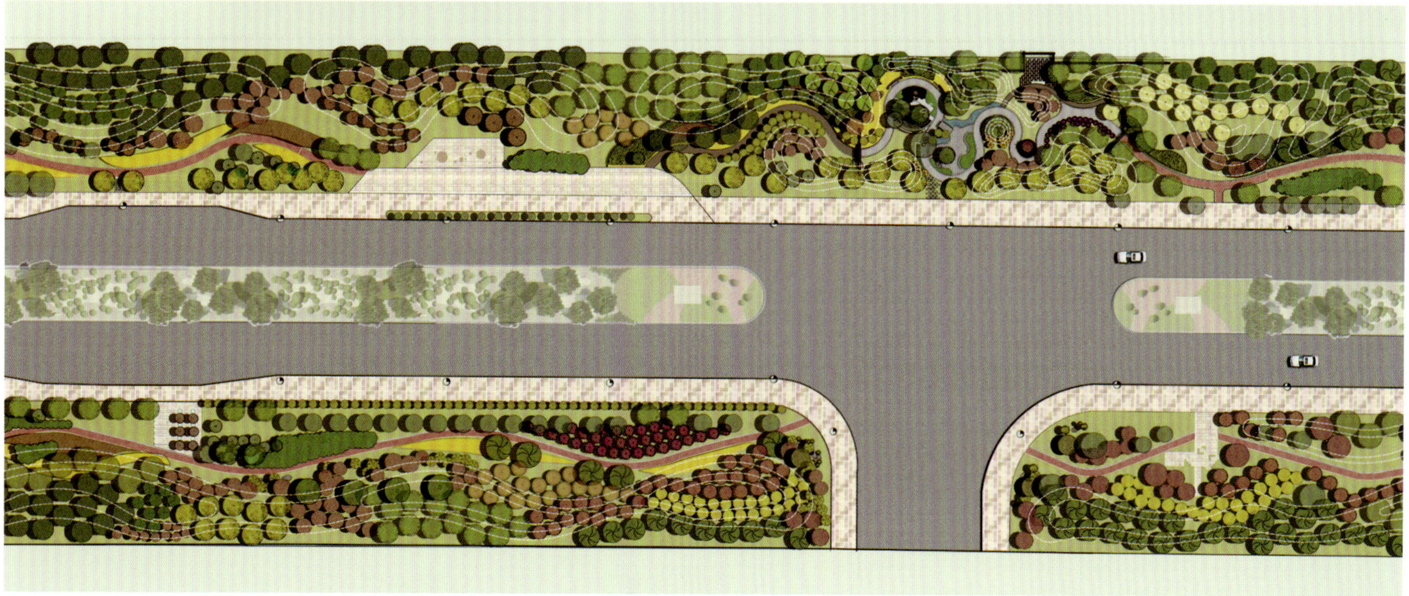

[B]

[A] 项目鸟瞰图
[B] 方案平面图
[C] 项目效果图
[D] 项目实景图
[E] 项目实景图
[F] 项目实景图

设计说明：

之所以冠名艺术大道，全因道路中央栽植多年的近百株造型油松——松风秀丽，顾盼旖旎。

我们的设计重点在于：要将苍松之壮美置于中国传统艺术的包围之中，真正体现“艺术大道”的人文艺术和生态艺术相结合，“梦红楼”的主题也就是由此产生的。

怡红、蘅芜、稻香、剪桐……这些大观园中的名字带着中式文化独有的风姿，将江南园林的空间变化之妙恰如其分地表达给游人，桃柳相映、层林尽染的花木下，是如同带状公园的城市慢行绿化走廊，将“公园城市”理念深入人心。

提出了对北方城市道路绿化形式的新思考，市政道路主题景观可以赋予更多的人文艺术含义，这种含义不一定是地域性或政策性的，而更多的是设计人努力解构推演并说服建设方的结果。

[C]

[D]

[E]

[F]

经济技术指标：

总面积98454平方米，其中，新建铺装面积5915平方米，种植面积85101平方米。种植超过100个乔灌木品种和50余种花卉，总乔灌木数量超过4000株。

西安高新区沣惠渠生态廊道景观设计

设计单位：广州筑原工程设计有限公司
西安高新区市政配套建设有限公司
委托单位：西安高新区市政配套建设有限公司
施工单位：西安高新区市政配套建设有限公司
主创姓名：张宇、龚平、柯煜楠、刘兴凯
成员姓名：叶志明、高月、张锐、李万红、高敏、冯永康、梁嘉健、杨文杰、李颖甄、徐以玲、徐文珠、张洋波、陈业义、王乐等
设计时间：2018.08
建成时间：在建
项目地点：西安市高新区
项目规模：绿道设计范围涉及渠道首段1.61千米、西安国际社区段5千米、软件新城段6.81千米、鱼化片区段1.56千米、多彩草滩段6.42千米及泬河段7千米六个区段，共约28千米。
项目类别：城市景观

[A]

[B]

[A] 软件新城会议中心鸟瞰图
[B] 天谷六路西三环景观桥鸟瞰图
[C] 多彩树廊
[D] 鱼化段小鸟看图
[E] 樱花绿廊
[F] 荧光跑道
[G] 紫藤花廊

设计说明：

沣惠渠是著名的“关中八惠”之一。渠首起始仪祉湖，位于西安市西南25公里，沣河与潏河汇流口处，从沣河东岸引水，流经西安国际社区、沣东新城、软件新城和鱼化片区，直至渭河。结合高新区发展定位，沿沣惠渠规划建设功能复合、自然生态、科技智慧、活力多彩的绿道系统。绿道设计范围涉及渠首段1.16千米、西安国际社区段5千米、软件新城段6.81千米、鱼化片区段1.56千米、多彩草滩段6.42千米及洨河段7千米六个区段，共约28千米。

依据沿线区域特色，分别以“森林元素”“禾稻元素”“国际地标建筑元素”“花草元素”“科创元素”“仰韶文化图样元素”作为绿道主题，将夜光元素植入绿道材料中，打造西安滨河夜光绿道，形成全线夜光特色走廊。依据沿线区域特色，搭配特色主题植物，以“自然田园、鲜花绿道、多彩草滩、多彩树廊、彩叶花廊”为主题，形成5大植物主题绿道线。通过亮化，将沣惠绿道打造成西安滨河夜光绿道，形成全线夜光特色走廊。沣惠绿道同时成为交通廊道、绿色廊道、风情廊道、文化廊道、民生廊道及发展廊道。

沣惠渠绿道系统，以保护和提升生态环境为前提，打造集“生态体验、市民休闲、运动娱乐”等功能为一体的复合型生态智慧休闲绿道走廊，将成为代表西安国际形象的绿色名片，国内绿道建设的典范。

项目自我评价：

沣惠绿道通过“以道载文”“以道提升”“以道串珠”“以道开导”的策略促进沣惠渠景观、功能、基础配套的全面完善与提升，将进一步强化西安高新区“生态之城”“时尚之城”“幸福之城”的城市IP，将助力加快建好大西安都市圈首善区，为广大人民群众带来更多“幸福感”和“获得感”。

[D]

[E]

[C]

[G]

[F]

项目经济技术指标：

绿道设计范围涉及渠首段1.16千米、西安国际社区段5千米、软件新城段6.81千米、鱼化片区段1.56千米、多彩草滩段6.42千米及洨河段7千米六个区段，共约28千米。设计总面积为25.47公顷。

井冈山八面山大道60m宽绿廊建设工程

设计单位：福建艺景生态建设集团有限公司

设计内容：苗木种植、游步道、广场铺装、停车场 以及景观小品等

设计时间：2018.06

建成时间：2020.04

项目地点：江西省井冈山市

项目规模：工程面积约15.1万平方米，全长约4.4公里

项目类别：城乡公共空间

[A] 方案平面图
[B] 项目鸟瞰图
[C] 项目实景图
[D] 项目实景图
[E] 项目实景图
[F] 项目实景图

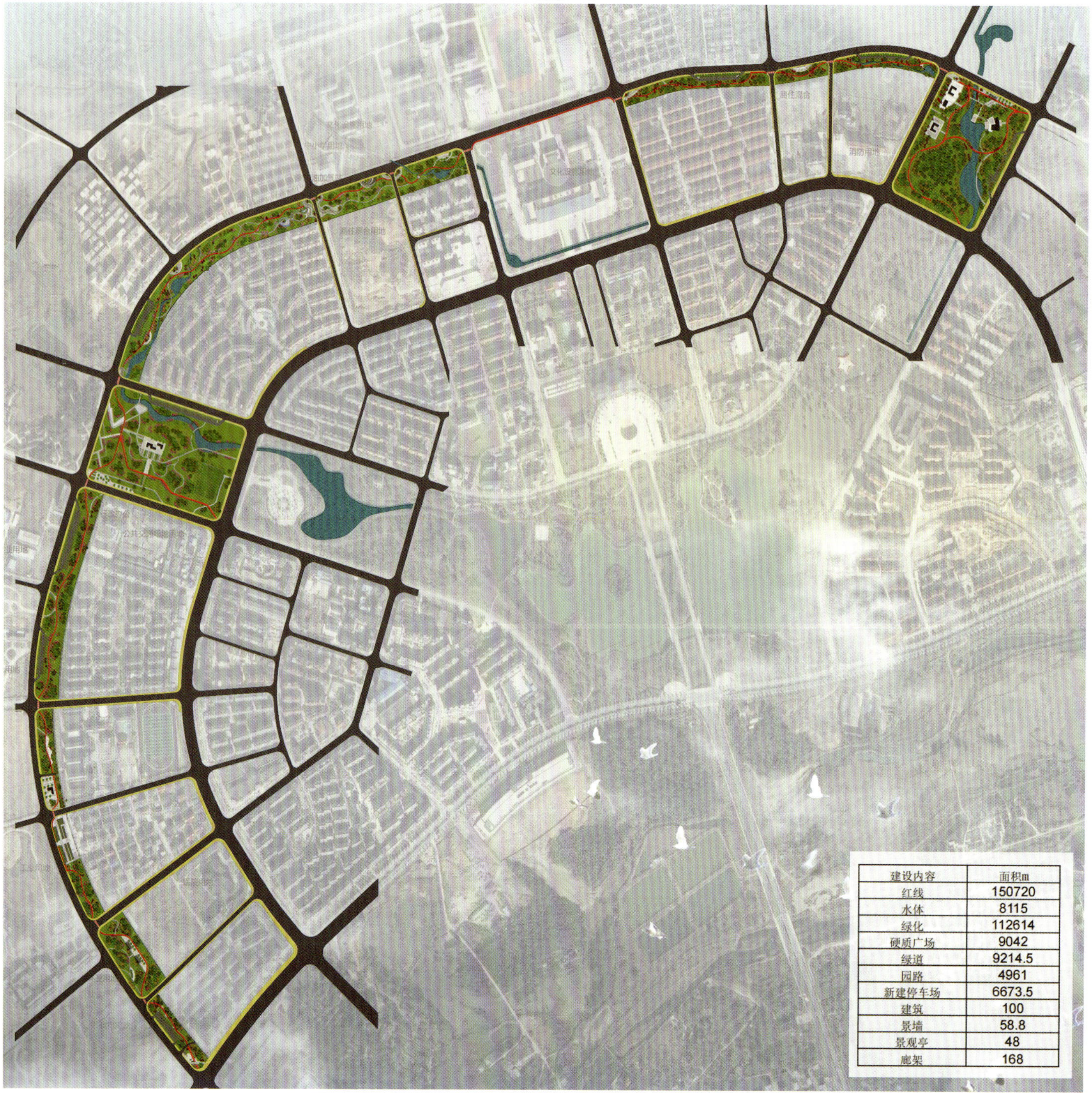

建设内容	面积m
红线	150720
水体	8115
绿化	112614
硬质广场	9042
绿道	9214.5
园路	4961
新建停车场	6673.5
建筑	100
景墙	58.8
景观亭	48
廊架	168

[A]

设计定位

八面山大道绿廊是**靓丽风景**

红色之道

——传承地域文脉，承载历史记忆

智慧之道

——融入科技体验，汇集创意梦想

民生之道

响应民众需求，联结宜居家

如画之道

——景致如画，绿意盎然

主题分区

井冈山革命五大主题园

红旗初展、万众团结、燎原星火、革命长青、映山花红

五园

- 红旗初展（井冈山大道—笔架山路）
- 万众团结（笔架山路——五指峰大道）
- 燎原星火（五指峰大道——大井路）
- 革命长青（大井路——瑞金路）
- 映山花红（瑞金路——红军大道）

[B]

[C]

[D]

[E]

[F]

设计说明：

井冈山市八面山大道60米宽绿廊建设工程位于井冈山大道以北，东至红军大道，全长约4.4千米，是井冈山的重点建设项目。

道路南侧分布一条110千伏和两条10千伏的高压线，形成60米宽的高压线绿色走廊。高压电力走廊是经常被遗忘的城市角落，林立的高压电塔，架空的电力缆线，很难融入城市景观中去。但本次项目设计巧妙地化解了这个难题。鉴于绿地为高压线下的防护绿地的特性，本项目的绿地设计以强调生态性、安全性为主。

设计针对不同的地块性质进行分区，设计，采用“一带、五园、多节点”的景观结构布局：
“一带”是指3米宽的健康绿带，为市民提供跑步、骑行、赏景的综合性绿带；
“五园”是指以红色文化为主题的红旗初展园、万众团结园、燎原星火园、革命长青园、映山花红园，展现井冈山革命根据地红色文化的发展历程；
多节点是指通过交通组织流线将各个文化节点相融合。

旨在打造出传承地域文脉，承载历史记忆的红色之道；融入科技体验，汇集创意梦想的智慧之道；响应民众需求，联结宜居家园的民生之道；景致如画，绿意盎然的如画之道。通过园区道路系统的构建，连接各主要景点，为市民提供更多的可活动和可停留空间。

将井冈山深厚的红色文化以一种动态的方式融入高压线绿色走廊的设计中是本项目的亮点之一，这既是对历史的传承也是对另一种形式的更新和发展。

龙湖·西宸广场·北京

设计单位：北方工程设计研究院有限公司、南京二十一世纪城市环境研究有限公司
委托单位：南阳中建锦瑞城市建设发展有限公司
施工单位：中建(南阳)城市建设开发有限公司
主创姓名：魏威
成员姓名：何宜健、王清游、汪琼、程磊、张荣柱
设计时间：2018.06
建成时间：在建
项目地点：河南南阳城乡一体化示范区
项目规模：156114平方米
项目类别：公共景观—市政景观

[A]

[B]

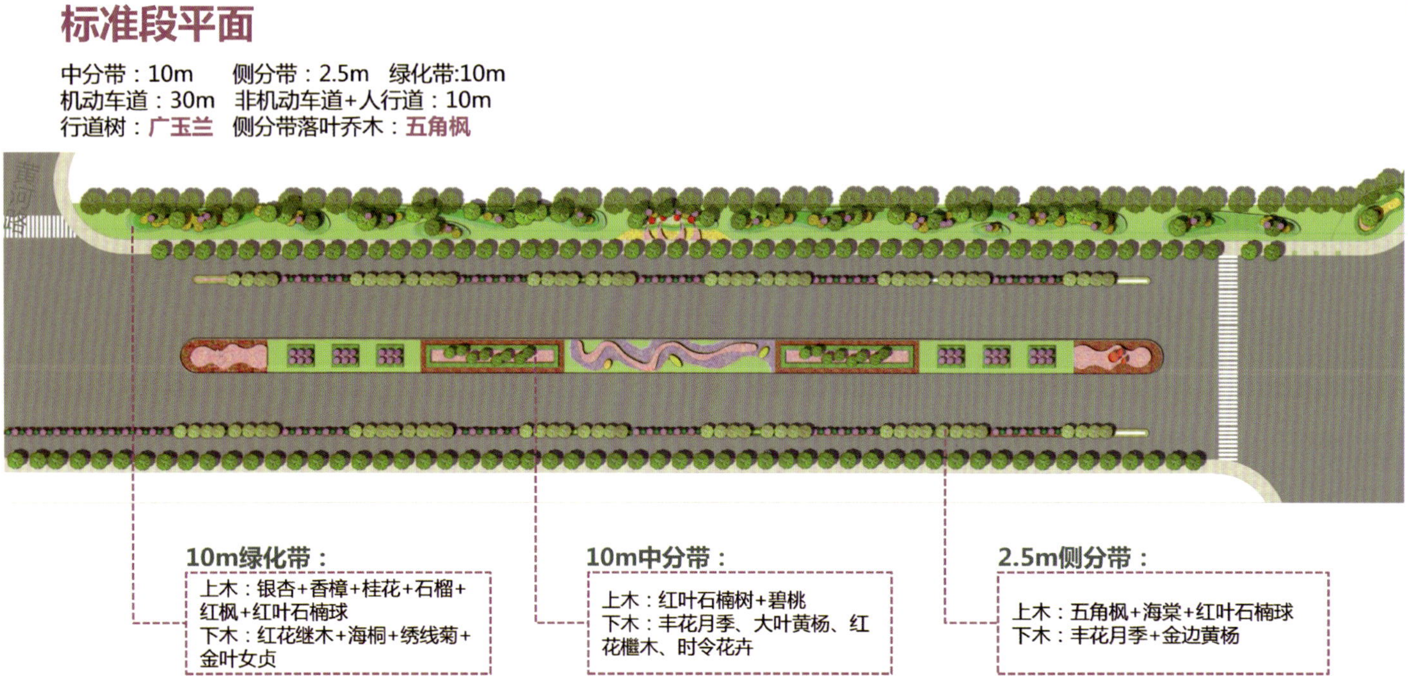

[A] 方案鸟瞰图
[B] 项目平面图
[C] 项目实景图
[D] 项目实景图
[E] 项目实景图
[F] 项目实景图
[G] 项目实景图

设计说明：

结合上位规划分析，月季大道两侧用地性质主要为：商业用地、居住绿地、公共绿地。根据现状场地的调研，将本案打造成一条浓墨重彩四季香溢的形象大道，一条生态与艺术交相辉映的时尚大道，一条洋溢着南阳韵味的活力大道。其中白河大道至黄河路段设计主题为山河地貌，主要色彩以红、橙、粉为主。“移天缩地送君怀”，将南阳山河地貌以景观的形式展现出来，将白河碧波演绎成色彩斑斓的花带，花船摇曳在花海里，形象地展示了白河泛舟这一自然美景，体现南阳地域特色；黄河路至东环路段设计主题为五洲色彩，主要色彩以黄、蓝为主。“五洲溢彩，举世盛典”，以花山、花廊、花甸的形式渲染盛典氛围，展现以新优品种为主的月季，选取各种颜色，打造多彩花海，与月季大会会场内外呼应；东环路至兰南高速段设计主题为四海宾客，主要色彩以紫、白为主。“张灯结彩”喜迎四海宾客，采用序列景观营造手法，点缀月季花瓶、花柱、花墙等立体构架，丰富道路的竖向空间。

项目自我评价：

项目设计与背景相吻合，铺装材料选用本地材料、透水性材料；在植物选择上响应省市政府关于景观绿化的政策要求，尽量减少种植高大和名贵树种，以乡土性树种为基调，并选用适应性强的植物。

[E]
[F]

[C]

[G]

[D]

该条道路不同于普通市政道路绿化，是在市政绿带功能的基础上兼具城市宣传和城市名片的功能，所以在文化表达上更突出盛会主题和地方文化的展现。

项目经济技术指标：

景观面积为156114平方米，铺装面积39580平方米，绿化面积116534平方米。

长沙市湘江东岸防洪综合改造项目

设计单位：中国电建集团中南勘测设计研究院有限公司
委托单位：长沙市公共工程建设中心
施工单位：湖南百舸水利建设股份有限公司
主创姓名：刘凌、黄立
成员姓名：李凯文、蔡倩、董湘璇、李香慧、曹帆、李开、曹良
设计时间：2018.07
建成时间：2019.12
项目地点：湖南省长沙市
项目规模：全长约5.1公里
项目类别：市政景观

[A]

[B]

[A] 方案平面图
[B] 项目鸟瞰图
[C] 项目实景图
[D] 项目实景图
[E] 项目实景图
[F] 项目实景图

[D]
[E]

设计说明：

长沙湘江风光带南起规划中的黑石铺大桥，北至月亮岛北段。始建于1995年，经过2000年、2003年前后10年的时间修建完成，成为长沙市集人文、历史、文化、自然风光于一体的综合性城市风光带。

该设计构思以青山、绿水、碧洲、古城为依托，充分注入“古城长沙”深厚的文化底蕴，建设有历史文化、有现代品位，有优美自然生态的滨水风光带。

设计根据实地踏勘，现状风光带因建成时间的关系，景观风格上存在一定差异，景观单位较为碎片化，从夜景、栏杆、铺装、小品、建构筑物到植物配置情况上都不尽相同。结合现状风光带建设及堤防工程布置进行景观改造，打造城市形象节点，提高城市品位，完善城市功能，为周边市民及来往游客提供一处集休憩、游赏、观景与交流集散于一体的城市景观带。

项目自我评价：

随着社会与城镇化的加速发展，人们的生活方式也在不断变化，引导性成为景观设计过程中需要着重思考的问题。本项目设计以现状为基，充分挖掘并延续历史文脉，通过对功能的转换、增补、优化、延续等设计手法，提升风光带的景观品质，引导更为健康的生活方式，同时本次设计也是在城市微更新模式上的积极思考与探索。

[C]

[F]

项目经济技术指标：

项目工程范围南起杜甫江阁，北至银盆岭大桥（含桥北至凤嘴路段），总长约5公里，总投资约10亿元。红线面积约为73500平方米，设计内容包括防洪堤建设、景观建设。

兰州万达城·展示中心景观设计

设计单位：北京北林地景园林规划设计院有限责任公司生态田园分公司
委托单位：兰州万达茂投资有限公司
施工单位：常州市绿洲园林建筑工程有限公司
设计时间：2019.06
建成时间：2019.10
项目地点：甘肃省兰州市七里河区
项目规模：29000平方米
项目类别：地产景观

[A]

[A] 方案平面图
[B] 项目实景图
[C] 项目实景图
[D] 项目实景图
[E] 项目实景图
[F] 项目实景图
[G] 项目实景图

[B]

设计说明：

展示中心景观设计以金城八景揽胜图为原型，从中提炼出兰州的人文山水意境，用现代的设计手法进行表达，营造出虹桥春涨、镜池墨影、晴川远眺、莲池夜月、烟雨欲滴、溪涧花谷、层峦叠翠、五泉飞瀑八大景观记忆点。

前广场以黑白相间的曲线铺装意为流水，从多角度流向建筑，结合灯带，强调人流方向；同时中间设置音乐旱喷，丰富景观空间体验。

展示中心建筑似三条银色飘带相互交错环绕形成，漂浮在3800平方米的镜水面之上，水中映着飘带倒影，建筑与景观相互依托、相互融合，呈现出镜池墨影的美丽画卷。建筑北侧设置一条两侧跌水的迎宾之桥进入建筑；南侧一条漂于水面上的墨影浮桥，形成进入后庭样板体验区的、具有引导性的特色通道。

后庭样板体验休闲区主要以丰富的微地形设计，结合涌泉、跌水、溪流以及多层次的植物空间和配置，营造了烟雨欲滴、溪涧花谷、五泉飞瀑、层峦叠翠等景观节点，使人游走自然绿意之间，更添视觉、听觉、嗅觉之体验，给人以美好生活的更深向往……

[E]
[F]
[G]

[C]

[D]

项目自我评价：

以当地山水、人文为核心，以兰州八景为原型，提取景观设计元素，打造独具特色的主题文化展示中心，形成地标性的景观网红点。
园区内将水的不同形态，以及泉、溪、湖所展现的不同的景观意境，以现代的设计手法与建筑相融，展现了依水而建、临水而居的山水人文意境，正如兰州与黄河的相依相伴。

项目经济技术指标：

该项目占地面积28505平方米，景观面积为26422平方米，其中道路、广场10132平方米，绿化面积11582平方米，水体4708平方米。

靖江万科·晨阳甲第一期大区景观绿化工程

设计单位：上海棠澍景观设计咨询有限公司
委托单位：万科地产
施工单位：绘景景观规划工程（江苏）有限公司
主创姓名：李鑫
成员姓名：赵阳、丁洋、张敏、王星、桂晓娟
设计时间：2017.12
建成时间：2020.04
项目地点：泰州市靖江市滨江新城
项目规模：67730平方米
项目类别：居住区景观空间

[A]

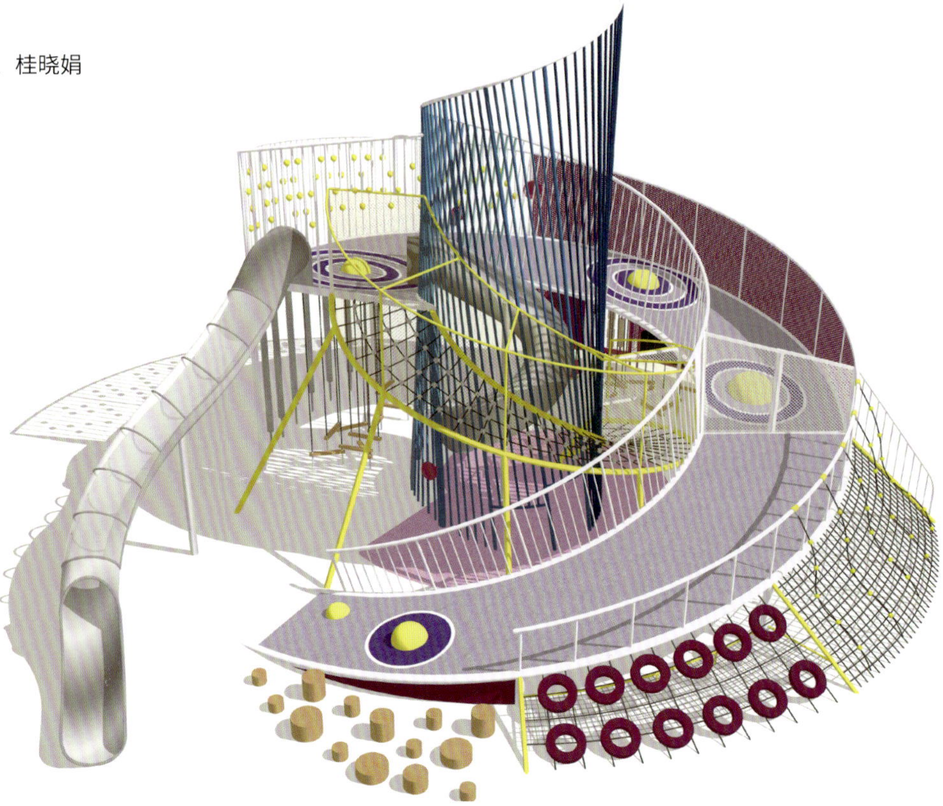

[B]

[A] 构架单体图
[B] 项目总平图
[C] 项目实景图
[D] 项目实景图
[E] 项目实景图
[F] 项目实景图
[G] 项目实景图

设计说明：

现代的设计手法雕琢雅致美学营造东方轻奢人居环境

项目基地位于江苏泰州市靖江市西南部，周边业态以住宅与商业办公为主，北侧紧邻马洲公园，周边住宅业态建筑较为集中。同时项目紧邻长江水岸与市政公园，增加了项目的人居优越性。

疯狂的蜗牛儿童主题乐园

以“疯狂的蜗牛”为IP元素，将蜗牛的各种动作形态穿插在整个活动场地中，应用强烈的彩色对比激发场地的热情和活力。色彩主要以葡萄紫及海洋蓝为基调，搭配灰色和浅黄色柔化中和环境温度。

会客廊架是采用轻挑的现代中式构架，隐约可见的绵延墨山，山水空间的视觉层次变化，以显文人雅集之境。精致恬静的镜水，错落有致的高差变化，配以整形的绿篱韵律围合，更显怡然与舒适。悠哉假日，午后与友人沏一壶茶，于廊下静观庭院波光镜影，繁花绿荫。

项目自我评价：

当下居住景观不再是简单的功能赋予，更多思考的是景观与人的关系，景观与建筑的关系，应该营造建筑、景观、人三者美好的空间场景，不再是孤立的三要素。建筑、景观和人是一体的，享受邻里间融洽的交流、互动，给人以沉浸式的体验感受。

[D]

[E]

[C]

[F]

[G]

项目经济技术指标：

该项目占地面积67730平方米，景观面积为54000平方米，儿童活动场地面积1620平方米，景观绿地面积92144平方米，景观绿化率32.4%。

朗合园

设计单位：上海淘景园艺设计有限公司
施工单位：上海淘景园艺设计有限公司
主创姓名：董宝刚
设计时间：2017.05
建成时间：2019.05
项目地点：上海
项目类别：地产景观

[A]

[B]

[A] 项目鸟瞰图
[B] 项目鸟瞰图
[C] 项目实景图
[D] 项目实景图
[E] 项目实景图
[F] 项目实景图

设计说明：

“换却花篱补石阑，改园更比改诗难”，前辈的感悟不无道理，刚拿到这个项目时设计师有诸多顾虑，业主对花园的需求与期待、花园设计的定位与取舍、两栋独立别墅的连接、外围景物的借用与遮挡、花园横纵比例关系的调节，入口的选择、地势落差的空间转换、水岸空间的梳理等；非常感谢业主及家人的充分信任，经过几番沟通，最终达成共识；为更好地与原有南加州建筑风格相呼应，设计师专程再次飞往加州，带着疑问源头取经。

设计师将花园原有茂密的杂树移走，取而代之的是高杆、挺拔的金桂，闻香观果的香橼，色彩丰富的蓝杉、枫叶、紫薇、矾根，目的在于打开空间引入明朗的阳光，通过借景、框景的设计手法，将15米宽的清风细浪引入园中，既润泽了花园的美景，又解决了原花园横向长、纵深短的缺憾，“明”可得日月之光、朗也，故此园得名一个“朗”字。

经过设计，改变了花园的进入方式，原本主人或客人会分别进入两栋别墅再各自进入花园，设计调整为增加花园中央入口的形式感，再“缀以廊庑、合为一组”，让主人及客人更乐于经过中央入口，先进入花园欣赏美景，再进入别墅，这样既符合中国传统文化的多方考量，也增加了两栋别墅使用黏性与合二为一的整体感，故而得一“合”字，花园就此得名“朗合园”。

[D]
[E]

[C]

[F]

花园中最令设计师动容的，当属西花园茅草茶亭区，北侧天然的山地式布局不由得令人想起“采菊东篱下，悠然见南山”的田园意境，南侧架于水上，岸边恰有一篁幽竹，便得了“名园依绿水，野竹上青霄”的佳景，在现代都市繁忙生活中难得一份野趣，可以让主人有慢下来的空间，“室雅无须大、花香不在多”，草亭边种植单株的含笑、栀子花、兰花、香草等闻香植物，草亭得名“闻香亭”。闻香亭前砂石、青苔，假日闲暇，沏上一壶淡茶，“兴移无洒埽，随意坐莓苔”的意境岂不妙哉。

项目自我评价：

造景容易、造“境”难，设计中除考量人之五感、处处见心意，更在空间与时间的维度反复推敲；设计师不仅着力于用心设计、匠心施工，对每处景致、每处驻足空间细致揣摩，力求达到精益求精、收放自如；更对花园的日后养护全程掌控，力求通过时间维度的积淀，达到项目效果的完好呈现。

项目经济技术指标：

项目规模：1500平方米。

西峡县·荣耀龙城观澜首府景观方案设计

设计单位：远洋景观规划设计院

委托单位：河南龙成成飞置业有限公司

施工单位：河南轩凡生态园林有限公司

主创姓名：高梅林

成员姓名：潘峰、刘倩、毛海宾、赵静远、陈正月、林晔

设计时间：2020.04

建成时间：2020.10

项目地点：河南省南阳市西峡县荣耀龙城社区

项目规模：70961平方米

项目类别：地产景观

[A]

[B]

[A] 春池院效果图

[B] 项目平面图

[C] 项目主入口效果图

[D] 项目临江院效果图

[E] 项目松风院效果图

[F] 项目浣溪院效果图

[G] 项目首开区施工实景图

设计说明：

项目位于河南省西峡县，紧邻丁河与灌河交汇口，因此设计结合此独特的山水地理位置，挖掘传统文化底蕴，以新中式的礼序空间和“山水”元素来表达场地，提出“八个院落”的空间处理，将项目中央最主要的狭长景观轴线进行创新性的空间利用，规划为“观澜八院”。

在文化意境的表达上，八个院落融入了八个经典词牌和诗句意蕴；在景观主题表达上，设计将《西园雅集》中潇洒俊逸的园林胜景重现于新中式山水景观的塑造中。

方案根据北、东两个入口的归家流线，设计了两条不同感受的体验式故事线：东入口轴线为核心景观区，由东向西设置以观澜为主题的照水、飞瀑、观澜三院落；北入口往南是狭长的中轴景观带，以山水之间的诗画生活为主题，设置桃源、春溪、林泉、云涧、松江五院落。

各院落之间有连续的主路贯穿，又有曲折的二级园路塑造传统园林空间，景观主题与院落词牌主题和画境主题高度契合；在功能上分别承载迎宾、社群交往、分龄健康生活、适老景观等远洋5H健康人居体系的功能要求。

[C]
[D]
[F] [E]

[G]

项目自我评价：

本项目的难点在于中式文化意蕴的传达和中轴景观线的空间梳理，通过挖掘“词画”和“山水”两个中式园林文化的精髓，结合项目特有的地理特性，提出“临河观澜、词画人间、礼成八院”的设计理念，并与具体景观设计和现代社区功能巧妙融合，形成具备历史底蕴的、更适宜居住的新中式。

项目经济技术指标：

该项目占地面积70961平方米，景观面积为57982平方米，包含消防登高面的硬质景观面积18983.0平方米，绿地面积37444平方米，绿化率52%。

杭州滨江信达壹品

设计单位：贝尔高林国际（香港）有限公司
委托单位：杭州滨江集团、杭州信达地产有限公司
施工单位：棕榈生态城镇发展股份有限公司
主创姓名：温颜洁
成员姓名：RENEO SUBA LAZATIN、MAR SALCEDA、叶贻水、黄摄秒
设计时间：2017.05
建成时间：2020.04
项目地点：杭州市甬江路和钱江路交叉口
项目规模：33008平方米
项目类别：大区

[A]

[B]

设计说明：

设计追根溯源，秉承宝格丽独特的现代方式演绎经典文明的传统，延续希腊式的典雅，让人得以沉醉于蓝白浪漫，陶醉在慵懒的时光里，尽享生活之美。

项目整体结合建筑手法来营造艺术灵动的现代人居景观。设计提取建筑的元素，将古典的繁杂雕饰经过简化，与现代的材质组合，呈现出古典而简约的新风貌，并将怀古的浪漫情怀与现代人对生活的需求相结合，兼容华贵典雅与时尚现代，反映出后工业时代个性化的美学观念和文化品位。

[A] 项目平面图
[B] 项目实景图
[C] 项目实景图
[D] 项目实景图
[E] 项目实景图
[F] 项目实景图
[G] 项目实景图
[H] 项目实景图

[C]

[D]

[E]

[F]

[G]

[H]

融创玖樟台

设计单位：北京顺景园林股份有限公司
委托单位：融创中国控股有限公司
施工单位：常州蓬勃园林
主创姓名：姚洋
成员姓名：林声威、王安琪、路保强、田金林
设计时间：2016.04
建成时间：2019.11
项目地点：浙江杭州江干机场路及开创街路口（向西100米）
项目规模：53770平方米
项目类别：地产景观

[A]

[B]

[A] 方案平面图
[B] 项目实景图
[C] 项目实景图
[D] 项目实景图
[E] 项目实景图
[F] 项目实景图
[G] 项目实景图

设计说明：

项目位于城东新城江干区的笕桥区块，紧邻机场路和德胜快速路，地块周边配套齐全，交通便利。项目总占地面积为53770平方米，容积率仅为2.2，景观面积41588平方米。景观在整体设计上延续建筑的新古典设计风格基底，而在立面的设计语言则采用偏现代简洁的手法，致敬古典秩序，演绎现代品质。

在产品上，洋房区景观设计更趋近新古典传统布局风格手法，打造静谧安逸的生活氛围；高层区景观设计则容纳了更多的功能性场地和邻里交流空间，营造人性化居住氛围体验。

我们希望设计者更要从使用者的角度出发来看待，从多种角度来进行设计，重视场所的氛围。设计除了重视感官上的美感，更应该根植于居住者的情感感受。

首先将架空层的使用功能融入景观体系内部，在架空层内植入乐活、果壳、书享、足迹等使用功能，起到丰富居住生活内容的作用，提升邻里间的交流；其次更全面地思考活动场地的使用功能，在老年人的活动场地内设置热身区域、整理区及休息区，在1~3、3~6岁的儿童活动场地内设置婴儿车停车位，以及活动场地内都设置有洗手池及直饮水；以细致的施工手法及严格的把控，以达到对高品质感的追求。

[E]
[F]

[C]

[D]

[G]

舒适人性化的尺度空间和场景、人本细节和形式美法则是我们对融创东南“归心社区”理念下的景观践行。我们坚信设计源于生活，生活却因设计而改变。

项目自我评价：

项目区别于传统房产交付理念，“新交付”的出现将更多的目光聚焦于社区生态，通过公共空间的服务营造、社区生活的内容运营、社群文化的孵化培育，形成完整的交付实践全新升级。

[H]

[I]

[H] 方案平面图
[I] 项目实景图
[J] 项目实景图
[K] 项目实景图
[L] 项目实景图

[J]

[K]

[L]

融创都会中心·悦山

设计单位：北京顺景园林股份有限公司

委托单位：融创中国控股有限公司

施工单位：北京顺景园林股份有限公司

主创姓名：杨华

成员姓名：张朝栋、杨挺、韩朝祎、梁光剑、田静静、刘明娜、李瑞东、吴晓龙、代月、杨柳、胡杨

设计时间：2017.05

建成时间：2020.07

项目地点：山东省青岛市李沧区黑龙江中路568-4号

项目规模：72327平方米

项目类别：地产景观

[A]

[B]

[A] 方案平面图

[B] 项目鸟瞰图

[C] 项目实景图

[D] 项目实景图

[E] 项目实景图

设计说明：

项目位于山东省青岛市李沧区北部距离李沧商圈约3.5千米，交通方便、配套成熟。总规划面积为72327平方米，场地的周边自然资源优越，有石梅庵风景区、卧龙山风景区，东侧依靠卧龙山，西侧可通上王埠水库，项目地块拥有着背山面水的地理形态。

在设计定位上，融创都会中心 · 悦山延续了都会中心系列产品定位，在现代都会的调性中融入自然的语汇和共享的生活方式，旨在追求自然森居理念与现代生活方式的共存，实现栖居山间的有温度感的生活。

现代的都市节奏。建筑在现代风格基础上提炼的新的建筑风格，暖黄色石材框架+大面积浅蓝色玻璃建筑立面干净整洁，讲究比例和线条感。社区整体在都会的环境中贯穿现代感和典雅感。

自然的生活场景。背倚卧龙山，地处山脚下，背山面水的自然山水格局是高端社区的天然优势。借用有利的自然条件，打造移步异景的生活场景是还原真实自然的绝佳条件。

依居山间的雅致生活。依居山间，静享人与自然的和谐生态人居模式，是自然生活品质与现代生活追求的共同目标。小庭幽圃，闲情雅致独享私家生活；雨后秋深，品茗间赏花落花开；野兴雅居知多少，宛如当日在山家。整个悦山以山居生活为精神主线共分为：归家 · 礼序、一境 · 半山、二境 · 清泉、三境 · 云端、归心 · 大家五部分，强调回归自然，共享栖居。五进院落，九重精致的空间格局，集“山、林、水、院”之大成，营造青岛地区独有的都会山居生活。

[C]

[D]
[E]

项目自我评价：

从居室到社区客厅，从儿童房到全龄乐园，从跑步机到运动花园，我们将“小家”的功能延展到公共体系的“大家”，我们一直在用景观的方式去引导建立温暖的邻里社群关系，从私享到共享，拓展了家的维度和认知。

[F]

[G]

[H]

[F] 项目实景图
[G] 项目实景图
[H] 项目实景图
[I] 项目实景图
[J] 项目实景图
[K] 项目实景图

[I]

[J]

[K]

成都·中国铁建西派城

设计单位：贝尔高林国际（香港）有限公司
委托单位：中国铁建集团
施工单位：四川欲达明轩建设工程有限公司
主创姓名：许大绚、温颜洁
成员姓名：ROMEO JR. ENRIQUEZ CATAPANG、华欣、魏梅
设计时间：2017.05
建成时间：2020.03
项目地点：四川省成都市武侯区来凤二路
项目规模：41721平方米
项目类别：大区

[A] 鸟瞰图
[B] C区总平面图
[C] D区总平面图
[D] 项目实景图
[E] 项目实景图
[F] 项目实景图
[G] 项目实景图
[H] 项目实景图
[I] 项目实景图

[A]

[B]
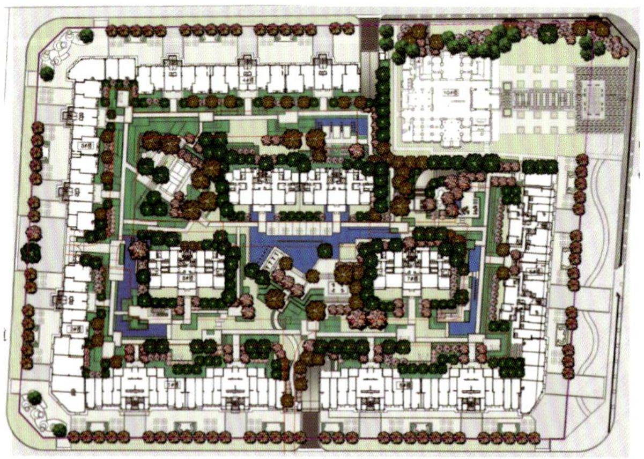

[C]

设计说明：

园区中的水景十分多样，“水无形”的特点给了设计师很好的发挥空间。在路径跨度较长的主路上，水的轮廓感较为显著。设计师采用薄水面打造手法，沿主路的水景面采用方形构造，硬化的边角将水面衬得更加坚定有气度，施展出磅礴的势态。以“盛水空间”的概念以水来点缀园区内的景观，用流动的水赋予园区景观以生命感，带给人一种祥和静谧的场所感受。

[D]

[E]

[G]

[H]

[F]

[I]

苏州新城九鲤江南

设计单位：上海到特设计咨询有限公司
委托单位：吴江恒力地产有限公司
施工单位：上海春峻园林工程有限公司
主创姓名：袁丁
成员姓名：江崇铀、孙鹏飞、张利杰、沈超、谢源源、汪芳、马熄
设计时间：2019.10
建成时间：2020.08
项目地点：江苏省苏州市吴江区九鲤湖村
项目规模：26380平方米
项目类别：地产景观

[A]

[B]

[A] 方案平面图
[B] 项目鸟瞰图
[C] 项目实景图
[D] 项目实景图
[E] 项目实景图
[F] 项目实景图

设计说明：

挣脱空间的束缚，回归最返璞归真的生活方式。

项目位于苏州的吴江区——与千年水乡，同里古镇毗邻。在这里，有万亩良田的“四季颜色”；有生态湖泊的“自然水韵”；更有出则繁华，入则静谧的“生态栖居”。

景观营造中，设计师将亲水平台、棋艺品茗廊架和休闲互动平台分散设置于水域周边，以林荫路和木栈道将之串联，并尝试将每一处风景赋予不同的视觉体验，一步一景，在步移景异的同时寻求自然与景观的完美融合。

公园互动体验区内，阳光草坪，龙猫草人，彩虹桥栈道，波浪草海及漂浮其上的帆船装置，在层林围绕间为人们提供了一个休闲集会的场所。

自然生态的多功能活动空间给予了居住者轻松自在的度假感受，让身在都市的人们尽情地亲近自然。

项目自我评价：

项目设计以自然山水、古典园林、同里文化为源头，立足于回归自然，生态栖居的主旨，为居者打造返璞归真、亲近自然的“度假风”的田园雅致生活。

[D]
[E]

[C]

[F]

项目经济技术指标：

住宅：总用地面积26800平方米，总建筑面积：25295平方米，景观面积：20053平方米，绿地面积：8450平方米（其中水面面积2860m^2），容积率：0.94。

公园：用地面积：15400平方米，绿地面积：11550平方米，绿地率：75%。

南京绿地理想名苑

设计单位：上海墨刻景观工程有限公司
委托单位：绿地集团江苏事业部
施工单位：绿地集团森茂园林有限公司
主创姓名：王隗、任庆
成员姓名：周纪元、黄冬冬、周辉 、李芹华
设计时间：2017.05
建成时间：2019.06
项目地点：南京江宁区正方中路
项目规模：70860平方米
项目类别：地产景观

[A]

[B]

[A] 方案平面图
[B] 项目鸟瞰图
[C] 项目实景图
[D] 项目实景图
[E] 项目实景图
[F] 项目实景图

设计说明：

绿地·理想名苑位于交通便利的南京江宁中心区域，建筑风格为新古典风格——简约、尊贵、典雅。小区的设计灵感来自灵动的珠宝。从经典珠宝项链中提出轻奢元素——“灵动”“艺术”“定制”等推演出空间形态，同时紧紧围绕“回归人本，关注健康”的绿地“健康宅”产品理念，打造宜居的社区环境。

中轴景观——项目规划人车分流，外围车行环通，中央景区仅限人行，注重舒适及安全性。典雅的门楼与建筑主体风格相映，通透的景墙组成沉默的守卫……

水庭园——设计通过现代空间手法演绎理想状态人居环境，小桥流水，廊庭漫步……蜿蜒的线条中，水与绿意相互融合，形成了缓步行走其间，水声潺潺，绿意丰茂的景象。

全家总动员——B1地块的全龄儿童活动区由珠宝的形态演变而来，幻彩光影的看护休闲廊架、功能多样性的锻炼设施、半围合的休憩空间、贯穿场地的健康慢跑道……无论是儿童还是成人，都能在这里找到适合自己的游乐之地。

项目自我评价：

从前，车马很慢；现在，岁月匆忙。南京绿地·理想名苑从业主的需求出发，走出家门，便可约上三五好友，在廊庭里漫步，闲聊；日暮下，与孩子在全家总动员区域，一起奔跑，看着孩子的明媚笑容，仿佛一束光温暖心间。家人、友人，青山绿水，健康生活，未来人居的理想状态。

[D]
[E]

[C]

[F]

项目经济技术指标：

该项目占地面积71637.31平方米，景观面积为61927.86平方米，绿化率31.04%。

宁波龙湖 天琅大区

设计单位：三尚国际(香港)有限公司
委托单位：龙湖地产
施工单位：宁波大成造园艺术有限公司
主创姓名：秦超
成员姓名：黄福文、林东仪
设计时间：2016年12月—2018年5月
建成时间：2018年8月—2019年12月
项目地点：宁波 鄞州区
项目规模：64342平方米
项目类别：地产景观设计大区类

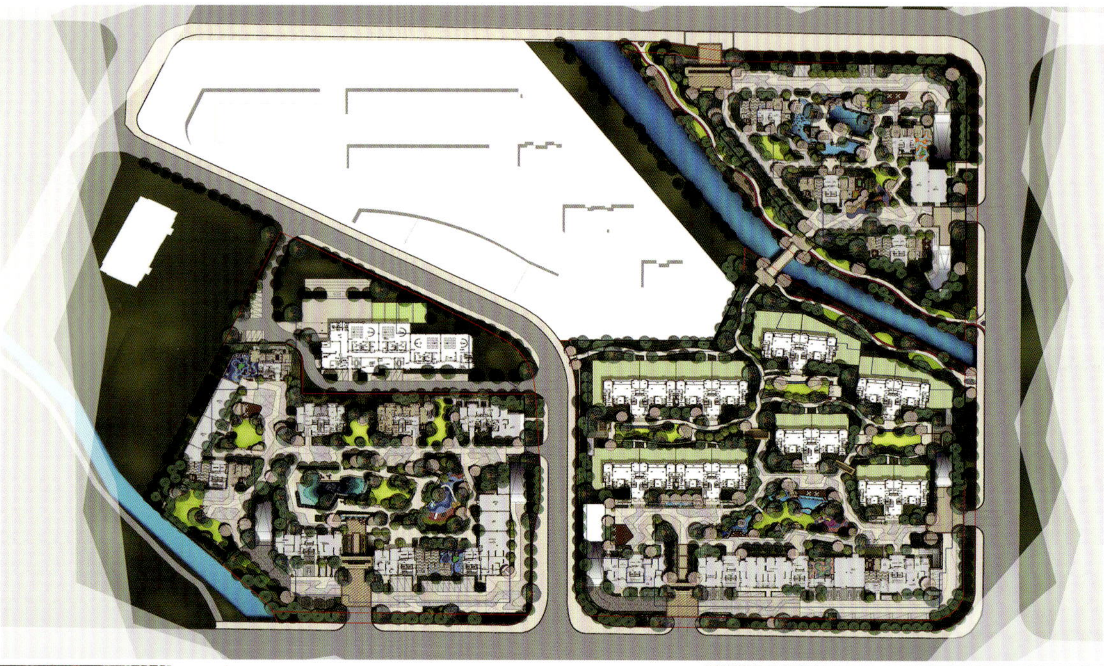

[A]

[A] 方案总面图
[B] 项目实景图
[C] 项目实景图
[D] 项目实景图
[E] 项目实景图
[F] 项目实景图

[B]

设计说明：

五岁时，妈妈告诉我，人生的关键在于快乐。上学后，人们问我长大了要做什么，我写下了“快乐”。他们告诉我，我理解错了题目，我告诉他们，他们理解错了人生。
——约翰 · 列侬

把地块的价值提升到城市高度，犹如在一片碧绿丛林覆盖中出现的一块蓝色水体。打造可触摸、可互动壮观的水浪“蓝宝石”戏水天堂，水池底部采用类BISAZZA碧莎马赛克，刻画出水浪纹理；用时尚界这一顶级奢侈品牌，来营造高端豪宅这一高端奢侈品!

2016年年底，土地竞拍市场高潮迭起，宁波楼市被看好，龙湖在异常激烈的竞争中摘得宁波主城区的天琅府宅地。位于鄞州区四明路，场地具有悠久的钟公庙文化，距离鄞州万达只有1公里，周边配套完善，仅北侧为待开发旧地。

[D]
[E]

[C]

[F]

项目经济技术指标：

该项目占地面积20531.14m^2，景观面积为13251.24m^2，屋顶景观面积1694.50m^2，屋顶绿地面积458.36m^2，屋顶绿化率27%.

建湖悦隽首府大区

设计单位：北京德纳兰景观设计有限公司

委托单位：新城控股

施工单位：常州第二园林建设工程有限公司

主创姓名：孟月玲

成员姓名：ARIS、高丽莎、刘哲铭、马雪飞等

设计时间：2018.08

建成时间：2020.07

项目地点：江苏省盐城市建湖县城南

项目规模：12200m^2

项目类别：地产景观

[A]

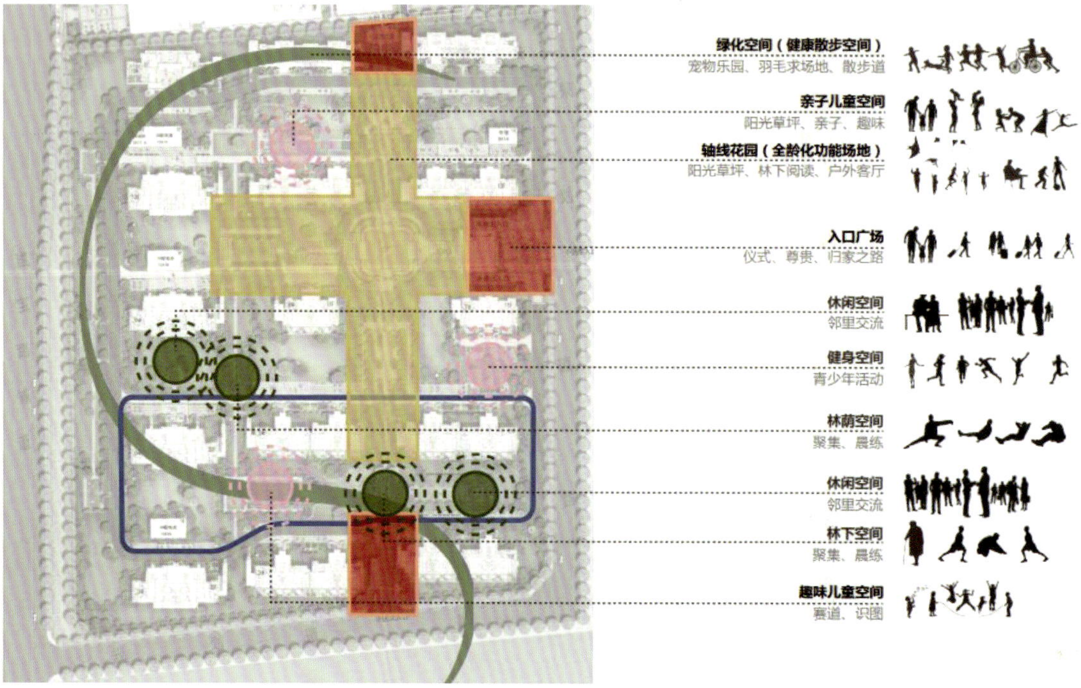

[B]

[A] 方案平面图

[B] 暗杆分析图

[C] 项目实景图

[D] 项目实景图

[E] 项目实景图

[F] 项目实景图

[G] 项目实景图

设计说明：

项目地处盐城市建湖县城南，政府重点打造板块，2018年建湖地王。项目周边交通网络发达，拥有高速公路、铁路和机场等快速交通系统，项目紧邻秀夫公园，毗邻城南最稀缺的生态资源-双湖公园，并与行政中心，体育馆为邻；项目产品规划旨在打造建湖高端品质住宅，启幕建湖大都会人居范本。

从19世纪末20世纪初美国纽约大都会艺术博物馆诞生到20世纪70年代的曼哈顿成为世纪都会文化发展的典范，都会文化的发展，象征着这个时代对时尚典雅的宣扬，同为激发对艺术和生命的热情渴望与追求。

在整体风格上，保留了古典主义风格的色彩和材质，摈弃复杂的肌理和装饰，以严肃规整的轴线为环境带来强烈的仪式感，将人性的尺度和细节的考究纳入整体设计。

项目自我评价：

大都会景观风格在寻找古典与现代的平衡点和契合点，我们意在打造一处轻奢的都会风格景观社区，既有都会的典雅仪式，也有现代的轻快自然。

[C]

[D]

[E]
[F]

[G]

以其强对比的软硬关系、精致细节来彰显产品的高品质和轻奢感，匠心精研打磨每一处细节，追求极致的完美。

项目经济技术指标：

项目规模：55000m^2

绿地率：≥36%

地上停车位：40辆

呼马半山生态小区

设计单位：广东天元建筑设计有限公司
委托单位：昆明城业房地产有限公司
施工单位：杭州汉风园林工程有限公司
主创姓名：朱钟伟
成员姓名：柳红、朱钟伟、张达迅、谭洁仪、黎发联
设计时间：2018.01
建成时间：2019.11
项目地点：云南省昆明市盘龙区金瓦路
项目规模：10万平方米
项目类别：地产

[A] 项目实景图
[B] 总平面图
[C] 分析图
[D] 分析图
[E] 项目实景图
[F] 项目实景图
[G] 项目鸟瞰图

[A]

设计说明：

项目坐落于昆明市盘龙区东白沙河片区，毗邻世博板块传统别墅区，背靠呼马山，俯瞰白沙河水库，万亩森林公园环抱，使得项目坐山望水，藏风聚气。

[B]

项目经济指标：

用地红线面积：282806平方米；
景观设计面积约83000平方米；
软景：硬景=6.7：3.3

主题围绕“山上层层桃李花，云间烟火是人家”展开，旨在打造一种现代理想的健康生活方式——城市山居。

设计结合“智慧健康社区”中健康园林体系，分别为山居养生圈、山居亲子圈、山居邻里圈、山居生态圈和山居便利圈，将功能融入景观，营造诗词立意、文人志趣的园林氛围。设计手法结合场地三面环山，一面临水的地利，吸山水之灵气，将山水自然与场地充分融合，打造生态融合的居住环境。

[C]

[E]

项目景观设计遵循三个重要原则：功能优先，设计引领健康生活，注重天时地利下的景观意境营造。

[D]

[F]

设计营造了弹性与功能兼具的景观空间，实现了实用与美学的完美平衡，在山水地利的帮助下，借助天象与雾喷系统打造了许多诗词意境氛围，如桃花径、呦野之苹等。这种山居方式下，老者可以修身养性，颐养天年；邻里可以品味香茗，涉趣闲谈；孩童可以快乐学习，欢颜嬉戏。

项目自我评价：

我们打造的城市山居生活方式：在喧闹的都市，仍然有一个叫“家”的地方，那里春日花香四溢，夏日雨后鸣蝉，秋日红枫遍野，冬日围炉煮酒。山中府苑尽拥四季之境，入则宁静，出则繁华，有人间烟火，也有桃源仙境。

[G]

时代天境景观设计

设计单位：深圳亚兰设计工程集团有限公司
委托单位：抚州华意置业有限公司
主创姓名：刘佰龙
成员姓名：胡军国、洪志朋、陈桂峰
设计时间：2020.03
建成时间：2020.10
项目地点：江西省抚州市临川区城西大道
项目规模：85900.4平方米
项目类别：住宅项目

[A]

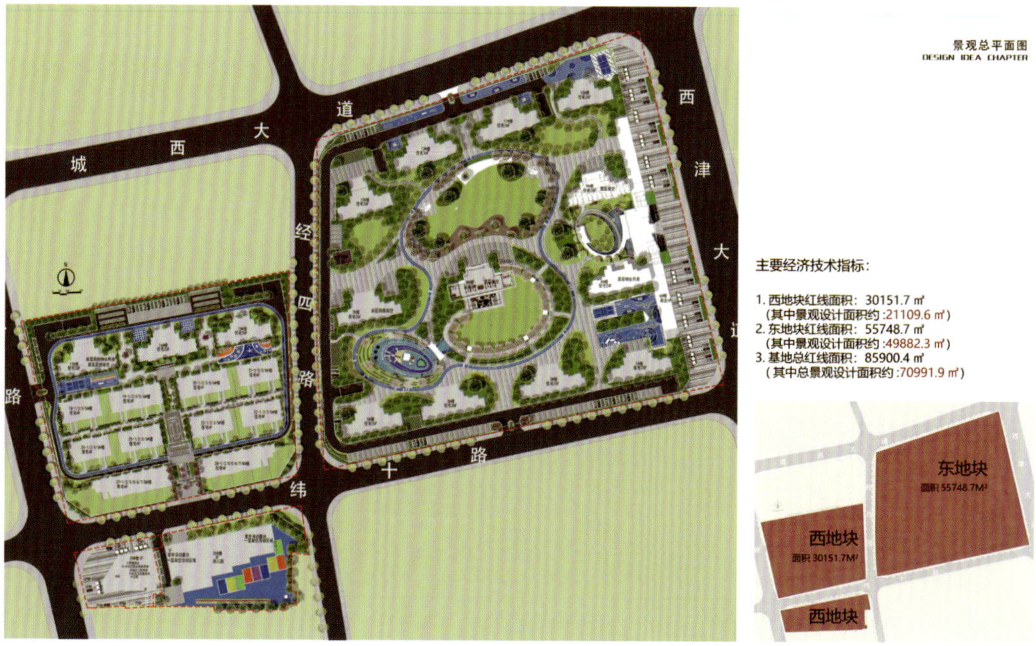

[B]

[A] 方案平面图
[B] 项目效果图
[C] 项目效果图
[D] 项目效果图
[E] 项目效果图
[F] 项目效果图

设计说明：

每一座城市都有自己的文化基因和城市个性。

在抚州，我们记得有很美的梦湖：在梦湖，那里留有诗人汤显祖一生最重要的梦——临川四梦。时代天境，便是以梦湖起源为背景，融合现代艺术手法，将“光”“林”“影”尽收于这一方梦境之中，开启时代天境寻梦之旅州。

设计以纯白色为基调，梦境由此开启。通过入口的半开敞式展示界面，在设计师的精心雕琢下，山川景墙、涌泉水景都与建筑互相映衬，相得益彰。走进大门，离开洽谈会所，到达第三重空间——星湖逐影，大片静面水景安静地流动着，水中星星点点像是夜晚天空里的星星。拾光长廊走向两边延伸、山影格栅高低起伏，引领着寻梦者去探索，穿过水杉林与云朵雕塑，最终到达最高处——荧光会客厅。寻梦之旅到此落下帷幕。

项目自我评价：

项目以“公园社区，悦享生活”为设计理念，并融入“公园系社区”五大体系：公园家、智慧家、运动家、教育家、乐享家，旨在营造宜居的人居环境。

[C]

[D]
[E]

[F]

项目经济技术指标：

该项目占地面积85900.4平方米，景观面积为70991.9平方米，绿化率35.05%。

展博·君悦濠庭

设计单位：成都卓思环境艺术设计有限公司
委托单位：成都展博置业有限公司
施工单位：四川关家建设股份有限公司
主创姓名：袁磊
成员姓名：刘坤明、王晓凤、张兆惠、冯涛
设计时间：2019.09
建成时间：2021.03
项目地点：彭州市
项目规模：65366平方米
项目类别：住宅

[A]

[B]

[A] 项目鸟瞰图
[B] 方案平面图
[C] 项目实景图
[D] 项目实景图
[E] 项目实景图
[F] 项目实景图
[G] 项目实景图

设计说明：

该项目位于成都彭州协和大道与林荫大街交叉处，毗邻塞纳湖，背靠青白江，周边水系发达，交通良好，环境优越，位置显赫。项目规划成多层和小高层组合的组团院落式生态社区。

设计理念：

以山水诗意栖居为主题；以东方哲学文化精髓为线索；以解构传统构筑提炼文化符号为元素；以倡导新生活概念及方式为理念；以自由、平衡、生活为核心体验，给空间赋予人文内涵，营造诗意栖居，打造艺术和精神环境空间。

设计策略：

1.空间结构：一山一水良辰美景，三进三障诗意庭院。三进主题庭，八处情怀落，四条风情巷，九大功能区；根据园区的建筑、景观空间布局，将园区分为三个组团，各个景观院落体系构筑成生态社区，水岸濠庭、诗意栖庭和山谷翠庭三大组团景观以开放空间、私密空间、体验空间呈现，每个组团各具特色，整体中求变化，变化中找统一，通过对比的方式营造不同组团，寻求不同的视觉感受和景观体验。

2.设计特色：注重细部、突出主题；注重自然与人性关系的设计，人工景观和自然景观的有机结合，源于自然，升华于自然；注重人工水景与自然水景的灵活应用；注重主题园林空间的彼此呼应、协调一致，有实有虚、有明有暗，格调多样，形态丰富，浑然一体，和谐统一。

[D]

[E]

[C]

[F]

[G]

酒城中心景观设计

设计单位：四川省科源园林工程有限公司
委托单位：泸州三溪同城置业有限公司
主创姓名：胡明春
成员姓名：范芳玉、胡有红、朱锡文、周定川、胡峻滔
设计时间：2018.11
建成时间：2019.09
项目地点：四川泸州城西新城
项目规模：125000平方米
项目类别：地产景观

[A]

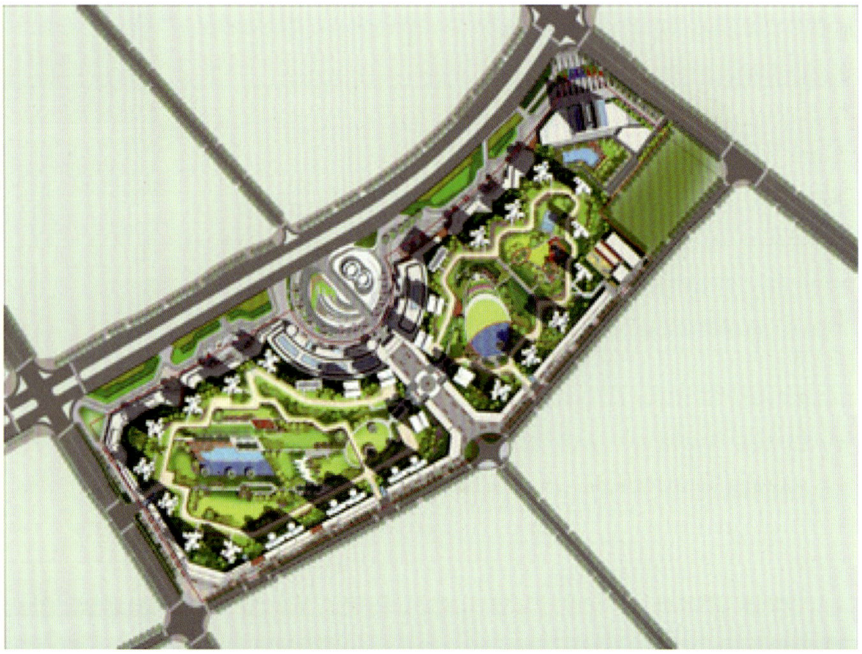

[B]

[A] 方案平面图
[B] 项目鸟瞰图
[C] 项目实景图
[D] 项目实景图
[E] 项目实景图
[F] 项目实景图

设计说明：

三溪·酒城中心位于康健城以南、城西核心干道——云峰路东侧，毗邻泸州城西新区滨河公园，地处泸州城西新城核心板块，地产景观设计面积为12.5万平方米。

设计主导思想：思想以简洁、大方、以人为本。

充分发挥绿地效应，满足不同人群的要求，创造一个幽静的环境，美化环境、陶冶情操，坚持“以人为本”，充分体现现代的生态环保型的设计思想。

植物配置以乡土树种为主，疏密适当，高低错落，形成一定的层次感；色彩丰富，主要以常绿树种作为“背景”，四种不同花色的花灌木进行搭配，广泛进行垂直绿化，各种灌木和草本类花卉加以点缀，使其达到四季常绿，三季有花。

“以人为本”，创造舒适宜居人的可人环境，体现人文生态。“人”是景观的使用者。因此首先考虑使用者的要求，做好总体布局，提高环境质量等方面的功能要求。

“因地制宜”是植物造景的根本，充分反映出地方特色，只有这样才能做到最经济、最节约，也能使植物发挥最大的生态效益，起到事半功倍的效果。“崇尚自然”追求人与自然的和谐，纵观古今的环境设计，都以“接近自然，回归自然”为设计法则，贯穿于整个设计创造中。只有在有限的生活空间利用自然、反思自然，寻求人与建筑、山水、植物之间的和谐共处，才能使环境有融于自然之感，达到人与自然的和谐。

[D]
[E]

[C]

[F]

项目经济技术指标：

项目位于四川省泸州市，项目设计规模为12.5万平方米。其中，包括人工湖2个，包括其范围内绿化工程、亮化工程、绿道及配套工程等。主要工程量：乔木、灌木的移栽与养护；小区配套运动设施建造。亮化工程：LED灯带263米，灯具套987套。

项目自我评价：

丰沛的植物栽植设计，空间的景观规划，综合运用植物因地制宜地配置四季富有色彩的各种乔木、灌木、花卉、草坪，使住户更加贴近自然，合理设计相关配套，使景观不仅能看还能使用。本设计切合城市需求，向世界舞台看齐。

三科·凌雲台景观设计

设计单位：深圳亚兰设计工程集团有限公司
委托单位：宁都鑫科置业有限公司
施工单位：江西亚兰市政环境建设有限公司
主创姓名：姚致敏
成员姓名：洪志朋、陈桂峰、郑月儿
设计时间：2019.10
建成时间：2020.1
项目地点：江西省赣州市宁都县凌云大道
项目规模：占地约8900平方米
项目类别：地产景观

[A]

[A] 方案平面图
[B] 项目鸟瞰图
[C] 项目实景图
[D] 项目实景图
[E] 项目实景图
[F] 项目实景图

[B]

设计说明：

三科 · 凌雲台，案名中的“雲”给予了设计师灵感，“雲”通“云”意为云彩、云朵，对于人类来说，天空往往有着无穷的吸引力，另一个灵感来源为同时出于天空中的星星，设计师将这两者艺术化处理，并运用在景观设计中。

设计以纯白色为基调，星星与云的故事现在开启。通过75米宽的半开敞式展示界面，在设计师的精心雕琢下，建筑与景观互相映衬，相得益彰。水滴状黑色镜面不锈钢艺术雕塑——“星空缩影”在玻璃橱窗里展示自己，也关注着来往的行人，映入眼帘的是下沉的临水步道，云状雕塑与星状树池夹道欢迎，然后达到第三重空间，这里由镜面水景、风雨连廊、观景平台、会客空间、纯白休憩景观亭组成，然后漫步于流云空中栈道，穿过由28棵精挑细选的银杏组成的银杏林或在另一侧登青云台阶，到达整个示范区制高点——云端看台。“起、承、转、合”星星与云的故事到此结束。

项目自我评价：

项目以“自然元素”的融入，传递人与自然和谐的理念，引领健康生活。构图以现代自然为主，打破几何式规则，营造人与自然和谐共处的居住环境，同时注重人性化设计，在功能上注重实用性与趣味性的结合，给居住者带来心灵与视觉的升华。景观大处恢宏有度，小处精致宜人。各景观节点环环相扣、张弛有度、具有浓厚生活情趣又各富特色景观系统。

[C]

[D]

[E]

[F]

项目经济技术指标：

用地面积：66339.23平方米；
总建筑面积：167169.89平方米；
总计容建筑面积：132644.67平方米；
容积率：1.9994906；
建筑占地面积：10899.76平方米；
建筑密度：16.430338%；
绿地率：35.28%；
机动车停车位：1150辆；
非机动车停车位：719辆；
总户数：1052户。

嘉峪关南湖国际住宅小区A区景观绿化工程建设项目设计

设计单位：甘肃东方新生态园林建设有限公司
委托单位：嘉峪关万隆房地产有限公司
施工单位：嘉峪关市城市风景园林绿化工程有限责任公司
主创姓名：付雪
成员姓名：刘晓娜、王廷政
设计时间：2019.04
建成时间：2020.05
项目地点：甘肃省嘉峪关市南湖新区
项目规模：90538平方米
项目类别：地产景观

[A]

[B]

[A] 方案平面图
[B] 项目鸟瞰图
[C] 项目实景图
[D] 项目效果图
[E] 项目实景图
[F] 项目效果图
[G] 项目实景图

设计说明：

在长期生产生活过程中，嘉峪关市民形成骑自行车和电动车出行的习惯，几乎每个家庭都有一辆电动自行车，所以项目需至少考虑三个非机动车停车棚（每个面积80平方米），项目刚性要求需解决60余地上停车位。所以在设计中，既要满足刚性需求，又要追求理想的人居环境，彰显项目设计亮点，成为设计的主要目标与愿景。

项目设计以打造“度假式公园社区”为目的，以“酒店式入口、宅院意境、纵深轴线、智慧家园”为景观骨架，以多年绿化设计施工经验，设计打造以水景覆盖多点、能配套多元、氛围体验多样、空间尺度多变的“四多”社区景观。设计时从居住者需求出发，将原本存在硬件劣势（无地下停车场）的现状扭转，项目在2020年创造嘉峪关房企销售奇迹，成为酒嘉地区住宅标杆项目，赢得业主一致好评。

基于公司团队在嘉峪关多年施工经验，设计团队在设计阶段充分考虑客观因素（嘉峪关地区综合气候特点以及实地土壤特性），通过植物品种设计选型（苗源及规格等）与配植形式，既合理控制建设成本，又确保栽植苗木的适生性与表现性。

项目自我评价：

设计时从居住者需求出发，将原本存在硬件劣势（无地下停车场）的现状扭转，项目在2020年创造嘉峪关房企销售奇迹，成为酒嘉地区住宅标杆项目，赢得业主一致好评。

[E]
[F]

[C]

[G]

[D]

项目经济技术指标：

该项目占地面积90538平方米，景观面积为54248平方米，绿化率35.40%。

柳州联发·滨江壹号

设计单位：深圳市赛尚景观规划设计有限责任公司
委托单位：柳州联发置业有限公司
施工单位：厦门华楼景观设计工程有限公司
主创姓名：蔡波
成员姓名：徐诗冰、潘晓林、廖顺丽、刘小华、
李仁强、覃翠芬
设计时间：2017.08
建成时间：2020.09
项目地点：广西壮族自治区柳州市柳东区
项目规模：2146186.51平方米
项目类别：地产住宅景观

[A]

[B]

[A] 方案平面图
[B] 项目鸟瞰图
[C] 项目实景图
[D] 项目实景图
[E] 项目实景图
[F] 项目实景图

设计说明：

源自托斯卡纳的自然优雅。

项目位于柳州市新柳大道和东升交界处，距离柳州市中心10公里，周边交通紧织。整体设计通过对规划布局、建筑产品的分析，以及对建筑元素的提炼，设计将托斯卡纳风情建筑色彩、建筑文化，应用于景观设计，与现代的材质组合，演绎自然优雅的景观设计语言，打造自然生态、优雅温馨的托斯卡纳风情人居环境。

以建筑规划结构为基础，展开景观设计：以中央纵向景观轴为主干，串联起两个分区，各个巷道、节点，形成既相互联系，又各具特色的多重景观空间组团。

通过动线的递进、空间的转换，打破景观轴线的单调性，形成花木掩映、典雅景致的院落花园。树池、陶罐、廊架，带着托斯卡纳的风情，仿佛在诉说着时光的故事。斑驳的阳光透过树影，洒在廊架上，虚实掩映。漫步如茵的景观绿道，混合着阳光、草木的清香，独享恣意美好生活。

项目自我评价：

项目承载着柳东区高端环境住宅市场的落地重任，景观打造始终围绕

[C]

[D]
[E]

[F]

用户视角感知品牌及生活体验方式展开。设计提炼托斯卡纳风情建筑色彩、延续建筑文化，从空间布局到细节处理，演绎出自然优雅的景观设计语言，最终形成温馨浪漫的托斯卡纳风情人居环境。

项目经济技术指标：

浪漫的托项目规划总用地146186.51平方米，景观面积为120630.19平方米，容积率为1.6，绿地率为32.03%。

大同万坤·御龙庭三期景观设计

设计单位：深圳市同济人建筑设计有限公司
委托单位：方鉴（深圳）景观规划设计有限公司
施工单位：山西万坤（集团）有限公司
主创姓名：方健、王元武、李双羽
成员姓名：刘速、肖厚鲁、王邦德、贾珂、王冬俊、曾屹、林妍婷、林杰
设计时间：2017.01
建成时间：2020.07
项目地点：山西·大同·平城
项目规模：157000平方米
项目类别：城乡公共空间

[A]

[B]

[C]

[A] 方案平面图
[B] 项目实景图
[C] 项目实景图
[D] 项目实景图
[E] 项目实景图
[F] 项目实景图
[G] 项目实景图
[H] 项目实景图

设计说明：

项目位于山西省大同市，大同是山西省省域副中心城市，山西省第二大城市，位于山西省北部大同盆地的中心、晋蒙省区交界处、黄土高原东北边缘，实为全晋之屏障、北方之门户。

由新艺术运动与美国工业、经济崛起结合，是一种摆脱了欧洲文化的建筑风格——Art Deco。

山西“法式园林大宅”演绎

法式园林景观设计一直以其细腻华丽的品位而著称，它是在古典主义的基础上流行起来的，其追求空间的无限性，由中央主轴线控制整体，辅之以几条次要轴线，外加几条横向轴线，所有这些轴线与大小路径组成严谨的几何格网，主次分明。能够突出布局的几何性，又可以产生丰富的节奏感，从而营造多变的景观效果。

感官效果：

平面图案感，布局对称感，轴线纵深感，空间落差感，理性秩序感。

项目自我评价：

为消费者打造自然、浪漫、尊荣、快乐、原真的生活空间。

[D]
[E]

[G]

[F]

[H]

项目经济技术指标：

项目占地面积157000平方米，景观面积为155000平方米，建筑面积527000平方米。

惠州大亚湾水韵金岸

设计单位：深圳市黎杰建筑景观设计有限公司
主创姓名：李必健
委托单位：惠州市地美实业有限公司
成员姓名：李栋梁
设计时间：2019
建成时间：2020
项目地点：广东省惠州市大亚湾
项目规模：15000平方米
项目类别：地产园林

[A]

[B]

[A] 方案平面图
[B] 项目鸟瞰图
[C] 项目实景图
[D] 项目实景图
[E] 项目实景图
[F] 项目实景图
[G] 项目实景图

设计说明：

本案例以现代简欧作为主风格，突出现代、高端、舒适、典雅主题，结合绿化、水景以及园林小品，给舒适的生活添上无尽的诗情画意，以开与合、疏与密、掩与露的设计手法结合建筑设计风格，为住户提供如画般的景致。

项目自我评价：

1.“归家 · 探寻心灵港湾”的设计灵感及设计主题极富故事性和趣味性。

2.扬帆起航——帆风顺—乘风破浪—归港入梦，这四个故事节点贴切地描绘出了我们在这个伟大而繁杂的世界寻找回家之路的心路历程。

3.门楼前欢快热烈的水景设置营造出了强烈的归家仪式感，似乎也在笑迎家人的归来。

项目经济技术指标：

该项目占地面积15000平方米，绿化率27%。

[D]
[E]

[C]

[F]

[G]

广州东原·印江澜

设计单位：笛东规划设计（北京）股份有限公司
委托单位：东原集团
施工单位：深圳市璞道园林景观有限公司
主创姓名：马恺
成员姓名：艾仙、谭进平、陈昊
设计时间：2019.08
建成时间：2021
项目地点：广州市增城区广汕公路与朱屋路交叉路口
项目规模：39277平方米
项目类别：住宅空间
项目摄影：Chill Shine 丘文三映

[A]

[B]

[A] 项目鸟瞰图
[B] 方案平面图
[C] 项目实景图
[D] 项目实景图
[E] 项目实景图
[F] 项目实景图

设计说明：

东原印江澜项目着眼于客户的高品质体验，入口以对称的矮墙树阵和精致优雅的雕塑引导人们进入一个富有仪式感的大区景观。
中央泳池从东南亚度假酒店景观的品质感和体验感获取灵感，采取密林围合+社区HUB+水景相互嵌套设计模式，从泳池功能、形式语言、空间布局着笔，带给住户最极致的体验。
在其他游园空间，注重“花园式”营造，达到移步易景的景观效果。

同时注重次核心景观功能附加及活动空间的沉浸式设计，儿童活动区延续了东原地产多年的研发成果“童梦童享”主题，以独具吸引力的IP敬献业主，让孩子们的童年与父母和小伙伴为邻，共享童年，共创梦想。

项目自我评价：

现代人居环境要求日益提高，设计团队从东南亚酒店景观的品质感和体验感中获取灵感，从使用功能、景观风格、空间布局等多维视角考虑，独具匠心，旨在最大限度地发挥住区景观作用，营造都市里稀缺的度假景观，创造沉浸式的休闲景观体验。

[D]
[E]

[C]

[F]

项目经济技术指标：

该项目占地面积39277平方米，景观面积为25952平方米，景观绿化面积12707平方米，绿化率32%。

绿地·海珀外滩示范区

设计单位：上海纳千景观环境设计有限公司
委托单位：绿地控股集团房地产事业二部
施工单位：上海绿雅园林建设有限公司
主创姓名：林晓军
成员姓名：李志巍、胡冰、张艳、毛丹妮、严诗莹、马丁、王川、周丹丹、黄中妹、陆皓珣、袁亚伟
设计时间：2019.04
建成时间：2020.01
项目地点：上海市黄浦区
项目规模：3720.6平方米
项目类别：地产景观

[A]

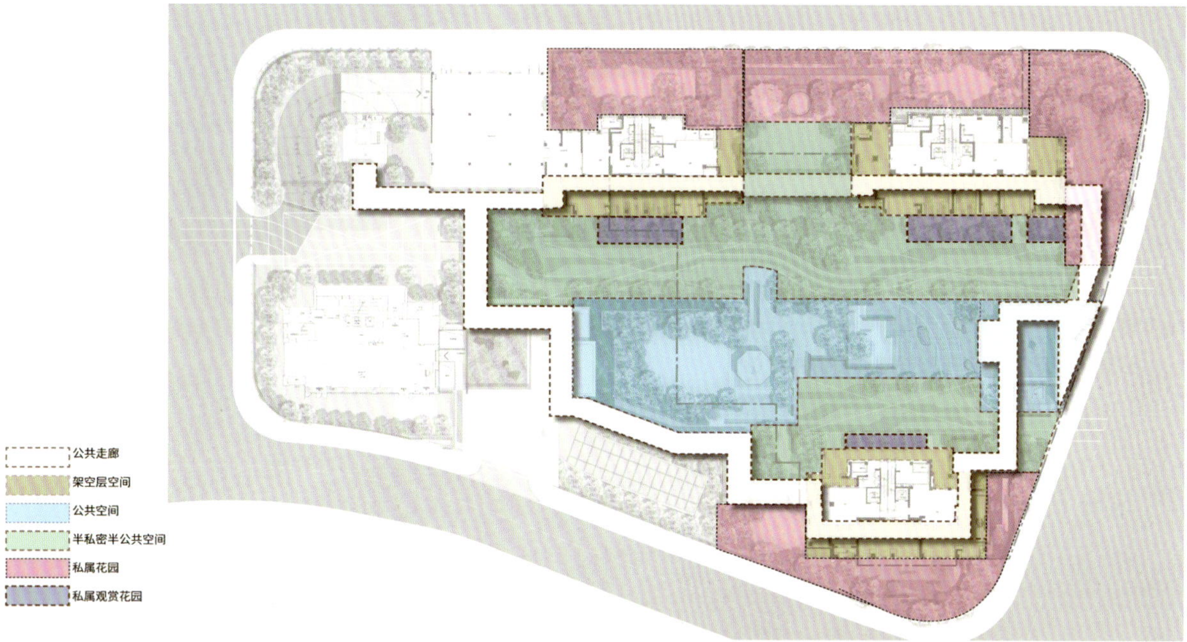

[B]

[A] 方案平面图
[B] 项目鸟瞰图
[C] 项目实景图
[D] 项目实景图
[E] 项目实景图
[F] 项目实景图

设计说明：

城市的更新迭代是一个不断融合历史文化和现代美学的过程，绿地海珀外滩的设计构思来自对海派文化的探索。我们坚守文化脉络的传承，延续外滩百年之美，探索海派文化的多元性，创造不同文化的新生。在打造奢华豪宅空间的同时，将现代开放的公共景观空间与传统私家花园结合，实现多元化的景观空间。设计师延续上海独特的“克勒”生活格调，倾力呈现出慢生活花园，优雅的内涵、精致的仪式感唤起了记忆中的怀旧情怀，为现代外滩文化带来了一场与历史的对话。景观入口与外滩建筑基调统一，米黄色石灰石打磨渐变肌理，镂空的格栅纹理与立柱交织为廊架，以大面积水景环抱四周，内外通透，光影交错。追求现代艺术手法，从理性而精巧的细节到反复推敲多元化融合的精髓，使绿地海珀外滩成为新海派文化与这座城市万象共生的印记。

项目自我评价：

项目传承海派文化的多元性，提炼外滩百年记忆，演绎了传统与现代、东西方思想的碰撞和升华。沪之文脉、城之繁兴、园之清然，结合匠心工艺，共同在现代外滩塑造了一个沉稳、多元文化融合的生活空间。

[D]
[E]

[C]

[F]

项目经济技术指标：

该项目占地面积13138.9平方米，示范区景观面积为3000多平方米，容积率4.19，绿地率35%。

邯郸泽信·云樾天著

设计单位：上海万境景观规划设计有限公司
委托单位：北京泽信控股集团有限公司
施工单位：吉林省鸿丰绿化工程有限公司
设计时间：2020
建成时间：2023.6
项目地点：河北省邯郸市复兴区铁西南大街
项目规模：10299平方米
项目类别：地产景观

[A]

[B]

[A] 方案平面图
[B] 项目鸟瞰图
[C] 项目实景图
[D] 项目实景图
[E] 项目实景图
[F] 项目实景图
[G] 项目实景图

设计说明：

静立于老城区一隅的云樾天著，毗邻邯钢路亦临近铁西大街，是老复兴区居民的生活及娱乐区域所在。项目集成了历史悠久的沿街低层楼宇与背后高楼大厦林立的城市脉络。

此番更迭，将一个更多元、更开放的生活方式呈现于眼前。通过记忆、社交、情感联动周边。成为更汇聚、更活力的地标。这种汇聚，是人与人之间的交流，亦是场地本身与周边环境的交互动态的对话，场地更新过程中对地域文化的适应、融洽，不急于界定清晰的边界，使呈现出的场地与环境更和谐。带来的不仅是一个充满活力与激情的新型生活场所，更是老邯郸人民回忆载体的纽带。

我们大胆地采用水这一元素作为项目的灵感源头，因为我们的先民自封禅赵国起就逐水而居，水系是城市的血管，而邯郸这座五朝首府的母亲河就是一条半人工的运河——滏水。

我们将城市历史上的运河文化，注入今日的更新设计里。低调的水面是设计的底色，将思绪拉回过往的温情岁月，唤起邯郸人静静流淌的母亲河记忆。

项目自我评价：

在城市更新背景下，做社区友好型建筑项目很难，但云樾天著做到了，以商业为吸引载体，以社区文化、艺术为基本主题来设计生活美学体验空间，不只是将项目带回了社区“中心”，更是将记忆带回了大众“心中”。

项目经济技术指标：

该项目红线面积10299平方米，铺装面积为9145平方米，水景面积409平方米，绿化面积3900平方米。

[E]

[F]

[C]

[G]

[D]

情感的载体

这是一场有温度的更新，
每个人都可以找寻美好记忆，
获得归属感。

[H]

[I]

[H] 项目实景图
[I] 项目实景图
[J] 项目实景图
[K] 项目实景图
[L] 项目实景图

生态的重塑

通过生态营造，工业遗址与风景的关系变得密切。

[J]
[K]

[L]

合景美的·美云合府

设计单位：杭州木杉景观设计有限责任公司
委托单位：合景泰富地产/美的地产
施工单位：华苑园林有限公司
主创姓名：陈维珺
成员姓名：陶瑞彬、陈俊豪、张梦丽、
李立、汪海波、周彬、
戴洁、周杰、张婷
设计时间：2019.07
建成时间：2020.05
项目地点：浙江宁波鄞州区
项目规模：2550平方米
项目类别：地产景观

[A]

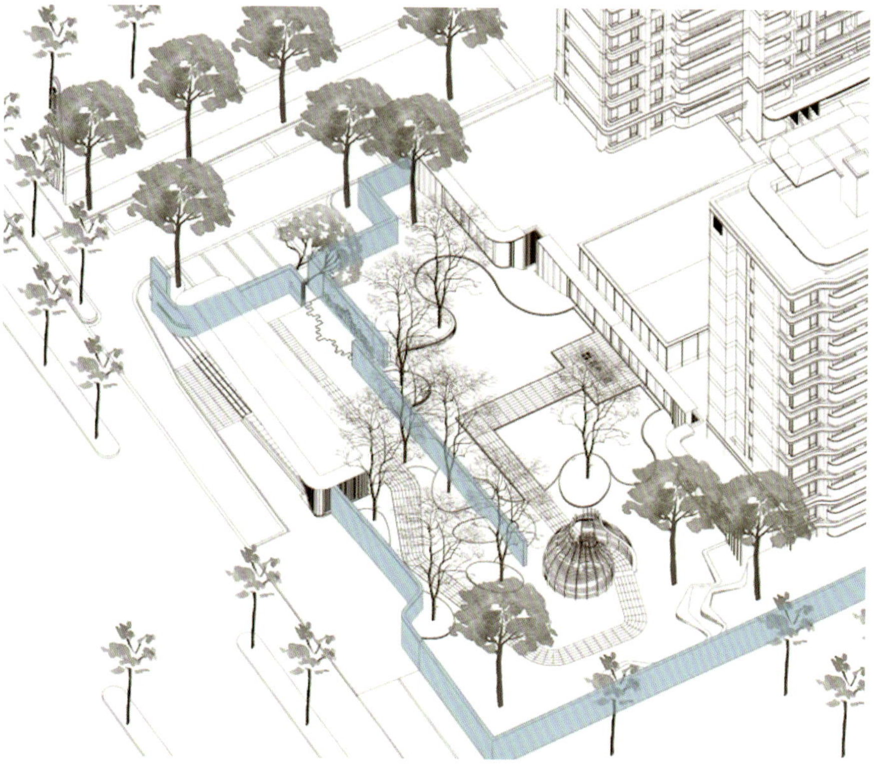

[B]

图例 | LEGEND

1 精神堡垒
2 生态停区
3 斗转星移（构架）
4 市政界面
5 北斗指引（景墙）
6 园路
7 乘风破浪
8 特色景墙
9 阳光草坪
10 灵动海岸（阶梯灌木）
11 梦幻海螺（廊架）
12 星海礼序（迎宾水景）
13 流光之墙
14 海港之岛（绿岛）
15 跌水景观
16 售楼部入口
17 样板房通道
18 奇幻大海（枯山水）
19 特色树
20 围挡

[A] 方案鸟瞰图
[B] 项目平面图
[C] 项目实景图
[D] 项目实景图
[E] 项目实景图
[F] 项目实景图
[G] 项目实景图

设计说明：

本项目坐落于浙江省宁波市鄞州区陈婆渡东地段。距离鄞州区第一观星圣地15.5千米。宁波，一座海运城市，海洋文化是宁波永恒的主题。依托于其独特的自然资源，设计师利用星辰之境为人群打造了一个梦幻空间，在这个场地中，人群将会展开一场奇幻的寻梦之旅，寻找一处温馨的栖息之地；在这个方案中，我们摒弃了传统示范区的做法，根据开普勒定律，提取星轨，采取椭圆曲线形态，结合科技手法，打造近在眼前的斗转星移，通过星光的流动记录下时间、宇宙与人之间的关系，营造一个集互动、艺术、科技于一体的空间。整个空间结合项目主题打造星迹装置门头、海螺构架、趣味海浪景墙等，人们可在此处进行多样性探索互动，唤醒人群对星辰大海的想象……美云合府，从城市与自然、时间与空间出发，通过材料、灯光、植物、颜色等多元素打造星辰与大海，这些要素将最终作为项目设计的亮点展现给大众，在星辰相伴、大海指引的道路上，一步一步引领我们，走向那诗意的未来……

[E]

[F]

项目自我评价：

项目入口门头旋转装置、海螺构架、趣味海浪景墙等首次采用原创设计，并结合了具有当地特色的星海主题。在材料和工艺方面，采用了质感涂料等新型材料，在海螺和门头装置的设计上加入了声光电技术，营造一个集互动、艺术、科技于一体的空间，为景观未来的多样性提供了可能。

[C]

[G]

[D]

项目经济技术指标：

景观面积：2550平方米；

绿化面积：1294平方米；

绿化率：50.7%。

绿城·徐州诚园

设计单位：MPG摩高景观设计
委托单位：徐州绿城尚润置业发展有限公司
施工单位：杭州亮景市政园林工程有限公司
主创姓名：罗佳
成员姓名：王舒楠、曹晨俐、吴永清、张淑娟
设计时间：2019.12—2020.03
建成时间：2020.06
项目地点：江苏省徐州市鼓楼区
占地面积：58000平方米
项目类别：地产景观

[A]

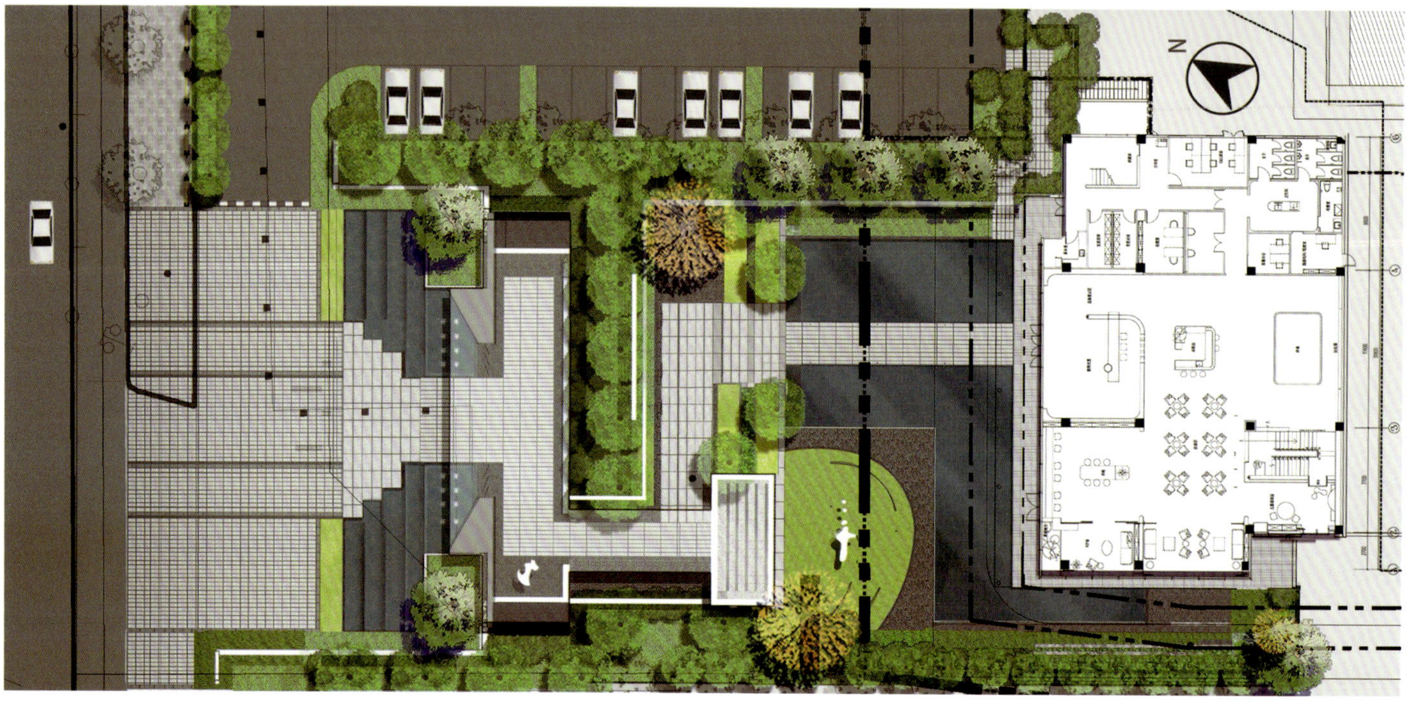

[B]

[A] 项目鸟瞰图
[B] 方案平面图
[C] 项目实景图
[D] 项目实景图
[E] 项目实景图
[F] 项目实景图

设计说明：

本项目位于江苏徐州，设计中结合徐州民俗文化中的剪纸艺术，用景观语言将现代与传统艺术融为一体。剪纸艺术具有极高的艺术与人文价值，设计从剪纸中提取灵感，以“光影森林”为设计主题，通过讲述鹿与光影的故事，结合艺术装置带来的光影与形态的变化，将人们引入一座精致、优雅的光影艺术馆。

[D]
[E]

项目自我评价：

以现代为表、古典为里、艺术为魂，提炼徐州民俗文化中的剪纸元素，以精致、简洁、内敛的现代风格为载体，将民俗文化与现代艺术融于示范区内，在城市中打造一处精致体验与人文结合的奢雅之所。

[C]

[F]

项目经济技术指标：

建设用地面积：78499.8平方米；
红线内总景观面积：57843平方米；
示范区景观面积：2500平方米。

杭州龙湖滨江天街

设计单位：三尚国际（香港）有限公司
委托单位：杭州龙湖房地产开发有限公司
施工单位：棕榈园林股份有限公司
主创姓名：秦超
成员姓名：黄福文、林东仪
设计时间：2014年3月—2017年 5月
建成时间：2016年10月—2017年9月
项目地点：杭州滨江
项目规模：38089平方米
项目类别：地产园林商业类

[A]

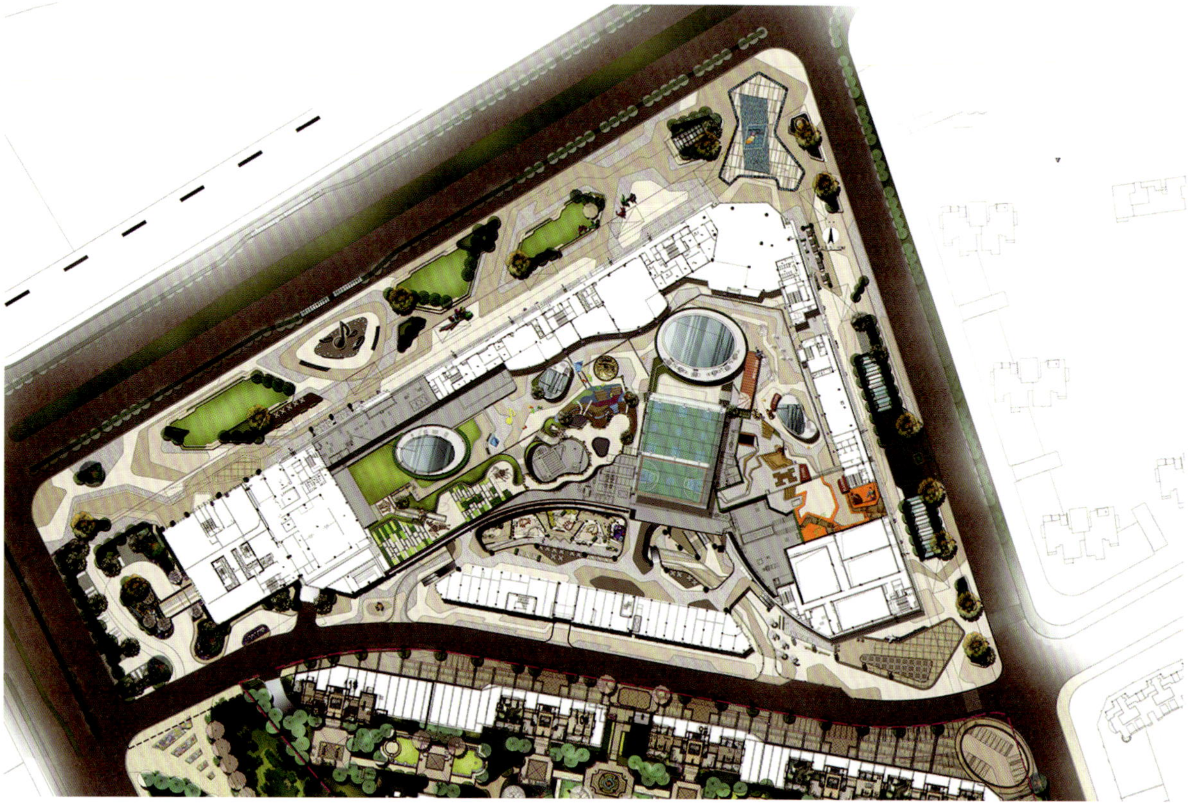
[B]

[A] 实景鸟瞰图
[B] 项目总平面图
[C] 项目实景图
[D] 项目实景图
[E] 项目实景图
[F] 项目实景图

[D]
[E]

项目背景介绍：

地面地铁站的开工时间晚于商业街的开放时间，大面积的商业广场未完工，唯一可以促进商业氛围的场地在6层屋顶花园上，运营主体是以美式街头篮球和“苏荷”建筑立面情景化为主的强IP店铺。甲方提供的客群研究：“90后”将成为未来的消费主体，深度自我、情景化的场景优于符号化的呈现，喜欢更具有鲜明特点的消费体验。

“90后”将成为消费主体，互联网碎片化记忆和场景深深影响了他们对消费的需求，商业地产或许迎来了场景IP化的革命，IP化和跨界多元形成的特色场景充满了矛盾和冲突，独树一帜却又极具价值内涵，或将成为购物中心创新和变革的方向！

设计说明：

实际商业6层的屋顶花园到处充满了机器设备、排水沟、商业顶棚的平台，从常规的设计手法出发，将非常难利用。设计师在场地空间分析上对机器设备区实行了分层研究，通过分层覆盖、分层外露和局部遮挡等分层处理，化解场地的局限性！

在主题分析上：依据场地过于狭长、不规则和美式“苏荷”建筑立面，设计师从街区的源头试图找出街区发展的本质，研究了美式SOHO街区的源头——曾经的欧洲街道如“马踏方石”的街区尺度形成了整个欧洲文化街区的持续魅力，而如今这些老旧的街道，如

[C]

[F]

涂鸦、青少年运动、艺术展、跳蚤市集、天空音乐会等街区，形成了独特活力的街区，而天街里我们依据了“90后”客群形成了“苏荷街”“洛克公园”“涂鸦艺术区”“树洞乐园”和“天空农场”5大碎片化、情景化区块，独具匠心的专属的“空间IP”涵盖街头文化、运动、社交，形成艺术、活力和历史的融合，为购物中心提供了独树一帜却又极具价值内涵的印记。

龙湖融信·天琅府

设计单位：杭州木杉景观设计有限责任公司
委托单位：龙湖集团、融信集团
施工单位：鑫盛园林
主创姓名：林松松
成员姓名：陶瑞彬、JONO、戴洁、周杰、葛佳楠、吕莎、李白伟健
设计时间：2019.05
建成时间：2020.05
项目地点：浙江省杭州市萧山区
项目规模：3430平方米
项目类别：地产景观

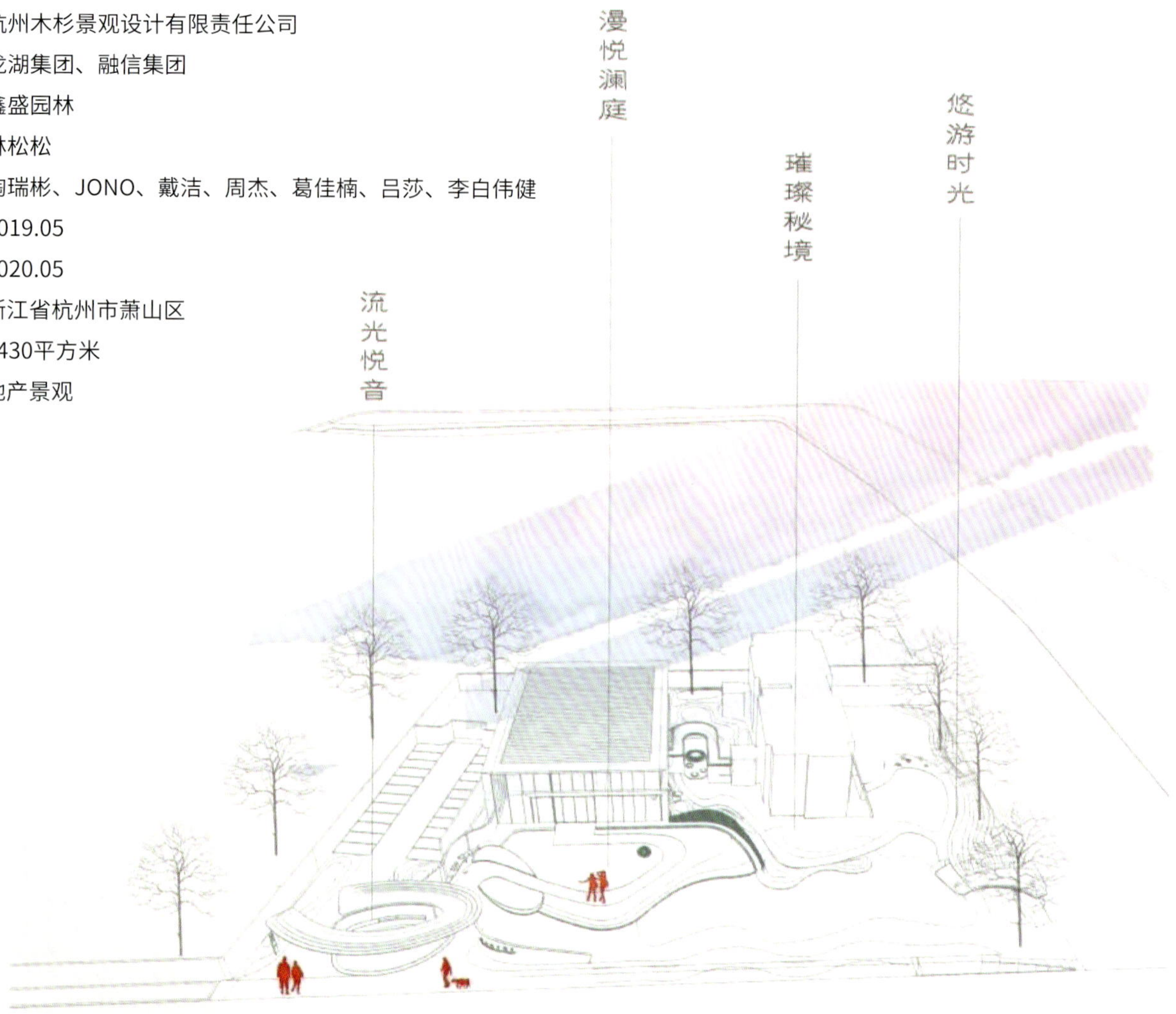

[A]

[A] 方案鸟瞰图
[B] 项目平面图
[C] 项目实景图
[D] 项目实景图
[E] 项目实景图
[F] 项目实景图
[G] 项目实景图

[B]

图例/LEGEND

1/ 入口平台
2/ 比翼钻的微笑
3/ 入口水景空间
4/ 停车区域
5/ 景观种植池
6/ 参观园路
7/ 微笑钻石
8/ 特色平台
9/ 售楼中心
10/ 璀璨谧境
11/ 样板房
12/ 密林幽径
13/ 水上包厢
14/ 观赏草坪
15/ 克拉之园
16/ 植物组团
17/ 亲水平台
18/ 景观滨水

设计说明：

本设计位于浙江省北部萧山，在充分分析场周围环境的基础上，尊重场地现状，对部分区域进行绿化景观提升。项目定位品质高雅，灵感来源于“钻石”，代表着精心打造，至臻至纯的高品质。整个示范区以钻石的语言述说着自己的成长历程，而设计师如同打磨钻石的匠人，对整个场地进行精心雕饰。项目给予美好定义，赋予艺术的重新解构，融入关于时尚的新注解，示范区外部以一抹“微笑曲线”与天际相连，如一缕随风飘扬的丝带在墙上翩然起舞。根据场地的需求，我们思考如何利用景观充分有效地契合场地为场地注入灵魂，在景观打造中我们考虑塑造多层次空间主题景观贯穿全场，融入自然的亲水体验，结合自然曲线的水景与天然景观的河道，打造一个多变的景观界面。以悦音—悦动—悦味—悦享—悦游为主线。入口构架犹如微小钻石切割的过程，精雕细琢。入口格栅的效果，展现光与影微妙的层次变化，同时入口处特色流水景墙的设置，将迎客的氛围烘托得恰如其分。售楼处前场，作为点睛的主题艺术品雕塑，立于镜面水景之上，如一颗璀璨的钻石，光芒闪耀。穿过室内建筑，进入另一个场景，映入眼帘的是曲线的景观构架与砂石区的钻石艺术装置，夜幕降临，犹如一颗颗璀璨的钻石。钻石通过精心设计打磨才能璀璨绽放，示范区也是如此。通过钻石的细节融入，再到细节推敲，才能绽放出属于自己独一无二的光彩。

项目自我评价：

在本次设计中，设计师采用理念元素与实际场地结合的方式致力于原创景观，在有限的成本预算中打造优质景观，利用朴质的施工工艺材料结合独特的施工手法，在场地中融入弧形景墙、主题艺术雕塑、钻石艺术装置等主题景观，对整个场地精心打磨。最终效果完美呈现，赢得三方人员一致赞美！

[D]

[E]

[F]

[C]

[G]

项目经济技术指标：

景观面积：3430平方米；

绿地率：30%；

绿化率：40%。

天津泽信·公园御府

设计单位：上海万境景观规划设计有限公司
委托单位：北京泽信控股集团有限公司
施工单位：北京碧海怡景园林绿化有限公司
设计时间：2019
建成时间：2020
项目地点：天津市北辰区辰柳路
项目规模：3535平方米
项目类别：地产景观

[A]

[B]

[A] 方案平面图
[B] 项目鸟瞰图
[C] 项目实景图
[D] 项目实景图
[E] 项目实景图
[F] 项目实景图

设计说明：

项目位于天津市北辰区，周边拥有成熟的生活配套设施。设计以一片叶子的旅程为灵感来源，采用现代风格设计手法。设计是从屋顶开始的，我们最初试图用象征性的设计语言，与历史环境搭建联系，设想一个晶莹剔透的水滴，静静地融入这条弯弯曲曲无穷无尽的长河。但随着叙事的渐渐展开，悄悄衍生出隐喻的多义性。在景观设计师的眼里，建筑与周边环境融为一体，它是落入海洋的水滴泛起的层层涟漪。

示范区布局上将水滴形斜向置入场地，不仅拉长了城市界面到入口的动线，而且使水滴形更加直观地展现在眼前。深远的檐口出挑和大面积的玻璃应用，呈现出一个无方向性的漂浮屋盖，伴着摇曳的树影，呈现出迷人的宁静。建筑没有明确的主入口，只在前端用三根裸露的斜撑木柱界定了入口空间，木柱的截面尺寸与周围的树干相仿，在视觉上更易融入环境当中，屋面的漂浮感进一步增强。从前场进入展示空间之前，会先进入一个被压低的檐下过渡空间，继而逐渐步入被光笼罩着的叶子形天窗下方。

项目自我评价：

项目位于弯弯曲曲的永定河支流边一片一望无际的草地中，外部场所没有明确的界定，建筑与场所的关系是油然而生的漂浮感，景观延续建筑的外形，最大程度地保证景观与建筑相互融合。

[C]

[D]

[E]

[F]

项目经济技术指标：

该项目红线面积3535平方米，铺装面积为1172平方米，水景面积170平方米，绿化面积1763平方米。

景观与建筑的融合

在景观设计师的眼里，
建筑与周边环境融为一体。

[G]

[H]

[G] 项目实景图
[H] 项目实景图
[I] 项目实景图
[J] 项目实景图
[K] 项目实景图

叶子的旅程

设计以一片叶子的旅程为灵感来源，
与环境搭建联系，用设计来讲故事。

[I]
[J]

[K]

深圳中海·汇德理

设计单位：深圳伯立森景观规划设计有限公司
业主单位：中海地产集团
施工单位：深圳市彩瑞园艺有限公司
主创姓名：朱小松
设计团队：深圳伯立森景观规划设计有限公司设计五所
设计时间：2020.01
建成时间：2020.03
项目地点：广东省深圳市
项目规模：1320平方米
项目类别：地产景观（示范区）

[A] 方案平面图
[B] 项目实景图
[C] 项目实景图
[D] 项目实景图
[E] 项目实景图

设计说明：

展示区入口处延续现代简洁的设计风格，大胆且大量利用挑空设计，悬空增加空间进深感，既赋予外立面流动感的线条，又呈现出简洁大气的迎宾场景，构造林韵悠悠的归家礼序。

[A]

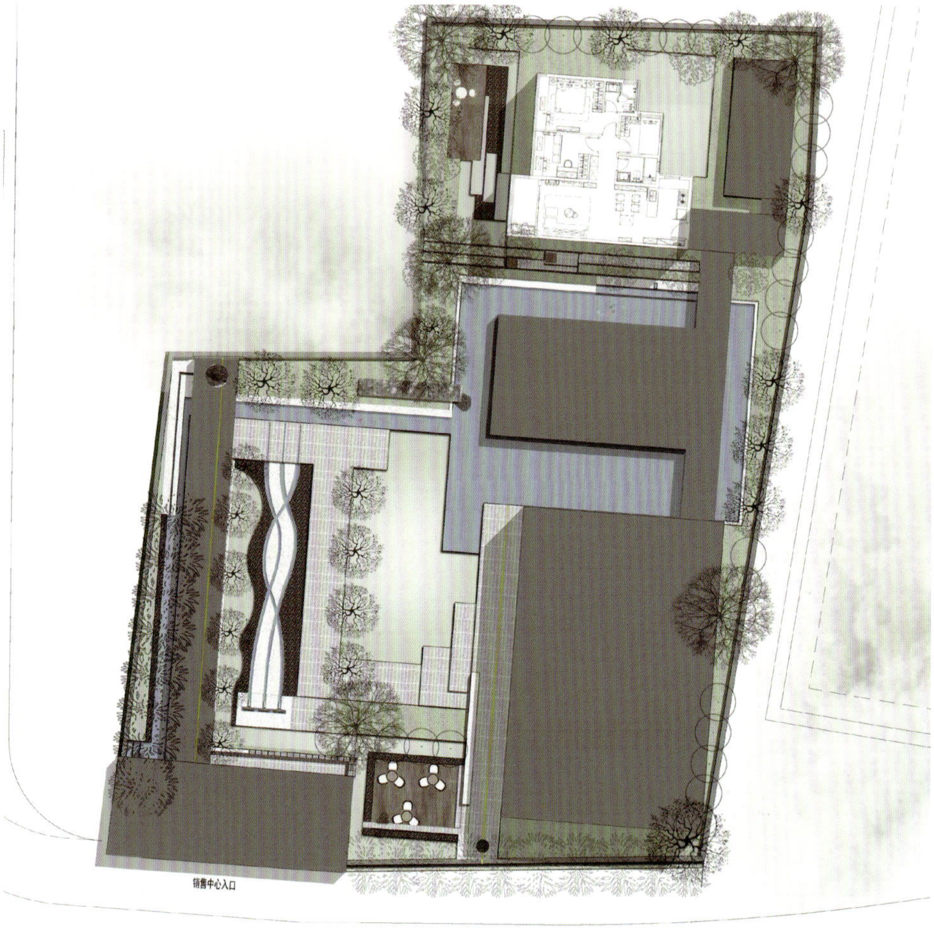

[B]

[C]

[D]

[E]

礼序迎宾，打造入门后的第二重尊贵之气，且随光影一层一层递进。半遮半挡的玻璃砖入口景观，引导人们随光前行，内心沉淀下来，过滤一切外界繁杂，回到私享的宁静港湾。

穿过时光隧道，喧嚣逐渐消逝，转眼间却是一个如梦境般空灵的艺术花园。大面积植物、禅意水景、悬空设计、树杈书屋等元素巧妙结合，让营销中心犹如悬浮在湖面的一座时光咖啡屋，体验悠悠慢时光。

项目自我评价：

城市的快节奏给我们施加了太多的紧张情绪，经过前期多轮的反复推敲，设计师想要借中海·汇德理项目，溯源生活中最本真的需求，用纯粹的设计精神，以自然本真的状态去塑造一处恬静的城市休闲时光馆，于一片喧哗中聆听内心的声音。

项目经济技术指标：

总占地面积：1320平方米；
道路、广场：494平方米；
水体：184平方米；
园林建筑：360平方米；
停车场：222平方米。

泰国清迈觅苑美学社区

设计单位：成都麓客创意设计有限公司
主创姓名：王东
成员姓名：徐露、李若水、钟贤、王颖
项目地点：泰国清迈
项目规模：160亩
项目风格：东方美学

[A]

[B]

[A] 方案平面图
[B] 项目鸟瞰图
[C] 项目实景图
[D] 项目实景图
[E] 项目实景图
[F] 项目实景图
[G] 项目实景图

中国四合院，世界性文化 IP：

中国有句古话叫“落叶归根”，身处泰国的华人都是中华儿女，血脉相连。青瓦白墙的模样，喧闹悠远的历史仿佛就在眼前。成都麓客创意设计有限公司创始人、造园美学家王东借力了“中国四合院”这一强大的世界性文化IP，借助它与生俱来的民族信仰，在人们心中有着鲜活的生命力，规划打造了泰国清迈的四合院——清迈觅苑美学社区。

本项目位于泰国清迈，毗邻清迈梅州高尔夫球场，总占地面积20万平方米，有天然湖泊、热带果园、酒店和公园，那真是“明月别枝惊鹊，清风半夜鸣蝉”般的田园风光!

[D]

[E]

园林景观，彰显至高东方美学：

抬眼望门后围墙内的世界，室内园林、水景、顽石、古树、曲径凉亭……处处风景美不胜收，围墙虚、空、透、漏，探奇、寻幽、婉转曲折、峰回路转，似有似无，好像一道天然的屏障，分割仙境与现实。磨砂的质感让人的心情不由得跌宕起伏，别致的洞府融入其中，栩栩如生的盆栽假山又添上了逼真浓郁的一笔，似是山水之间自然形成的景致。

[C]

[F]

[G]

美学拥有四个审美层次：艳俗、含蓄、矫情、病态。而含蓄美和矫情美之间的审美层次是大众审美的最佳欣赏点。太高，曲高和寡，太小众；过低，虽流行但品质感有所损失。设计师凭借自己几十年的艺术造诣，仔细拿捏着，将家在园中、园在家中，静谧雅致、生态居所，谈笑有鸿儒、往来无白丁，亲自然、近自然、多自然，矫情的心、矫情的美等生活理念融入园林景观的设计当中。

南京宋都·柏悦府

设计单位：贝尔高林国际（香港）有限公司
委托单位：宋都集团
施工单位：上海棕榈生态城镇开放有限公司
主创姓名：温颜洁
成员姓名：ROBERTO JR.CAYKEP FORTALEZA、华欣、蒋梦滢
设计时间：2019.05
建成时间：2020.03
项目地点：南京市板桥新城新湖大道与华兴大街交会处
项目规模：5900平方米
项目类别：示范区

[A]

[B]

设计说明：

南京宋都·柏悦府项目中，示范区景观延伸至大区景观，将自然与艺术相结合，景观与自然之间产生了奇妙的融合效应。

园区中的人工装置与环境、植物巧妙兼容，仿佛本身便是自然中理所当然的一部分，人们行走在园区中，既可以享受绿植环绕，又可以与科技相伴，生活也在这场均衡景观的搭配中舒缓起来。

[A] 项目实拍图
[B] 总平面图
[C] 项目实拍图
[D] 项目实拍图
[E] 项目实拍图
[F] 项目实拍图
[G] 项目实拍图
[H] 项目实拍图

[C]

[D]

[G]

[H]

[E] [F]

保利美的·云筑

设计单位：上海阿特贝尔景观规划设计有限公司
委托单位：美的置业
施工单位：浙江其士园林建设工程有限公司
主创姓名：郭婵
成员姓名：何高峰、柳美霞、林智伟、林幼月、李志强
设计时间：2019.11
建成时间：2020.06
项目地点：江西省南昌市青云谱区南莲路
项目规模：3436平方米
项目类别：示范区

[A] 项目实景图
[B] 总平面图
[C] 项目实景图
[D] 项目实景图
[E] 项目实景图
[F] 项目实景图
[G] 项目实景图

[A]

[B]

设计说明：

项目位于“物华天宝，人杰地灵”之地——南昌，临近八大山人梅景区，悠久的历史承载着复杂多元的生活之态，城市更新日新月异，我们希望美的·云筑不仅能展现未来科技感，也能不着痕迹地带出地域韵味，营造一种充满想象又似曾相识的未来云端生活空间。

我们认为住宅不纯粹是文化和精神的载体，更应该关注这些实际使用问题：什么样的场所？吸引什么样的人？产生什么样的互动？营建怎样的生活氛围？因此，带着这些思考，在云筑项目的设计过程中，我们将美的置业集团“科技尽善，生活尽美”这一企业DNA植入其中，通过现代感的外景、金属材质的运用、灯光互动、智能感应及声控系统的运用，打造充满现代感、科技感、互动性、智能化的未来生活馆，使得“科技、生活、未来”这一主题从始至终贯穿其中，实现景观建筑一体化，室内、灯光设计联动，VI视觉设计同步，协作共生，造就科技云端生活2.0。

[C]

[D]

项目自我评价：

云筑不仅是未来科技生活体验馆，也是一座光影迷宫，它在色调上是纯净的，在体验上是舒适的。我们希望通过智能云端科技展示未来智慧生活，互动景观设计，让人、自然、景观和科技融为一体，实现虚拟与现实的无缝对接，成为“科技诗意化”景观。

[E]

[F]

[G]

项目经济技术指标：

该项目总体面积：4052平方米；
总体景观面积约：3436平方米；
红线内景观面积：1564平方米；
红线外景观面积：1873平方米；
建筑占地面积约：616平方米。

建业驻马店·滨河珑府展示区

设计单位：深圳市致道景观设计有限公司
委托单位：驻马店建丰置业有限公司
施工单位：河南厚德景观园林工程有限公司
主创姓名：徐辰
成员姓名：程志浩、屈昭军、李莘、骆文婷、张明明、覃作仕、叶苑兰
设计时间：2020.03
建成时间：2020.07
项目地点：河南省驻马店市驿城区
项目规模：3662.44平方米
项目类别：地产景观（示范区）

注释：
01. 入口集散
02. 标识矮墙
03. 拾级台阶
04. 景观围挡
05. 造型树
06. 特色水纹
07. 景观雕塑
08. 售楼入口

[A] 方案平面图
[B] 实景平面图
[C] 实景鸟瞰图

设计说明：

建业驻马店·滨河珑府项目展示区南侧毗邻练江河，拥有一个极佳的景观视野，但同时整体前场留给设计的空间极为有限，如何以小含大，以近望远，是设计考虑的首要问题。

设计以“折山·叠水”为思路，体验“小空间”里的“大视界”。将山水以现代化的形式浓缩在方寸之间，感受现代美学的魅力。同时追溯一些传统造园的影子，对景、框景、藏与露等造景手法，构建了一方开阔明朗的山水图景——着山水于方寸间，于心境之开阔明朗。

展示区的形象设计：“折山”层层造型绿化结合折线的入口流线空间，错落有致且拾级而上。“叠水”园路台阶、层叠的水景、造型的绿化、装饰的卵石带，几者相互交织融合，或宽或窄，或虚或实。进入叠水间，主题雕塑“交织”是整个展示区的点睛之笔。细节上相互搭接交错。既传承了传统建筑榫卯结构的搭接之意，更多地呈现了现代美学艺术的构成之美。整体色调干净而纯粹，水面和阳光交相辉映，与池底的山水纹路形成独有的光影变化，耐人寻味。让人在这个空间里看光影交叠、静听万物。

整个展示区旨在点亮练江之畔，成为一道风景线，层层叠叠的绿化和水景呈现层层叠叠的灯光，远远勾勒出折山、叠水之形，呈现空间纯粹而有感染力的观感。

[B]

[C]

[D]

[E]

项目经济技术指标：

总体面积：57008.214平方米；

展示区面积：3662.44平方米；

展示区建筑面积：1062.44平方米；

展示区景观面积：2600平方米。

[D] 项目实景图
[E] 项目实景图
[F] 项目实景图
[G] 项目实景图
[H] 项目实景图
[I] 项目实景图

[F]

[G]

项目自我评价：

建业驻马店·滨河珑府展示区在十分有限的场地内寻找空间的体验变化，感受折线艺术。独特的景观主题元素“叠水”“折山”应用在设计之中，通过现代手法演绎新生活景观。展示区设计分为三区：开阔前场区、仪式过渡区、精致水景区，针对三进空间的序列变化，植物配置上也进行了周全的考虑，打造层层递进的景观感受。

[H]

[I]

沈阳龙湖椿山示范区

设计单位：青岛厚德景观规划设计有限公司
委托单位：沈阳嘉永置业有限公司
施工单位：沈阳艺锦园林工程有限公司
团队成员：安晓华、栾玉龙、黄巨祥、李晓宁、付航
设计时间：2020.03
建成时间：2020.07
项目地点：辽宁省沈阳市
项目规模：6799.5平方米
项目类别：地产景观

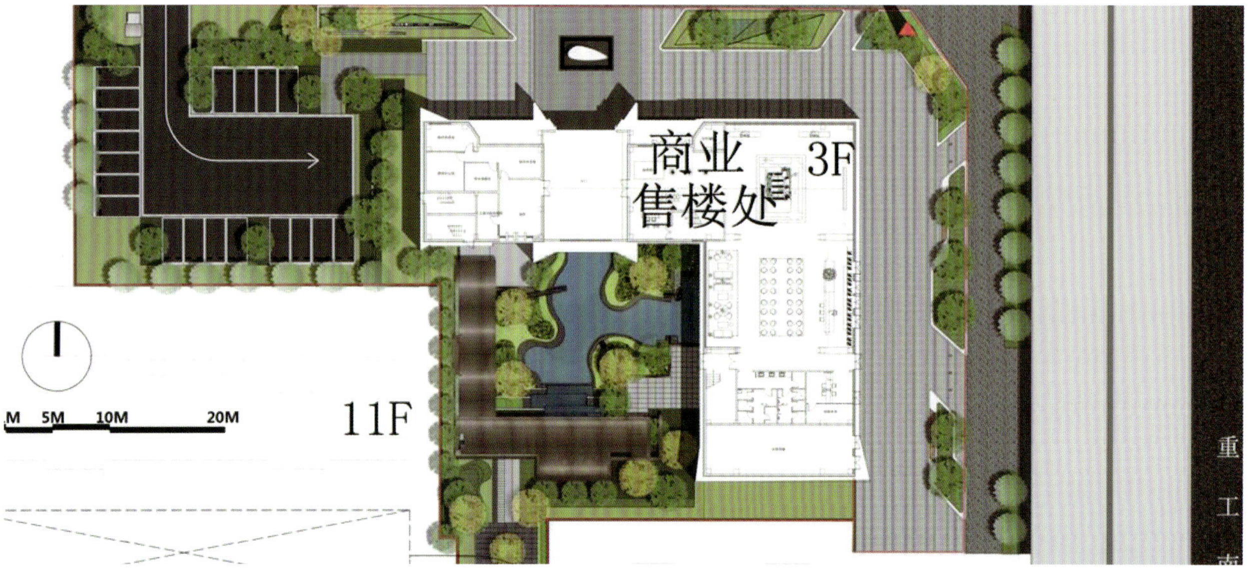

[A]

[B]

[A] 方案总平图
[B] 项目实景图
[C] 项目实景图
[D] 项目实景图
[E] 项目实景图
[F] 项目实景图

设计说明：

示范区位于园区东北角，以后将作为永久的社区庭院。项目主体建筑采用现代的构成手法去做单纯的几何拼接与尺度对比，建筑形体极具视觉冲击力。

设计以大隐隐于市，以当代艺术审美为出发点，以现代为表，自然为里，文化艺术为魂。

营造一个集自然、文化、艺术为一体的生活空间，赋旧城新生。

项目自我评价：

完美地处理项目与城市之间的关系，鲜明地展现项目的形象特质，艺术馆珍藏式庭院景观，仿佛生活在艺术馆当中，当艺术走进生活时，生活也就充满了灵气和生动。大隐于市，是热爱生活者的修行。

项目经济技术指标：

示范区面积：6799.5平方米；

示范区红线内面积：6321.2平方米；

示范区景观面积：5231.8平方米；

示范区红线内景观面积：4753.5平方米；

示范区建筑基底面积：1567.7平方米；

样板院面积：186.8平方米。

[C]

[D]

[E]

[F]

正定雅居乐·御宾府

设计单位：广州瑞华建筑设计院有限公司

委托单位：雅居乐地产

施工单位：广州市雅玥园林工程有限公司

主创姓名：任峙东、胡双喜

成员姓名：黄静娜、刘存、黄逸清、叶志灿、罗伟琛、伍琳清、陈剑波、吴祝良、邵建勋、林伟娜

设计时间：2019.08

建成时间：2019.12

项目地点：河北省石家庄市正定县恒阳路

项目规模：3000平方米

项目类别：地产景观—示范区

[A]

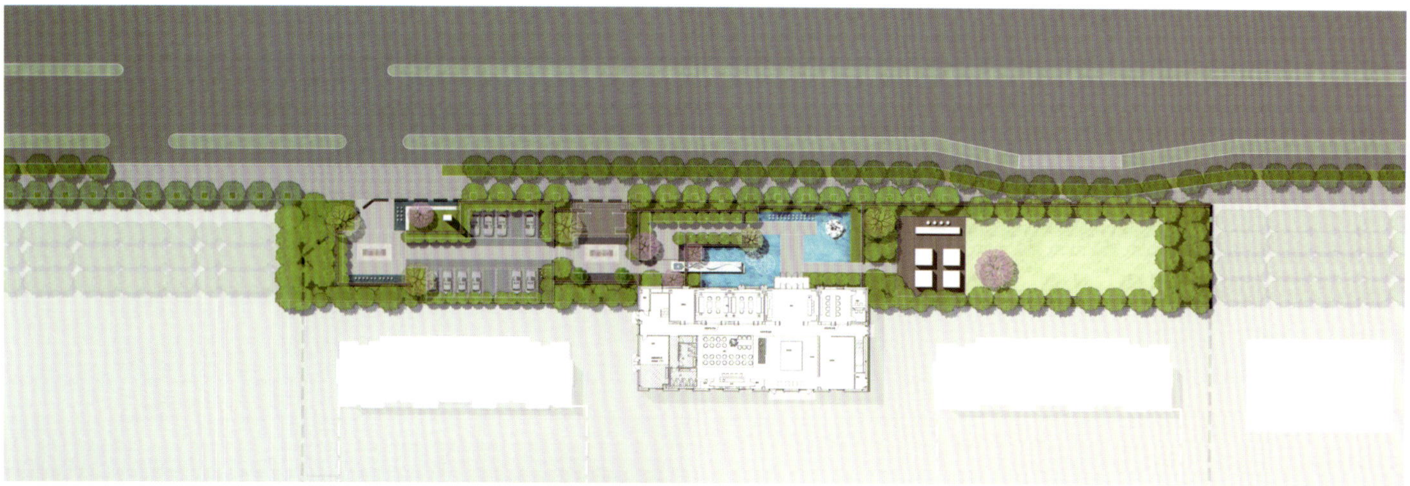

[B]

[C]

[A] 项目实景图
[B] 方案平面图
[C] 项目实景图
[D] 项目实景图
[E] 项目实景图
[F] 项目实景图

[D]

设计说明：

在正定雅居乐·御宾府中，提炼“海棠”为元素发散演绎，赋予景观文化内涵，以东方礼制书写当代生活，以现代语言回应传统文化，古典与现代无缝契合，厚载尊贵气质。

设计以“秘境寻花，玉棠悦居”为故事主题，以“静待花开、仪门礼序、海棠邀月、清泉砚台、林荫幽静、玉堂花开、枕石如梦”七大文化节点进行串联，通过苑、门、庭、台、巷、堂、院体验“七进”空间，在找寻“海棠”的行径中领略神秘唯美之境。

作为示范区第一印象，礼序门第揭开礼仪居所之帷幕。半遮半掩，且不失暧昧，含蓄内敛，引人欲一探究竟。

步入中庭，借一扇门扉、几株海棠，只为与这不谙世事的高墙勾勒一抹“海棠邀月”。对景景墙上，以圆代月，海棠古画镶嵌其中，体现极富“意”与“韵”的现代东方韵味。

几经折转，渐入佳境，沉稳庄重的“书门卷气”砚台映入眼帘，传承并演变着正定书院文化，无不彰显着在地人文的场所精神。

循迹前行，穿过林荫，豁然开朗，一方水院，涌泉叮咚，薄雾氤氲，海棠盛开。

设计师以海棠花雕塑作为点睛之笔，基底光面的中国黑水池中，四朵抽象线性的海棠花瓣跌落于水中荡起涟漪，以诗意的方式将主题落地。夜色降临，灯火阑珊，花瓣初现，美轮美奂。

生活的诗意，就在家门口的方寸之间。

[E]

项目自我评价：

穿梭园中，近三千平方米的展示空间里，每个节点呈现出不同的视觉冲击力，在曲径通幽中有不期而遇的惊喜，空间整齐且细节丰富。七进院落布局，层层递进，以小见大，由入口一路忆花、寻花至售楼部广场水景，豁然开朗，海棠绽放，悦然如见。

项目经济技术指标：

红线内用地面积：49693平方米，景观面积：40053平方米（含示范区），容积率：2，绿地率：0.4。

[F]

[G]

[H]

[I]

[J]

[G] 项目实景图
[H] 项目实景图
[I] 项目实景图
[J] 项目实景图

[K]

[L]

[M]

[K] 项目实景图
[L] 项目实景图
[M] 项目实景图

佛山雅居乐·新地

设计单位：广州瑞华建筑设计院有限公司
委托单位：雅居乐地产
施工单位：广州市雅玥园林工程有限公司
主创姓名：任峙东、胡双喜
成员姓名：黄静娜、刘存、陈宝江、伍琳清、吴祝良、林爱国、宋志勇
设计时间：2018.11
建成时间：2019.08
项目地点：广东省佛山市南海区
项目规模：35336.8平方米
项目类别：私权景观-地产景观·示范区

设计说明：

在示范区网红撞脸、空间烦琐造作的设计下，佛山·雅居乐新地以“极简”姿态呈现至高视觉震撼力，激活一番空间留白、空灵质朴的极致景象。场所看似简单，却饱含“少即是多”的设计初衷。筑造纯粹简洁空间，营造自然栖居环境，让人们回归本真生活，在繁忙中珍惜宁静，于留白中倾听诗意。

项目经济技术指标：

该红线内用地面积：35336.8平方米，景观面积：41161平方米（含示范区）。

[A]

[B]

[C]

[D]

[E]

[F]

[G]

设计说明：

佛山 · 雅居乐新地示范区设计为现代极简风格，将直线与块面进行艺术结合。场地划分为示范区前广场和样板展示后场两部分。

前场界面完全打开，直线设计语言与建筑风格相呼应，平行带状草地及层级台地构筑整体空间，沉稳深灰色铺地跳跃其间，空间维度横向延展，清爽克制却不失张扬震撼。

橙色系“陀螺”主题雕塑点亮黑、白、灰、绿的素雅格调，直线与曲线的对比、冷色与暖色的碰撞，空间充满戏剧的色彩又兼具直白与隐喻的和谐。场所看似简单，却饱含“少即是多”的设计初衷，以空间为舞台装载情感、故事、体验，即“无为”生“有为”。

从前场随性留白的戏剧舞台转入后场草长莺飞的自然之境，轻松雀跃模式瞬间开启。

设计从造景到造境、从刻意到诗意、从理性到理想。干净利索地参观园路，其余空间毫无保留地交给绿色，样板房置身于绿意盎然中。

嫩绿的黄连翘、火红的朱蕉还有星点紫色的细叶雪茄花……弧形优美的缤纷花境勾勒出大小不一、自由流淌的草坪。层次丰富的植物组团沿着花境布置，疏密有致、高低错落。鸡蛋花、细叶紫薇花朵落入碧绿的草丛中，浪漫且诗意。在狭小的后场空间里，感受绚丽色彩的热烈和谐，感受四方天地的无尽宽广。

[A] 项目实景图
[B] 项目实景图
[C] 项目平面图
[D] 项目实景图
[E] 项目实景图
[F] 项目实景图
[G] 项目实景图

[H]

[H] 项目实景图
[I] 项目实景图
[J] 项目鸟瞰图
[K] 项目鸟瞰图
[L] 项目实景图
[M] 项目实景图
[N] 项目实景图

[I] [J]

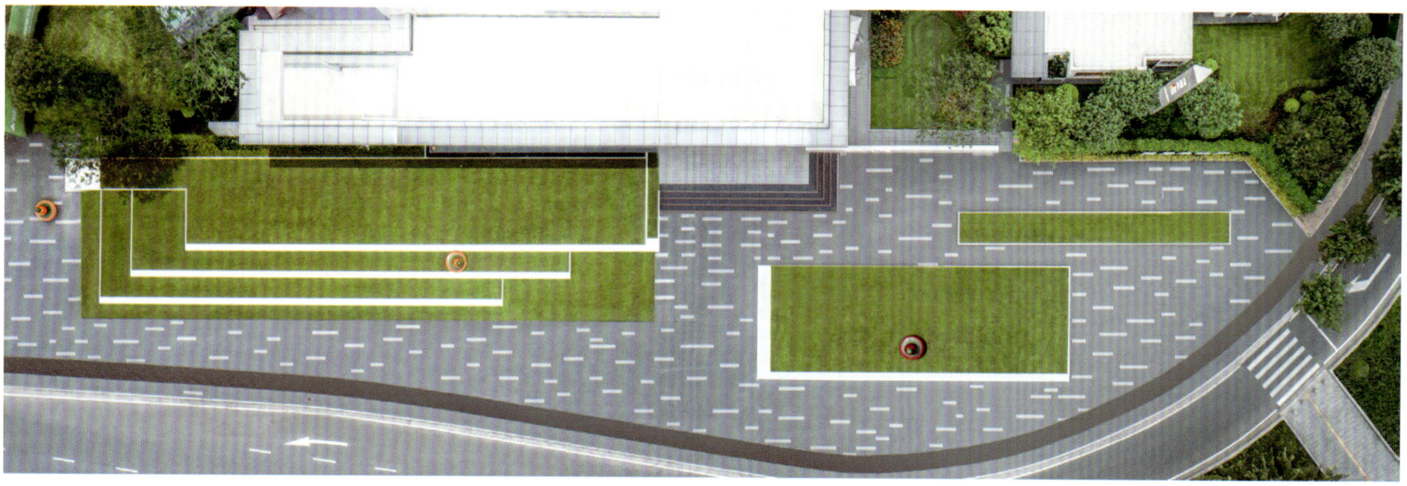

[K]

[L]

[M]

[N]

昆明中国铁建山语桃源

设计单位：贝尔高林国际（香港）有限公司
委托单位：中国铁建集团
施工单位：重庆睿和泰园林有限公司
主创姓名：温颜洁
成员姓名：PISUN MUKDAWIJIT、何沁、刘吴青、黄摄秒
设计时间：2019.04
建成时间：2019.12
项目地点：昆明市呈贡区锦绣大街与梁王路交会处
项目类别：示范区

[A] 总平面图
[B] 项目实景图
[C] 项目实景图
[D] 项目实景图
[E] 项目实景图
[F] 项目实景图
[G] 项目实景图
[H] 项目实景图

[A]

设计说明：

项目将塑造一个室外住宅空间与小区大环境山体地势相融合的沉浸式景观体验空间，通过高台地式布局分层取景，借景自然，打造看得见风景的房间。示范区从“花城”昆明的自然风光中提取灵感，将云南八景的意境融入脉络肌理，并从云南特有的梯田风光中提炼了曲意舒展的线条，强调夏水如碧的昆明印象，令隐匿的山水桃源里，水光交融，花团锦簇，一草一木，皆成风景。

[B]

[C]

[D]

[E]

[F]

[G]

[H]

长沙梅溪湖祥源森林之光示范区

设计单位：安徽祥融园林有限公司
委托单位：祥源控股有限责任集团
施工单位：安徽祥融园林有限公司
主创姓名：董功余
成员姓名：杨磊、高文婧、胡芳、徐勇
设计时间：2020.02
建成时间：2020.05
项目地点：长沙市梅溪湖
项目规模：6300平方米
项目类别：地产景观

[A] 方案模型图
[B] 项目平面图
[C] 项目实景图
[D] 项目实景图
[E] 项目实景图
[F] 项目实景图
[G] 项目实景图
[H] 项目实景图

[A]

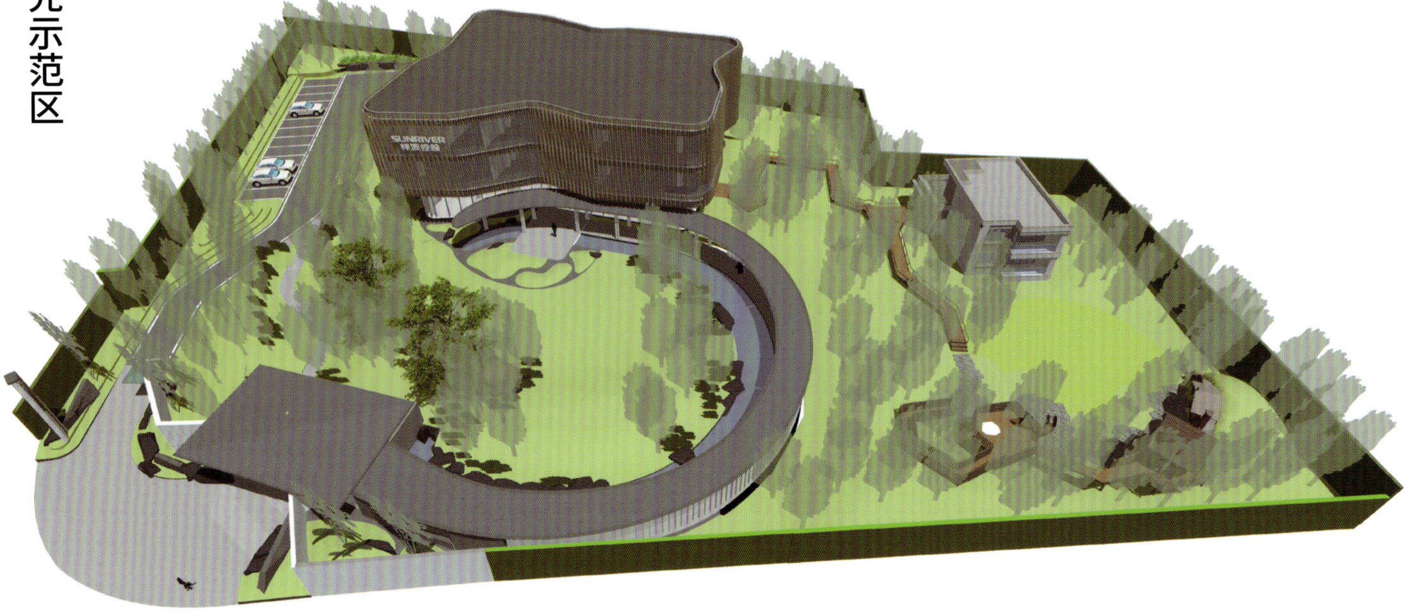

[B]

[C]

设计说明：

梅溪湖森林之光紧邻象鼻窝森林公园，森林公园占地5200亩，其中特色项目包含楠木园、心经大道、自由家树屋、诗地公园、自然教育基地等，未来将打造基于森林自然资源和旅游服务形成的以静心为主题的高端森林康养旅游区、以创新为内核的森林公园、全国研学旅行教育示范基地及独具“两型”特色的轻投入、重创新的文旅新极。

项目目前作为示范区使用，后期是象鼻窝森林公园的游客服务中心。项目通过向山而行，探秘森林。水镜物语，林间问月营造野奢的体验感受并以“森林、精灵、阳光”为关键词引出一场优雅的“森居”秀场。森林为伴，进可极尽城市繁盛，退可与山林无界交流。整个项目是以森林舞曲的寻光之旅为主题，分为五个主要空间。云之林——青林出现进入森林前的云雾弥漫，森林开始展现在眼前，开始了森林之光的探秘。水之林——芳谷听泉充满生机孕育万物的潺潺溪水，随溪而下看到处处美景。花之林——疏影留香森林之下的花草，散发着香气让人清新自然，森林的味道总是那么沁人心脾。光之林——光影幻景破晓时林梢的曙光洒在斑驳的草地之上。梦之林——精灵森林枝丫跳跃的精灵，梦幻的霍比特人小屋。

[F]
[G]

[D]
[E]

[H]

项目自我评价：

整个项目依托场地周边的森林资源，借用森林背景与场地内空间形式整体，使得场地的空间感变大。以森林+奢居为景观主题，通过水杉林、溪水、花草、山石、光影营造自然生态的空间氛围，借助鸟语花香、木秀虫鸣让人体验到回归原始的轻松。入口山门、光影长廊、花香溪谷、林间栈道、精灵花园五大空间打造特色的体验动线。

项目经济技术指标：

项目占地面积6900平方米，景观面积6300平方米，软硬比：7：3，单方成本850元/平方米。

宣城桃花源

设计单位：浙江青坤麦肯景观设计有限公司
委托单位：宣城海嘉蓝城置业有限公司
施工单位：宁波雅苑园林工程有限公司
设计时间：2019.03
建成时间：2019.06
项目地点：安徽省宣城市
项目规模：199996.00平方米
项目类别：地产景观示范区

[A]

[B]

[A] 方案平面图
[B] 项目鸟瞰图
[C] 项目实景图
[D] 项目实景图
[E] 项目实景图
[F] 项目实景图
[G] 项目实景图

[C]

[D]

设计说明：

用历史赋予的千年古韵，开启淡然雅致的精致生活。

蓝、绿城中式的由来，缘起于那抹萦绕在国人心中的情景："盛夏纳凉，隆冬戏雪，暮春望雨落，秋时追光影。"这样的情景恰恰是蓝、绿城思考和追求的，如何在物质层面上实现精神的回归。

宣城桃花源，地处宣城宛陵湖景区南侧。以苏州古典园林为蓝本，采用内向布局形式，以水面为中心环绕，结合前场展示区景观相结合的部分内向，部分外向的布局。既丰富了后场山水庭院景观布局的精彩，又保证前场有景可赏。在意境营造中，最直观的表现便是将古宣城十景的诗中描绘的景象恰当地赋予园中的亭、榭等营造的景象，使之成为宣城桃花源意蕴深远又独一无二的存在。

每个中国人的心中都有一处桃花源。在五柳先生陶渊明的梦里，有这样一个地方，"芳草鲜美落英缤纷土地平旷，屋舍俨然"。拙政园、留园、网师园、沧浪亭……一座座苏州园林的出现，犹如"无声诗立体画"，假山洞壑匠心独具，一草一木别有风韵彻底圆梦——这是中国人对居住的最高梦想、中华文明对于居住的最高理解，每个人心中永恒的家园。

项目自我评价：

宣城历史上有先后有600名诗人在宣城留下25000多首古诗，因此具有"宣城自古诗人地"的美称，加上宣城自古以来得天独厚的自然环境，也就形成了诗意盎然的"宣城十景"。以古宣州十景为景观设计纽带，借力宣城千年的诗词文化，辅以传统苏式园林的造园手法，使园林景观各具意境，亭台楼阁各有其名，打造宣城独一无二的古韵大宅。汲取江南传统大院精髓，延续地脉历史和人文情怀，将自然景观引入园中，融入里弄文化、坊巷形制，营造藏于宛陵湖畔的江南隽秀。

[F]

[E]

[G]

项目经济技术指标：

该项目占地面积199996.00平方米，绿地率30%，示范区面积3236平方米。

青岛莱西天泰·天泰城

设计单位：上海万境景观规划设计有限公司
委托单位：青岛天泰集团股份有限公司
施工单位：青岛鸿郎园林绿化工程有限公司
设计时间：2020
建成时间：2020
项目地点：山东省青岛市莱西市北京东路
项目规模：6750平方米
项目类别：地产景观

[A]

[B]

[A] 方案平面图
[B] 项目鸟瞰图
[C] 项目实景图
[D] 项目实景图
[E] 项目实景图
[F] 项目实景图

[D]
[E]

设计说明：

我们要创造有情绪和温度的亲子场地；以感受带动销售的沉浸式体验；弱化了人为符号的景观场景。

整体建筑退距市政局30米，隐藏于浓密的绿化屏障之后，且绿化带苗木不可移栽。在被动的前场条件之下，设计打破常规的设计思维，摒弃人工痕迹，尊重并充分利用现状林带，进行少量的修剪和整理，呈现出林木的自然状态，反而呈现出返璞归真的本真场景，形成了代入感很强的，林中的童话村定妆照。

穿越林带，建筑的近人空间打造景观叠水，依然希望在人行动线中有细腻的景观体验，植入动物IP形象打造故事化场景，通过售楼处入口特别化设计，自然引入到室内空间。

后场内庭院是未来幼儿园的活动场地，秉承趣味性，不拆改原则，场地以假草皮地坪和趣味雕塑为主。三面落地玻璃使视线聚焦，需要一处兼顾多个视角的景观爆点。

三棵乌桕撑起场地的林荫空间，打造中心灵鹿雕塑，形成舞台剧版的IP场景，结合天空之环构架，层级地形，以及雾森的设计，营造出森林深处遇见精灵的神秘感。

项目自我评价：

在高频的城市节奏中，清新的大自然充满着吸引力，而温暖的亲子空间往往让我们忘记了时间。当两者不期而遇时，我们希望营造出一个纯净、纯粹、纯享的沉浸式场地，温柔而有力地呈现故事场景和亮点。走进这里，慢下来，感受生活和属于家的时光……

[C]

[F]

项目经济技术指标：

该项目红线面积6750平方米，铺装面积为1030平方米，水景面积141平方米，绿化面积1896平方米。

南京东原·锦绣樾江府

设计单位：笛东规划设计（北京）股份有限公司
委托单位：东原集团
成员姓名：郭文才、张莹、孟德明、吴昊、张国方、刘宇星
设计时间：2019.08
建成时间：2020.05
项目地点：南京
项目规模：7100平方米
项目类别：地产景观
项目摄影：Chill Shine 丘文三映

[A]

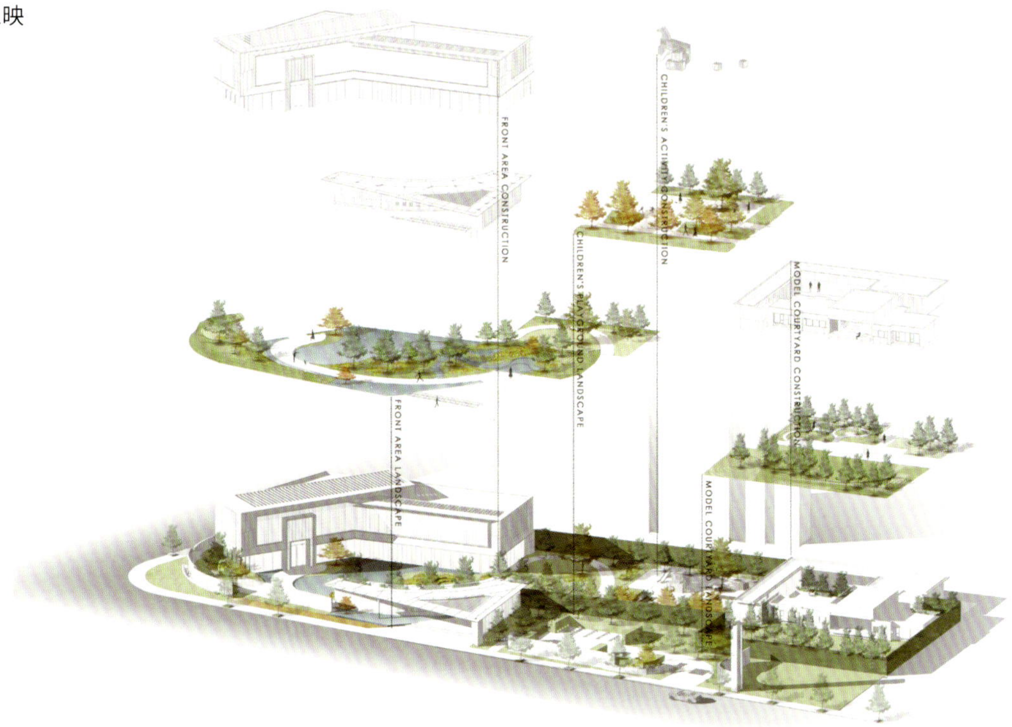

[A] 方案鸟瞰图
[B] 项目平面图
[C] 项目实景图
[D] 项目实景图
[E] 项目实景图
[F] 项目实景图
[G] 项目实景图
[H] 项目实景图
[I] 项目实景图
[J] 项目实景图
[K] 项目实景图

[B]

01 弧形景墙
02 尊享停车场
03 示范区入口
04 观景挑台
05 跌水景观
06 浮桥
07 阳光草坪
08 童梦童享
09 艺术连廊
10 观赏中庭
11 共法间
12 HUB空间
13 样板间

[C]

设计说明：

基地概况

项目位于江苏省南京市浦口区中部地区。距南京市区车程约一小时，距浦口站6.8千米，距南京站20千米，距禄口机场车程一小时，距石塘路地铁站（规划中）1.2千米。项目地块目前正处于开发阶段，周边配套较不完善。

建筑与景观联手基地周边大面积待开发荒地及工厂，自然基底不佳。通过景观弱化不利因素，营造高品质空间。

[D]

[E]

[F]

[G]

[H]

用取景框构建美学对话

空间流动起来，每一步转换都能带来不同的景象。山水环绕，林木葱葱，打造游走山林湖溪般的体验空间。

[I]

[J]

[K]

苏州融创金融商务广场

设计单位：贝尔高林国际（香港）有限公司
委托单位：苏高新集团、融创中国
施工单位：仁和园林工程公司
主创姓名：谭伟业
成员姓名：CATHERINE SORITA ORDONEZ、张蒙
设计时间：2018.02
建成时间：2019.08
项目地点：南京市栖霞区电建路与熙溪路交会处
项目规模：6900平方米
项目类别：示范区

[A]

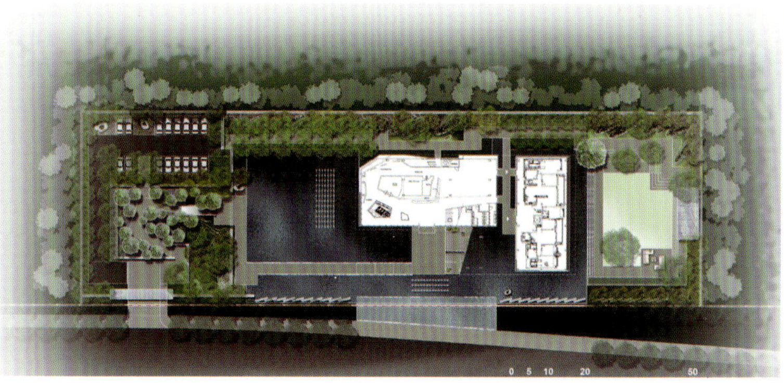

[B]

[A] 总平面图
[B] 项目平面图
[C] 透视鸟瞰模型
[D] 项目实景图
[E] 项目实景图
[F] 项目实景图
[G] 项目实景图
[H] 项目实景图
[I] 项目实景图

[C]

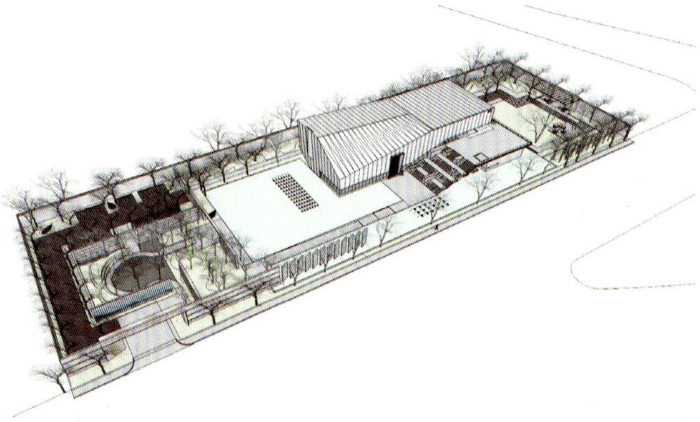

设计说明：

顺应建筑的别致构造，示范区的景观设计融汇当代东方主义美学观，采用硬朗的线条拉长空间的深度，以建筑、景观、室内共同构筑一个低调奢华而静谧的场所，唤醒东方文化在世界性语言中回归，仰承姑苏文化脉流，为苏州礼献一座当代系人文小区。

[D]

[E]

[G]

[H]

[F]

[I]

济南绿城·明月风荷

设计单位：浙江绿城爱境景观规划设计有限公司
委托单位：济南泉意置业有限公司
施工单位：浙江中泰景观工程有限公司
设计成员：郑永鑫、褚健、操东、周欣、季禹、
林令军、何云飞、李海波、夏菲菲
设计时间：2019.12
建成时间：2020.06
项目地点：山东省济南市历城区全福街道北园大街
项目规模：6836平方米
项目类别：地产示范区

[A]

[B]

[C]

[D]

[E]

[F]

[G]

设计说明：

项目地处济南城市老城区，较小的场地空间，给设计带来了很大的挑战：既要避免对城市环境造成割裂和破坏，同时又得保证未来展示区在项目交付之后能够形成对周边社区环境产生积极影响的市政公园定位，实现高性能的城市景观。

设计团队决定以“转换”为设计出发点，建构于城市气质之上的流动之“意”贯穿景观设计之中，最终实现了明月风荷示范区的完美意境呈现，如流水之行板、城市之荷韵仙境。

项目自我评价：

如果说建筑用低调内敛的语言传递高级居住体验，那么景观则是这高级体验中最生动的一环。我们极力创造一个没有棱角、充满律动感的景观环境，宛如那经冬不冻的流泉，成就这个城市一脉相承的温润气象。使用者的需求融入设计，打造时尚、浪漫、活力的公共空间。

项目经济技术指标：

该项目设计用地面积6836平方米，建筑面积为532平方米，景观面积6304平方米，绿化率35%。

[A] 项目实景图
[B] 项目鸟瞰图
[C] 方案平面图
[D] 项目实景图
[E] 项目实景图
[F] 项目实景图
[G] 项目实景图

沈阳融创·吉雅达

设计单位：深圳伯立森景观规划设计有限公司
业主单位：融创地产集团
施工单位：沈阳风景园林股份有限公司
主创姓名：朱小松
设计团队：深圳伯立森景观规划设计有限公司设计一所
设计时间：2019
建成时间：2020
项目地点：辽宁省葫芦岛市
项目规模：12648.4平方米
项目类别：地产景观（示范区）

[A] 方案平面图
[B] 项目实景图
[C] 项目实景图
[D] 项目实景图
[E] 项目实景图

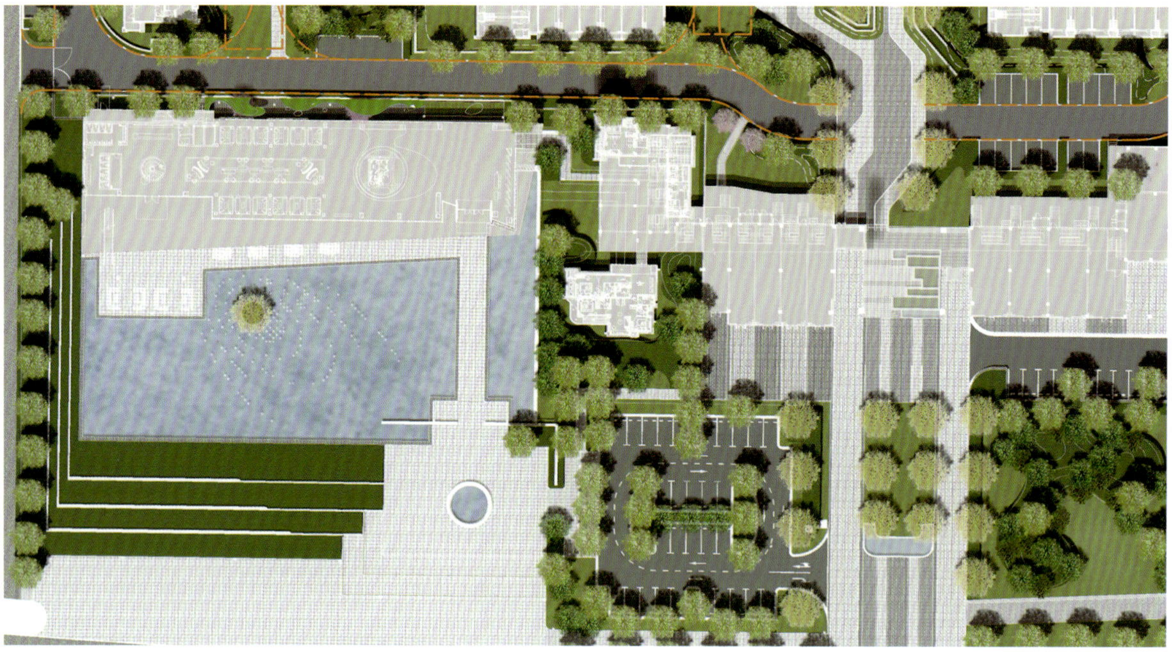

[A]

[B]

设计说明：

海岸延绵似断亦连，空间打造亦是如此。设计以引水为界的“圆形水钵”为视觉焦点，利用入口高差关系形成望山之景；同时设造影壁景墙，隔绝周围道路环境，拓展至市政绿化，来维持空间整体感。利用几何艺术体块增强线条感，空间简洁明了，营造现代时尚的居住氛围。

大面积静面水景、水中孤植与干净的玻璃幕墙的处理也让空间更加纯净，“观海”之旅由此开启。通过景观庭院相连，起承转合，一气呵成，仿佛置身山水之间。后场通过密林围合将视线收缩，影壁景墙半遮半掩，狭窄道路引导往前景，好奇前方又是何处？

[C]

[D]

[E]

项目自我评价：

曹操当年东临碣石，得以观沧海，才有独一的一首纯洁描述天然风景的作品《观沧海》。本案结合北戴河文化特色，以及古典参考文献，以“临石—乐岛—观海—芳林”四景为故事线，提出“临石可观海，入林以悠然”概念主题，营造当代的轻奢度假生活方式。

项目经济技术指标：

总占地面积：12648.4平方米；
道路、广场：3457.8平方米；
水体：2258.7平方米；
园林建筑：1680.5平方米；
停车场：1204.5平方米；
绿化率：32%。

南宁美的·悦江府

设计单位：WEDO/广州域道园林景观设计
委托单位：南宁市美嘉房地产开发有限公司
施工单位：广州华苑园林股份有限公司
主创姓名：柯方明
成员姓名：郑瑞标 、钟宇洋、刘敏杞、林焕珊
设计时间：2019.07
建成时间：2020.06
项目地点：南宁市青秀区桂海外环高速东侧、凤岭南路南侧
项目规模：5038平方米
项目类别：地产景观

[A]

[B]

[A] 方案平面图
[B] 项目鸟瞰图
[C] 项目实景图
[D] 项目实景图
[E] 项目实景图
[F] 项目实景图

设计说明：

项目位于广西壮族自治区南宁市青秀区，设计灵感来源于壮族独特的文化遗产“壮锦”，壮锦的图案构成大多以菱形为框架，中间织以各种花纹，设计以壮锦为语汇，从壮锦中提炼不同的特色图案，通过现代设计演绎表现在铺装、水景、座椅、雕塑等景观元素中。打造以“锦韵”为主题的户外生活美学体验馆。

[C]

迎宾界面打造具有仪式感的入口景观，以开放的形式描绘出门庭空间，整体景观极具层次感。大气、尊贵、精致的入口城市界面，影壁两侧排开，府门威严纵横，行入门厅，一方镜池映帘，涌泉翻动，水声潺潺，登门望府，踏过层层台阶，览阅处处雅致。追溯传统美学，愿寄心头，入境一探究竟。

[D]

景随步移，一汪清澈的池水映入眼帘，围绕泳池的是一周中式韵味的连廊，景观叠水延续泳池的边界线，隔着水幕观赏这一汪静水。

[E]

沿着连廊游览，在光影走廊的转角，乍现一处极具禅意的山水空间，设计以写意的手法塑造出异形池水与流畅的水中曲径，如一抹飞鸿掠水而泊，轻盈灵动，于光影中处处成景，演绎出现代人的东方情结和审美格调。

[F]

项目自我评价：

售楼部园林以礼序设计三进门庭归家礼制，贯穿于整条礼仪中轴线，将中国传统礼仪情怀融汇到社区景观体系打造之中，揭开庭院生活的层层序幕，完美展现中式府邸所追求的仪式感和私密感。

项目经济技术指标：

项目占地23684平方米，景观面积19068平方米，展示区景观面积7037平方米。

南宁悦桂绿地·新世界

设计单位：上海柏驰景观规划设计有限公司
委托单位：香港绿地广西公司
施工单位：上海绿地森茂园林工程有限公司
主创姓名：周勇
成员姓名：陈蓉、郑晓伟、王颖华、郝士铭、周勇
设计时间：2019.06
建成时间：2019.10
项目地点：广西南宁江南区
项目规模：6313.00平方米
项目类别：地产景观

[A]

[B]

[A] 方案平面图
[B] 项目鸟瞰图
[C] 项目实景图
[D] 项目实景图
[E] 项目实景图
[F] 项目实景图

设计说明：

触摸阳光雨露的城市客厅。

项目位于南宁市西南，距南宁吴圩机场5公里，处空港经济区、高教园区。地块主体东西宽100米，南北长68米，周边除有完善的教育体系外，其他基础配套很匮乏。所以对于这种状况我们希望项目本身来作为一种配套的存在方式。

设计中采用大量的水景，这个星球所特有的物质。水，一个暧昧的存在，可以温暖，可以亲近，可以浪漫，它形态万千，捉摸不透，却承载着我们关于生命所有的想象，爱就像水一样有着万千的形态，也许你触摸不到它，但它温柔地包围你，这也是设计师和香港绿地共同想要给到人们的未来温暖的爱。

平静的水面，它的镜面映射着天空，建筑，景观，天光云影在此共同徘徊，广场上的雾森逐渐模糊了现实与虚幻的界限，想象的空间在此慢慢膨胀，我们不去定义这个空间，把它交给场所里的人和物，空间不设定人做什么，而是提供场地，让人想去做什么。

项目自我评价：

景观的设计不应只停留在单一视觉方面，设计师在最初的设计中就希

[C]

[D]

[E]

[F]

冀设计能唤起人们不同的感官体验，调动视觉、嗅觉、听觉、触觉、感觉置身其中，倾听我们通过景观所叙述的故事，从不同维度去探索未知的空间，就如这浩瀚的宇宙，打破常规认知的维度，用心去感受这不一般的景观，万物归心本自然，处于城市喧嚣中流离失所的灵魂，终在这找到心灵的归处。

项目经济技术指标：

该项目占地面积6313.00平方米，景观面积为5433.00平方米，绿化率27%。

天津世茂·起雲湾

设计单位：天津市东林筑景景观规划设计有限公司

委托单位：世茂地产

施工单位：天津市清华轩园林景观工程有限公司

主创姓名：白明伟

成员姓名：韩毅、欧阳庆灏、周培、袁兆国、门士宁、银强、王英娟、刘庆茹、张玉婷、克永强、周畅

设计时间：2019.08

建成时间：2020.06

项目地点：天津市滨海新区中心渔港

项目规模：26100平方米

项目类别：地产景观

[A]

[B]

[A] 方案平面图

[B] 项目鸟瞰图

[C] 项目实景图

[D] 项目实景图

[E] 项目实景图

[F] 项目实景图

[G] 项目实景图

设计说明：

本项目以浪花为主题，设计灵感来源于一段美丽的故事。

平面构图由浪花卷曲的柔美曲线组合而成。主要分为入口前场、浪花剧场、儿童活动区、光庭四个区域。

入口前场由活动广场和镜面水景构成，采用曲线的构图形式及渔网发散的铺装分割设计，两面镜面水景映衬着主题建筑，水面中设置了三条抽象鱼雕塑，采用鳞片设计和建筑外檐相辅相成。

浪花剧场，是展示区的一个功能空间，在举办活动的时候提供2000平方米的剧场空间，设计中从视线角度出发，布置了看台和舞台的位置，在看台位置设置了贝壳张拉膜构筑物，在舞台区域北面有戏水池水景，利用高差关系和视线借景手法，观众坐在看台上观看舞台表演时，舞台后的戏水池能和远处的海面连接为一体，提供很好的视觉感受。儿童活动区的跑道滑梯，秋千和入口传声筒，主题座椅、攀爬岛、黑板墙、爬行洞，以及场地周边的戏水池等设施重点延续和突出了海洋主题。

光庭通过一条木栈道与沙滩相连，随着海面潮汐上升下降。其整体结构在一个趸船上。光庭和木栈桥是随着海面潮汐上升下降的，这样就解决了保证光庭和海面比例关系的问题。极其有限的顶板荷载难题。丰富的艺术互动装置，激活客群与场地的互动和对品质的认同。本项目本着为人民服务的要求，力求将使用者的需求融入设计，打造时尚、浪漫、活力的公共空间。

[E]

[F]

[C]

[G]

[D]

项目自我评价：

项目是沿海地块，在设计中将沿海地理优势和劣势结合，从材料及植物上选择更加适合的品类，在洸庭设计深化中结合海水潮汐落差变化设计洸庭趸船的设计理念，保证洸庭随海水潮汐变化整体外观比例不变，底部结构不外露。多次实验和现场考证最终完成了整个项目的设计和施工，成为新晋的网红打卡点。

项目经济技术指标：

该项目占地面积26100平方米，景观面积为25700平方米。

融创 · 济南烯谷国际中心

设计单位：北京源树景观规划设计事务所
委托单位：济南济高融建置业有限责任公司
施工单位：北京京林园林集团有限公司
主创姓名：张鹏
成员姓名：孟江月、梁庆、杜阳毅、朱宽、闫晓娇、尹苒、周璐璐
设计时间：2019.10
建成时间：2020.05
项目地点：济南市历城区世纪大道春秀路交叉口南
项目规模：8150平方米
项目类别：地产景观

[A]

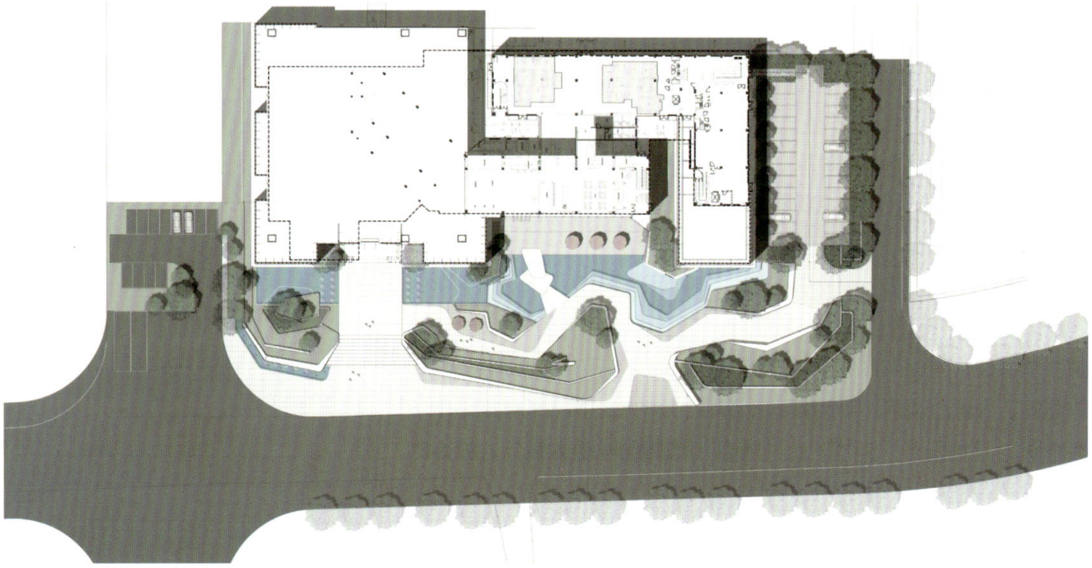

[B]

[C]

设计说明：

项目位于济南高新区孙村片区，隶属于济南高新东区。

我们从石墨烯的分子结构中获得设计灵感，提取其折线形态，设计以流畅延续而具有律动的折线语言描绘勾勒出未来梦想的形状，丰富细化设计形态，创造未来科技梦想栖居，以时尚简约的线条设计，营造新一代梦想栖居地。

通过对石墨烯元素的组合应用，将其应用于景观构图及三维空间中。将石墨烯元素的创意，以及石墨烯元素构成的序列感应用于本案例，且利用点、线、面、塑造空间美学，营造出富有律动美的现代景观空间。整个平面构图，是利用烯元素120°角进行空间的设计。由于场地的限制，曲线空间也更好地丰富了浏览动线，在一些空间的布局上进行了留白，在元素的利用上与建筑做到统一，同时也让整个空间充满灵动，保持空间的干净与舒适，整个空间和细节都以极简舒适为核心。

用艺术之笔，造梦想雅境。简约现代且富有韵律的空间表达，结合艺术的感知视角，营造现代美学，将有限的物理空间营造出无限的意境效果，让驻足者在此景观空间内，有一场视觉盛宴的同时，也有一场与自己的对话，让访者心境与环境合一，让景观空间传递情感，达到对未来梦想的情感共鸣。

[D]

[E]

[H]

[F]

[G]

[A] 方案平面图
[B] 项目鸟瞰图
[C] 项目实景图
[D] 项目实景图
[E] 项目实景图
[F] 项目实景图
[G] 项目实景图
[H] 项目实景图

雅居乐·津桥国际小镇示范区

设计单位：笛东规划设计（北京）股份有限公司
委托单位：天津雅逸房地产开发有限公司
施工单位：广州市雅玥园林工程有限公司
主创姓名：王婧
成员姓名：杨璐、鲍佳琪、张晨、刘双
设计时间：2019.04
建成时间：2019.09
项目地点：天津市宝坻区朝阳街道潮白河南岸津围线路西
项目规模：16007平方米
项目类别：综合楼盘
项目摄影：小花摄影

[A] 方案平面图
[B] 项目鸟瞰图
[C] 项目实景图
[D] 项目实景图
[E] 项目效果图
[F] 项目效果图
[G] 项目效果图

[A]

[B]

设计说明：

项目位于天津市宝坻区马家店综合经济功能区（潮南高铁新区），与宝坻新城区隔潮白新河对望。交通便利，配套设施完善。

我们始终坚守将展示区与“侨”文化进行景观意义上的串联，将文化属性转译为林、山、苑、田、庭的元素与景观融合，将最热切质朴的情怀投注到每一个设计细节里，全力打造京津冀地区最负盛名、最具活力、集展示、体验等功能于一体的示范区，续写家国情怀，共赴津侨之约。

形象入口设置精神堡垒及道旗灯，强调引导性与昭示性。主入口空间层层序列引导，使人卸下喧嚣与疲惫，踏入内心向往的世界。
流畅的水景空间将空间有机分割与结合，彼此穿透、相互流通，界面组织富有连续性和节奏感。后场空间打造一个纯粹的自然场地，阳光、树阵、草地、花香，穿行而过游赏空间让人们放慢脚步、放松心情。

项目自我评价：

本项目倾力打造的津侨国际小镇，将展示区与“侨”进行景观意义上的串联，营造林荫大道、性本丘山、疏影流光、长桥水庭等景观氛围，放下冗杂思绪，对景观做减法，回归最本质的需求，打造有情怀、有风情、有新奇、有温度的体验空间。

[C]

[D]

[E]

[F]

[G]

项目经济技术指标：

该项目展示区面积：20887平方米，展示区建筑面积：4880平方米，景观设计面积：16007平方米。

济宁新城吾悦首府

设计单位：上海泽柏景观设计有限公司
委托单位：新城控股
施工单位：上海建方景观工程有限公司
雕塑单位：上海评好装饰有限公司
主创姓名：鲍鲁泉
成员姓名：李关标、范红军、冯浩宁、吴佳露、张雅婷、李宗海、邱方兴、许文芳
设计时间：2019.08
建成时间：2020.04
项目地点：济宁市任城区运河路与京杭路交会处
项目规模：6920平方米
项目类别：地产景观

[A]

设计说明：

穿越千年，再续运河情。

济宁南达徐沛，北接汶泗，直通京畿，是京杭大运河中段的交通枢纽、水旱码头，素有“江北小苏州”之称。

以“筑王府奢境、品运河山水”作为场地的设计主题，在空间维度上，将运河文化与现代人居环境进行融合与重组，营造赏、品、问、居、修五种人生境界。期望在景观的引领下，通过文化理念的融入使得场地、人与文化的亲密关系得以呈现，在丰富的景观体验中探寻更多的空间变化与叙事可能。

设计将运河时期的码头、船只、门楼等要素移缩于入府门前的咫尺之地。行人穿梭于此，带着希望扬帆起航，夕阳西下之时，满载而归。抽象化的雕塑景观所表现出的高山流水、绿林仙境、渔舟唱晚等景象再现了古代码头上繁荣的生活场景。

[B]

[C]

[D]

如诗中所言“大舶夹双橹，中流鹅鹳鸣”，呈现于景墙之上的运河诗画再现了运河时期千帆林立的盛景。时空轮转，从入府门外繁忙而又生机勃勃的生活场景转而踏入志趣高雅的文人书画生活，在空间的递进与开合之间开启了故事性景观的营造。

[E]

砂石与绿意盎然的植物演绎出运河千变万化的形态，景观条石隐喻运河上络绎不绝的来往船只。烟波在江面弥漫，散布的景观灯似江火渔舟，在浩渺的水雾之中隐约闪动，构成一幅写意灵动的江山图景。

运河两岸植物郁郁葱葱，河上帆樯如云，激起层层涟漪。植物、砂石、琉璃灯等景观元素将彼时运河两岸的自然景观在现代语境中予以抽象化的呈现。

[F]

[G]

五重府邸、夏深绿锦亭台、抽象山水所营造出的禅意后场空间是画境体验的尾声。人们坐于墨亭之中，清风明月常伴左右，自然与艺术交汇的诗意空间蕴含着多层次的景观体验，清微淡雅的场地调性油然而生。

[H]

设计通过对未来理想生活场景的描摹，以景观特有的表达方式为人们创造出一处闲时可静思赏月的空间，一方探寻幽深梦境之地。

[A] 方案平面图
[B] 项目效果图
[C] 项目实景图
[D] 项目实景图
[E] 项目实景图
[F] 项目实景图
[G] 项目实景图
[H] 项目实景图

岳阳·保利堂悦

设计单位：广州市华誉景观工程设计有限公司
委托单位：湖南保利房地产开发有限公司
施工单位：湖南嘉美园林景观有限公司
主创姓名：ROGEN
成员姓名：赵宇玲、李成鹏、黎天桂、刘旺军、宋艳玲、周荃
设计时间：2020.01
建成时间：2020.06
项目地点：湖南省岳阳市岳阳楼区联港南路
项目规模：5958平方米
项目类别：居住区

[A]

[B]

[A] 方案平面图
[B] 项目鸟瞰图
[C] 项目实景图
[D] 项目实景图
[E] 项目实景图
[F] 项目实景图
[G] 项目实景图

设计说明：

堂前筑院 · 礼悦江山

岳阳，千年巴陵，其中最闻名的莫过于岳阳楼与洞庭湖，更有“洞庭天下水，岳阳天下楼”之美誉。场地与岳阳楼、岳阳文庙、洞庭湖遥相呼应，我们将岳阳自然历史文化引入场地，延续岳阳文脉……
设计上我们以《岳阳楼记》这个故事作为空间脉络，打造抑扬顿挫的空间感受，同时具体设计元素上我们也是提取榫卯结构，和洞庭湖风光来作为设计语言融入景墙、灯具设计等，加强了景观的趣味性和观赏性。

景观布局以“岳阳文庙”为切入点，取岳阳文庙三进空间格局，以“进门：登门望府”“前场：一进院落”“游园：二进院落”“后场：三进院落”的四进空间，将文庙低调内敛，内涵高雅，品位生活的气质引入场地，取《岳阳楼记》之景作空间体验。

项目自我评价：

在本次设计中，我们设计基于岳阳丰富的历史文化资源，回归本源，传承文脉，用内敛精致的笔触描绘自然，择洞庭湖、岳阳楼之景，引岳阳文庙之格局，呈现一个承载岳阳文化的理想之境的景观体验。

[E]

[F]

[C]

[G]

[D]

项目经济技术指标：

该项目展示区占地面积5958平方米，展示区建筑面积819平方米，展示区景观面积为5139平方米。

绿地徐州大吴运河小镇景观设计

设计单位：南京景和园林景观工程设计有限公司
委托单位：绿地集团江苏事业部
主创姓名：牛波
成员姓名：陈斌、戴潇、隆芳琴
设计时间：2018.09
建成时间：2019.09
项目地点：江苏徐州
项目规模：22070平方米
项目类别：地产景观

[A]

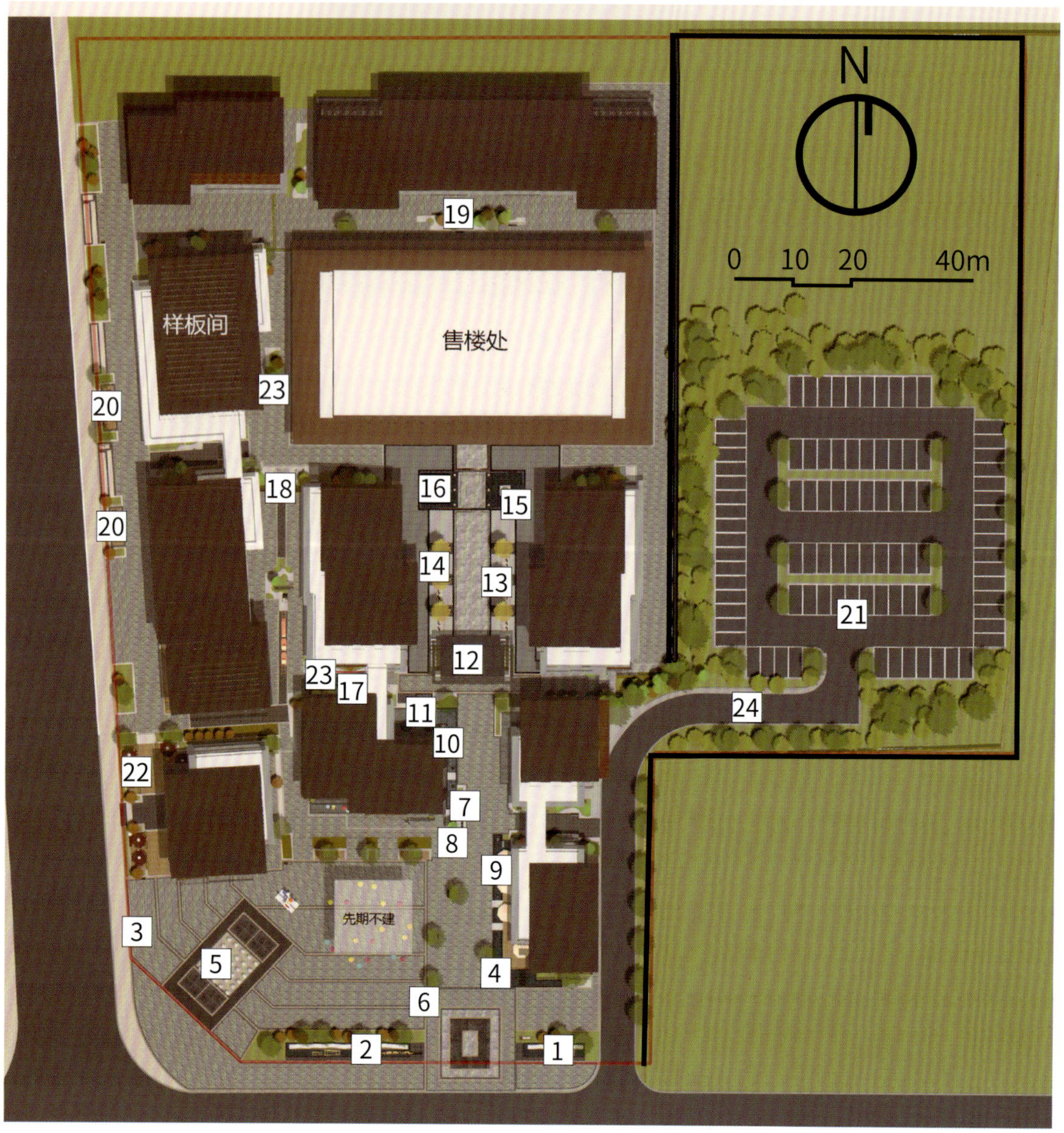

[B]

1 入口序列雕塑
2 入口标识
3 精神堡垒
4 水街水景
5 旱喷广场
6 树池坐凳
7 景墙
8 山石
9 飞桥
10 禅意灯具
11 流水小景
12 庭廊
13 林下空间
14 新中式休息座椅
15 中庭水景
16 陶罐雕塑
17 日式桥
18 日式门楼
19 火车轨道
20 休息平台
21 停车场
22 商业外摆平台
23 日式造景
24 人行通道

项目背景：

本项目位于徐州贾汪区的南大门大吴镇，通航大道与吴中路交会处，距市中心17公里，距潘安湖3.8公里，距京杭运河仅700米，地理位置优越，交通便利。

建筑风格与日本奈良有相似之处，又融入了中国江南小镇特有的水秀，奠定了小镇的整个风格走向。

[A] 项目实景图
[B] 方案平面图
[C] 项目实景图
[D] 项目实景图
[E] 项目实景图
[F] 项目实景图

[C]

[D]

[E]

设计说明：

景观设计从佛家禅学出发，取京杭运河“水”的文化元素，展现徐州在历史运河中云雾缥缈的城市特性；鉴于场地深厚的历史人文底蕴，以徐州的山水、人文气质和现代特色小镇等优势，为本案“禅”的景观主题注入灵感，礼承日式，承载山水，融楚汉气质之塑。

对禅意景观的理解不只是看和触，更是思和悟，当设计隐于环境中，景观和建筑互为依托，互相融合，在环境里琴瑟和鸣，才能彰显禅意景观的万宗归一，“禅”的质朴无瑕，回归本真的精神层面。

整体划分为入口前场、水街、中庭、日式街区、停车场五个部分，以“山、水、礼、禅、径”为景观元素串联场地，形成丰富自然的禅之境，打造一处摒弃城市喧嚣的世外桃源。

场景营造里，将禅学意境融入运河小镇的商业氛围中，与HOME+理念相结合，打造成诗情画意的宜居小镇。

项目自我评价：

想要完成这样的一个项目，设计师及现场施工人员仅有技术性的知识是远远不够的，还必须有高度的审美——静心领悟“禅”的宗教、哲学、美学观，再经过无数次的打磨锤炼之后让设计成为一种发自内心的无意识行为，才能将项目完美呈现在大家眼前，是值得大家的肯定的。

[F]

湘江保利时代示范区

设计单位：四川乐道景观设计有限公司

委托单位：湖南保利房地产开发有限公司

施工单位：重庆曲线景观园林有限公司

主创姓名：张彬

成员姓名：杨腾峰、曾天佑、王丹、易云宏、杨璐鹭、邹洪邦、温利梅、刘丽红、李永生、高荣红、邹丽君、刘婵、雷冬、粟凡粒

设计时间：2019.10

建成时间：2020.06

项目地点：湖南湘潭

项目规模：17372平方米

项目类别：地产景观

[A]

[B]

[A] 项目平面图
[B] 项目鸟瞰图
[C] 项目实景图
[D] 项目实景图
[E] 项目实景图
[F] 项目实景图

设计说明：

浪潮之上，湘水绵长，再塑东方自然之境。

湘江保利时代位于长沙湘江大湾区新城地块，东临湘江。在后期的城市规划中，本案例以商业街与湿地公园衔接口衔接着这片硬质与自然相互碰撞的城市空间，既作为展示区空间，也作为未来保利社区以及未来新城的窗口门户对外开放。

源于一湾湘江水的孕育，打造出了属于东方人文的时代浪潮，相比在这里构造令城市更加整洁的大片硬质景观，本案希望用生态方式唤醒一处生态型空间，将城市绿意引入未来保利社区乃至整个新城。

设计以融汇湘江水韵的变化场景为设计灵感，将水韵以抽象的形式表达，呈现流畅而灵动的流线空间，顺应景观路径走向重塑自然之势。同时融入湖南文化情感——凤凰元素，将人文生态归于方寸艺术，使空间犹如涌起的水浪，又如展开的凤凰羽翼，形成一部湘江水文化美学集的人文自然空间。

项目自我评价：

结合景观先行的设计理念，建筑布局与主干道适度控距，朝向湘江为延展城市展示界面预留空间，同时采用整体地形抬升，形成展示高差

[D]

[E]

[C]

[F]

进一步增强形象昭示性，凸显观江优势。同时于地形之上架起“浪桥”是对情感空间的维系，也是对设计范围的放大，体验多维度立体空间。浪潮之上，湘江保利时代以艺术的笔触描摹湘江水韵文脉，呈现出纯粹的江畔生活，于自然韵律中，促进自然与城市的衔接与共融。

项目经济技术指标：

该项目景观面积为17372平方米，硬景面积4858平方米，水景面积960平方米。

建业·共城东望

设计单位：笛东规划设计(北京)股份有限公司
委托单位：河南建业集团
施工单位：河南厚德园林景观工程有限公司
主创姓名：余润泽
成员姓名：郑果、周羽锋、朱鹏、韦寿东、艾仙、普秋丽
设计时间：2018.08
建成时间：2019.12
项目地点：河南新乡市辉县
项目规模：11600平方米
项目类别：住宅展示区
项目摄影：卢团伟

[A] 项目鸟瞰图
[B] 方案平面图
[C] 项目实景图
[D] 项目实景图
[E] 项目实景图
[F] 项目实景图

[A]

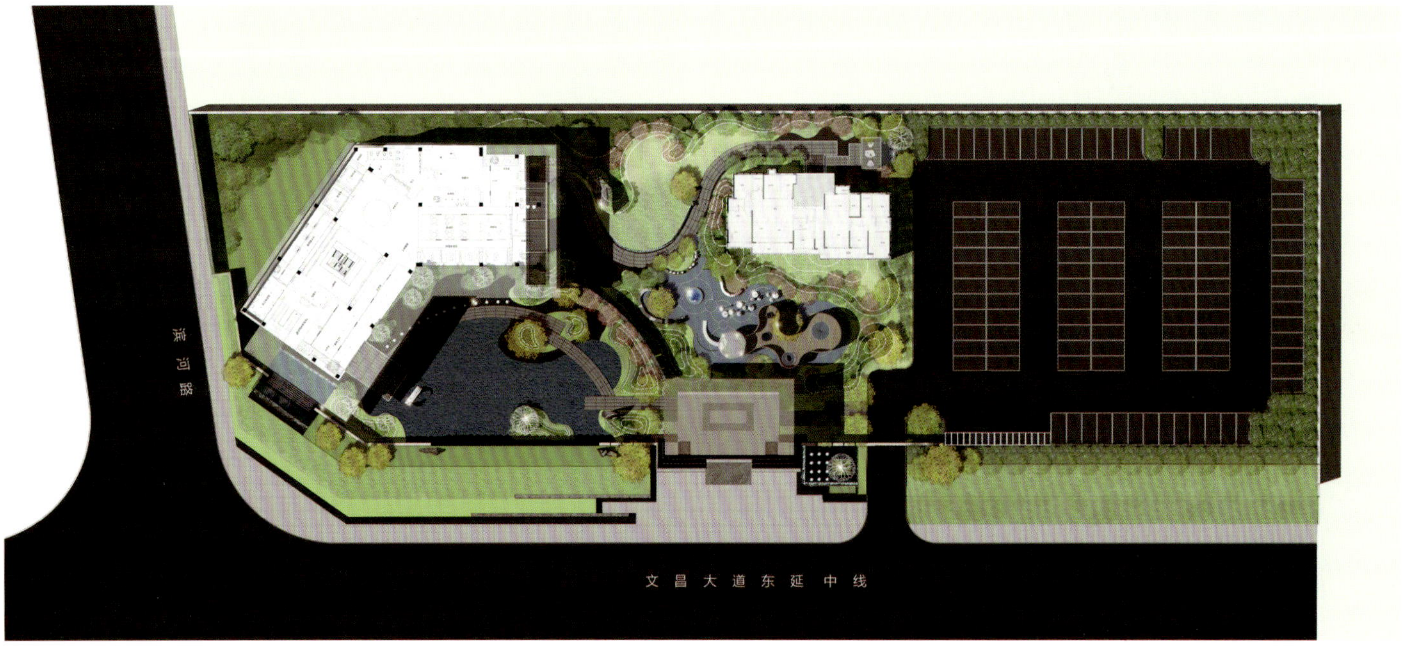

[B]

设计说明：

在城中，隐逸文居 · 致行之境。

项目位于河南以北的新乡辉县，北依太行，南眺黄河。河南因“文化”而兴，辉县因“山”而名。项目基地主要由文昌大道道由老城区，跨过南水北调河渠到达。

本案欲以太行山之精神做设计指引，打造豫地的山水格局。设计团队希望在现状条件制约下寻求与场地的平衡，通过构建多重空间秩序来达到体验氛围的蜕变，利用细节与空间创造一方隐逸空禅之境。

在示范区景观的景观设计上，设计团队一方面借鉴了东方私家园林的造景手法，以小见大，于一方天地打造四重空间，以“迎境 · 入境 · 逸境 · 语境”层层递进，渲染场景氛围，以曲线路径串联起整个场地，同时营造出步移景异的空间效果。另一方面，利用前场水景与建筑的呼应，后场地形对建筑的衬托，打造建筑与景观一体化设计。

项目自我评价：

景观建筑一体化，延续中庭线形理念，在有限的后场空间与建筑融为一体。通过起伏的曲线水景连接道路，形成移步异景的空间体验，营造出更具包容感的空间，在悠游自如的空间氛围中品山水意韵。曲径通幽处，水声潺潺，青草芳华，树木茶青，花香鸟语，闲庭漫步，感受禅逸之境。卸去繁复，情绪延伸，以高山意韵展现东方秘境。
从文化中来，到气质中去，我们期盼着如王维般行到水穷处，坐看云起时的隐逸闲居精神，与自然和真实相拥。

项目经济技术指标：

该项目占地面积13100平方米，景观面积为11600平方米，其中绿化面积5650平方米，绿化率48%。

[D]
[E]

[C]

[F]

瑞丽·雅居乐国际花园

设计单位：广州瑞华建筑设计院有限公司
委托单位：雅居乐地产
施工单位：广州市雅玥园林工程有限公司
主创姓名：任峙东、胡双喜
成员姓名：黄静娜、陈亮、李丽芳、许广州、邱楚煌、
蔡剑波、招锦婷、谢宏奎、陈烨、宋志勇
设计时间：2019.09
建成时间：2020.07
项目地点：德宏傣族景颇族自治州瑞丽市
项目规模：5321平方米
项目类别：私权景观—地产景观 · 示范区

[A] 方案平面图
[B] 项目实景图
[C] 项目实景图
[D] 项目实景图
[E] 项目实景图
[F] 项目实景图
[G] 项目鸟瞰图

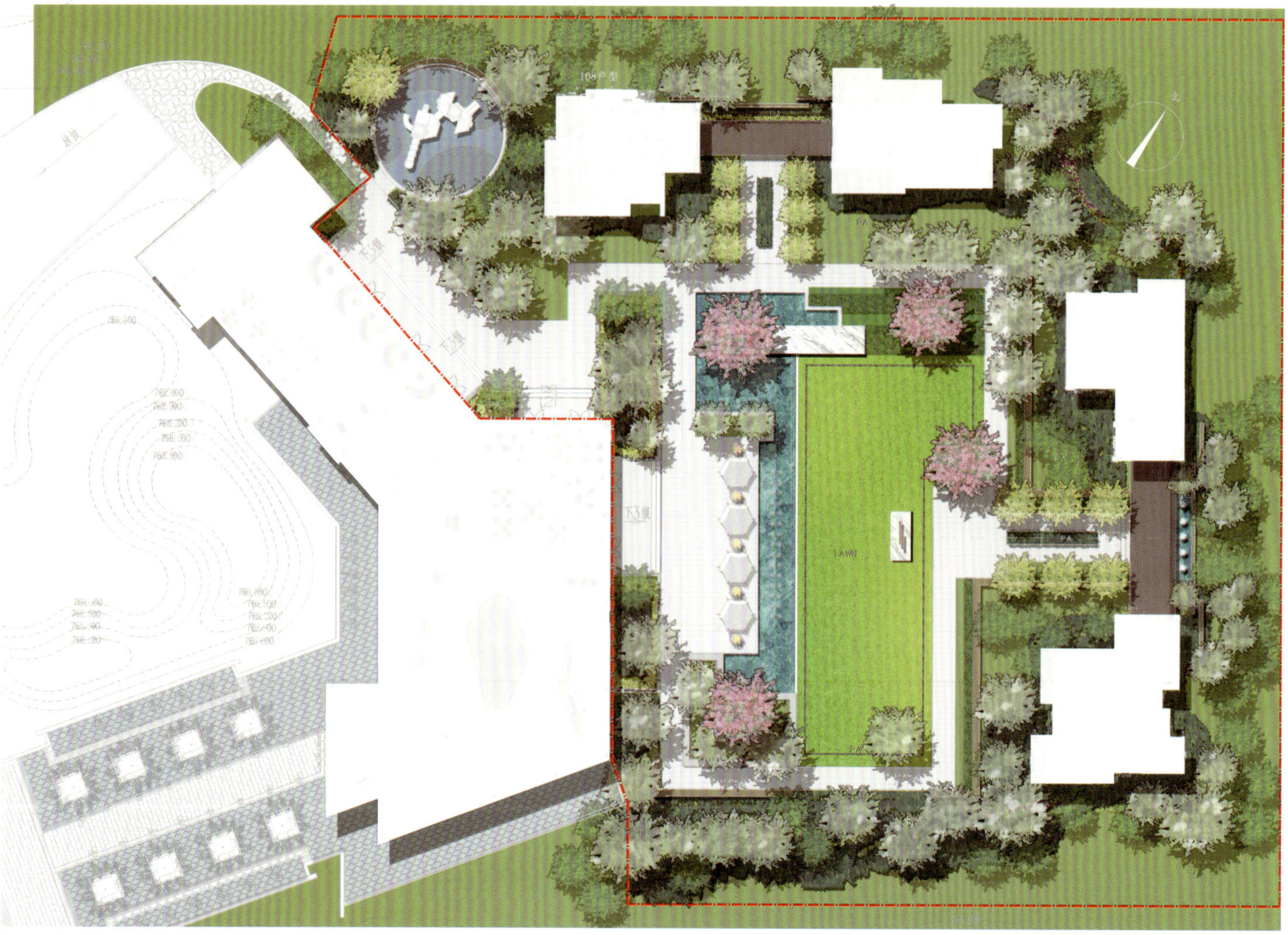

[A]

[B] [C]

[D]

[E]

[F]

[G]

设计说明：

本案属示范区景观方案提升改造项目，针对场地现状的情况，设计师遵循因地制宜原则，结合当地自然资源、人文资源及客群需求等基础现状，立志打造自然生态风情的示范区景观。

设计师结合后场休憩平台，将整个后场空间进行统一规划设计：更新休憩平台的铺装材料、更换符合场地气质的休憩座椅，增加水景使整个后场空间因精致涌泉流水的律动而显得更加活泼生动，同时在草坪空间增设艺术雕塑，展示场地艺术感与标识性。

走出售楼处，静谧雅致的休闲艺术空间映入眼帘。作为后场主要观赏的活动空间，简洁灵动的水景将休闲洽谈区划分为半围合空间。涌泉浮灯跳跃水中，轻盈绿植随风摇曳，优雅画卷跃然眼前。徐徐微风，序列灯光，质朴亲近的生活气息油然而生。

考虑后场看房通道植物稀疏，观景效果不佳，设计师以自然简洁的园路贯穿各个景观功能模块，连接售楼处与样板间，形成流畅自然的人行动线。取适合本地生长的植物，进行生态配置种植，营造四季有景可赏，为居者保留与自然最为亲密的尺度关系。每一米阳光肆意洒落于枝缝间，落下斑驳浪漫星光，引发居者对生活与自然的探访和感知。

这个时代不乏网红项目，在吸引眼球的背后，我们真正需要做的是回归生活的纯真质朴，多一些对日常生活的思考和关注，遇见谈天说地的闲情逸趣，林荫下的四时光景，将景观从原本简单地观看和欣赏的美学转变为居者真正的价值空间。

项目自我评价：

居乐国际花园秉承悠闲自在的生活态度，健康自然的生活方式，利用现代手法诠释自然神韵，用细节刻画时尚创新借势塑造现代生态宜居住宅。在吸引眼球的背后，我们真正需要做的是回归生活的纯真质朴，简约的设计，体现现代主义风格和审美。尊重自然环境，恪守简约却令人过目不忘的构成美学，契合每个空间的气质，呈现精巧别致的现代美感。

中建壹品澜悦项目示范区

方案设计及全过程咨询单位：中建三局绿色产业投资有限公司设计研究院

委托单位：中建三局壹品绿色置业有限公司

施工图设计单位：中建三局工程设计院

施工单位：湖北绿冠园林建设有限公司

主创姓名：曾庆

成员姓名：毛慧、朱华强

设计时间：2018.10

建成时间：2019.04

项目地点：鄂州市葛店

项目规模：4632平方米

项目类别：地产景观示范区

[A] 方案平面图
[B] 项目鸟瞰图
[C] 项目实景图
[D] 项目实景图
[E] 项目实景图
[F] 项目实景图

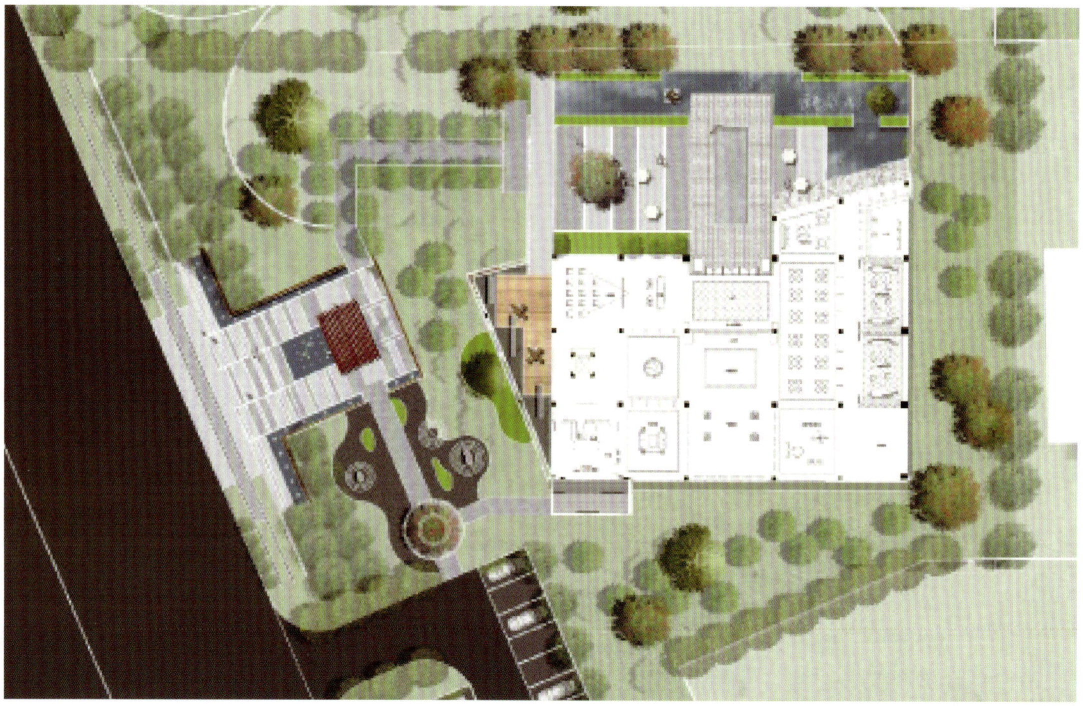

[A]

[B]

设计说明：

以梦为马，星辰大海是征途。
在梦里，我们都是自由的白马，
误入桃花林，深陷花海，
一抬头，皆是美好。

项目位于鄂州市葛店科技新城最具活力区域，紧邻武汉光谷，交通条件优越，周边小区商业配套齐全。因此项目摒弃一般的山水理念，为项目的主要客群量身定制了“追梦少年”的故事主题，作为他们奋斗生活的写照，试图通过唤醒情感的共鸣来创造可识别的记忆点。

空间序列以案名“悦”字为线索展开，通过“悦 · 鱼乐”“悦 · 芳华”“悦 · 梦马”“悦 · 禅心”四个节点诠释了“追梦少年”一生的四个阶段、四种喜悦，空间的表达旨在轻松愉悦、通透疏朗，最终确定将“以梦为马”的概念继续深化，形成了落地方案。

从入口一路漫步来到售楼部室内空间，就像历经了“追梦少年”不同时期的心境，又如同进入一场蒙太奇旋律，场景变换，步移景异。穿过入口区，几经转折，来到了绿意盎然、芳华满园的中心花园。从樱花夹道中走出，顿觉豁然开朗，“以梦为马”的主题雕塑跃然水上，瀑布跌水哗哗的水声让人忘却都市喧嚣，水花打在山形景石上，仿佛骏马跋山涉水、踏浪而来。

[C]

[D]
[E]

[F]

项目自我评价：

本项目有严格的限额指标控制，设计阶段对施工图纸进行严格审查，精准控制预算，减少了示范区总体造价，将更多的成本空间留给未来大区。设计师秉持着“为结果负责”的理念，在项目全过程进行参与跟踪，从一而终的全过程服务最终成功推进项目快速、高效落地。整个示范区造价750元/平方米，总价417万元，是一个高性价比的示范区。

项目经济技术指标：

该项目示范区占地面积为：4632平方米，景观用地面积为：3630平方米。

滨州天泰·公园壹号

设计单位：上海万境景观规划设计有限公司
委托单位：青岛天泰集团股份有限公司
施工单位：青岛鸿郎园林绿化工程有限公司
设计时间：2019
建成时间：2020
项目地点：山东省滨州市滨城区黄河十五路与渤海五路
项目规模：大区133564m²，示范区3663m²
项目类别：地产景观

[A]

[B]

[A] 方案平面图
[B] 项目鸟瞰图
[C] 项目实景图
[D] 项目实景图
[E] 项目实景图
[F] 项目实景图
[G] 项目实景图

设计说明：

景观设计与室内联动，延续设计理念打造梦幻幼儿园。大卫·威斯纳的儿童绘本《7号梦工厂》讲述了一个小男孩与白云在天空之城的奇妙旅程。城上插满了巨大的喇叭，无数云朵从里面飘出来，这就是“7号梦工厂”，小男孩发挥想象力让一成不变的云朵变得有趣生动。

围绕主题“追云奇遇记”将概念故事线植入场地内，分为四个体验板块：“邂逅绵绵云”通过沿街展面引入，奠定基调；“穿越云雾海”结合水景营造云雾海的感受，打造沉浸式体验；“走进梦工厂”室内设计延续童趣主题，继续奇趣旅程；“遨游云世界”孩子的趣味天地，激发想象力与创造力，特色活动器械营造活力体验。由入口起始启发兴趣奠定基调，再由穿越体验浸入环境恍若另一幅洞天，能望见远处似有云却不得靠近。带着惊喜与期待走入建筑内部，出售楼处即进入后场云世界，开启惊奇遨游之旅。

项目自我评价：

世界上没有相同的两片叶子，每朵云也想要不同的形状，成人们无趣地穿行在单调的繁华都市里，那么，孩子们呢？想要一个怎么样的童年？今夜，愿孩子们的梦在云上。

设计师心中有爱，将大爱注入作品，唤醒人们对美好和童真的感受，以及对品质与设计的追求。滨州天泰·公园壹号，未来美好生活的愿景氤氲而生。

[C]

[D]

[E]

[F]

[G]

项目经济技术指标：

该项目景观设计面积2731平方米，水景面积67m^2。

润和·滨江湾景观设计方案

设计单位：杭州八口景观设计有限公司
委托单位：长沙先导恒鼎房地产开发有限公司
主创姓名（中文）：刘良君
成员姓名：颜威、程佳、李炜平、陈峦、黄灿、阮冰、谭映前、盛贝
设计时间：2019.09
建成时间：2020.11
项目地点：湖南长沙
项目规模：61830.28平方米
项目类别：地产景观

[A]

[A] 项目鸟瞰图
[B] 项目实景图
[C] 项目实景图
[D] 项目实景图
[E] 项目实景图

设计说明：

云上花园，重新定义无界品质塔尖生活。

凭借着对山水城市文脉与建筑美感的深切思考，我们呈现出平墅区景观最终面貌：流水 · 行云。

我们以更加现代的设计语汇，更加自然舒适的方式，重新诠释东方美学生活场景。

提取水之形态、云之意境，以魅力折线营造：一个具备统一多样连续性和整体性的云状空间，一个科技感、未来感的阳光型住宅社区、一个多维景观视界，重新诠释新都市度假主义的居住风范，秘境中的家，家在云端之上。以复合体验式的公园度假生活为核心，在“云上花园”的设计主题下，在不同的空间转换中，寻求与天空、江水的对话，轻松、自由、流线、韵律。

[B]
[C]

[D]

[E]

超现代未来风格采用几何线条修饰，外立面简洁流畅，以波浪、架廊式挑板或装饰线、带、块等异形屋顶为特征，立面立体层次感较强，体现时代特征为主，没有过分的装饰，一切从功能出发，讲究造型比例适度、空间结构图明确美观，强调外观的明快、简洁。体现了现代生活快节奏、简约和实用，但又富有朝气的生活气息。

项目经济技术指标：

该项目占地面积61830.28平方米，景观面积为43700平方米。

清远雅居乐·雅郡

设计单位：广州怡境规划设计有限公司
委托单位：雅居乐地产
施工单位：广州市雅玥园林工程有限公司
主创姓名：傅兴棉
成员姓名：陈焕、何天裕、黄春燕、范耀群、林文冬、吴冰、陈旭增
设计时间：2019.10
建成时间：2020.03
项目地点：广东省清远市清城区民安路
项目规模：12550平方米（含永久交付区）
项目类别：住宅

[A]

[B]

[A] 方案平面图
[B] 项目鸟瞰图
[C] 项目实景图
[D] 项目实景图
[E] 项目实景图
[F] 项目实景图
[G] 项目实景图

设计说明：

象征艺术时尚的都会风格轻触社区，像磁铁一样更新社区生活条件、激活邻里关系。致敬经典，强调简洁、明晰的线条，注重品质、色彩与细节，展现美式后现代主义的摩登艺术。

项目自我评价：

本案示范区园林景观与大都会建筑风格相契合，保证结构严谨的几何式构图。以售楼部为界，前场体现都会园林布局，侧重礼仪；后场为高端泳池空间，注重社区乐活气息的延续与居住氛围的传递，礼序层次至空间层层演变递进。

项目经济技术指标：

该项目12550平方米（含永久交付区）。

[E]

[F]

[C]

[G]

[D]

台山·雅居乐御宾府二期

设计单位：广州瑞华建筑设计院有限公司
委托单位：雅居乐地产
施工单位：广州市雅玥园林工程有限公司
主创姓名：任峙东、胡双喜
成员姓名：黄静娜、刘存、陈宝江、黄逸清、伍琳清、吴祝良、林伟娜、陈烨、曹义桥、余柱
设计时间：2019.07
建成时间：2020.06
项目地点：广东省江门市台山市台城街道舜德路南
项目规模：9400平方米
项目类别：私权景观—地产景观·示范区

[A]

[A] 方案平面图
[B] 项目鸟瞰图
[C] 项目实景图
[D] 项目实景图
[E] 项目实景图

[B]

设计说明：

项目以大都会为风格，与建筑风格相契合，注重细节雕琢与人性化设计，在园林空间里规划有儿童游乐场、阳光草地、景观客厅、健身运动场、休憩小花园等步移景异的可互动体验的景观，展现品质生活面貌。从主入口到阳光中庭这一整体空间以东西向100米轴线贯穿，不同景观要素丰富空间层次，有限空间创造无限体验，呈现张弛有度的秩序感和仪式感。登临场地，首要问题便是基地面积小，而消防登高面大。如何将场地内的景观价值最大化并呈现大都会礼序精致风格是本案的重点。入口府门传承都会典雅气质，高墙大院沉静庄重，简洁却不失奢华，半虚的景墙屏风形成视觉焦点，由内而外反复推敲，展现都会风格感性的一面。充分利用场地高差，缓缓铺设中正的入口轴线，从繁茂苍翠的林荫中信步前行，叠水滨池穿过半遮半掩的景墙跌宕而下，艺术雕塑隐约可见，流动贯通，隔而不离。踱步园中，动感清泉指引而行，将体验到前所未有的愉悦。精致的水景细节，优雅的艺术雕塑，打破整体方正空间的拘束，唤活场地生命力，洗涤都市的繁杂。中庭空间以树阵、廊架、小品布局，形成生活与风景对话的动线高潮。景观会客厅依托在花径绿荫之中，共享中央核心疏林草坪的视野，演绎社区生动、休闲、精致的生活场景。为满足不同年龄段儿童活动的需求，场地划分成了多个不同板块，且不同区域之间保留足够的安全距离，为孩子提供安全的初级探索性体验空间，建立人与自然的情感连接。

[D]
[E]

[C]

项目自我评价：

设计希望整体空间表现出优雅的亲和力，让园路、登高面消解成庭院的一部分。公共与私密空间的相互渗透、礼序与律动手法的弹性交融，视线跟随脚步时而雅致，时而轻松，令人感受摩登花园里的惬意生活。

呼市·河山大观展示区

设计单位：深圳市致道景观设计有限公司
委托单位：呼和浩特市海巍地产有限公司
施工单位：内蒙古太伟生态建设有限公司
主创姓名：徐辰
成员姓名：程志浩、李苹、屈昭军
设计时间：2019
建成时间：2020
项目地点：内蒙古自治区呼和浩特市新城区
项目规模：12270平方米
项目类别：地产景观（示范区）

[A] 实景鸟瞰图
[B] 实景平面图
[C] 项目实景图
[D] 项目实景图
[E] 项目实景图
[F] 项目实景图
[G] 项目实景图

[A]

[B]

设计说明：

从过去到现在，人们对归家的渴望从未改变。呼市 · 河山大观展示区景观设计用现代的手法，勾勒一幅“大好河山”的美好画卷，达到“山水余生”的梦想憧憬。

整体设计从“单维度”的五重景观出发以达到“多维度”的五维景观提升。通过生态、健康、交融、精筑、人文五大体系打造一个拥有多重景观感受，身心高质体验的高品质现代新中式展示区。设计师也将建筑元素、色彩与材质巧妙地运用在景观当中，形成景观与建筑的和谐统一。

呼市 · 河山大观展示区根据概念共分为四个主题区，分别是：归园入境、舟波荡漾、童年记忆、闲庭怡景。通过四重主题营造不同情绪氛围的空间，层层递进。归园入境：归园，即“返璞”。犹如《归园田居》中如释重负之感，体验温馨的家园情怀，内蕴醇厚，表达心境的恬淡，对自然和家园的热爱；舟波荡漾：平静水面，随风轻拢慢捻，小舟在水中荡出阵阵涟漪，水天一色的悠远意境彰显轻奢生活的独特品位和脱俗气质；童年记忆：童年就像糖果罐，五颜六色又甜蜜，使人留恋。多年龄段的分区设计满足了各类孩童的需求，也唤起成人们的童年记忆。闲庭怡景：庭院景观植物与水景搭配，展现生机勃勃景象，展示新希望的生活理念，阐述着追求生活的真谛，给人温馨的家园体验。极其有限的顶板荷载难题。丰富的艺术互动装置，激活客群与场地的互动和对品质的认同。本项目本着服务为民的要求，力求将使用者的需求融入设计，打造时尚、浪漫、活力的公共空间。

[E]
[F]

[C]

[D]

[G]

项目经济技术指标：

总体面积：69551平方米；
展示区面积：12270平方米；
展示区建筑面积：2067平方米；
展示区景观面积：10203平方米。

泰州·中海九樾展示区

设计单位：深圳市致道景观设计有限公司
委托单位：中海宏洋地产(扬州)有限公司
施工单位：杭州富阳园林绿化有限公司
主创姓名：秦健明
成员姓名：程志浩、徐辰、屈昭军、王艳梅
设计时间：2020.03
建成时间：2020.07
项目地点：泰州市海陵区中心
项目规模：5757.27平方米
项目类别：地产景观（示范区）

[A] 方案平面图
[B] 鸟瞰实景图
[C] 项目实景图
[D] 项目实景图
[E] 项目实景图
[F] 项目实景图
[G] 项目实景图

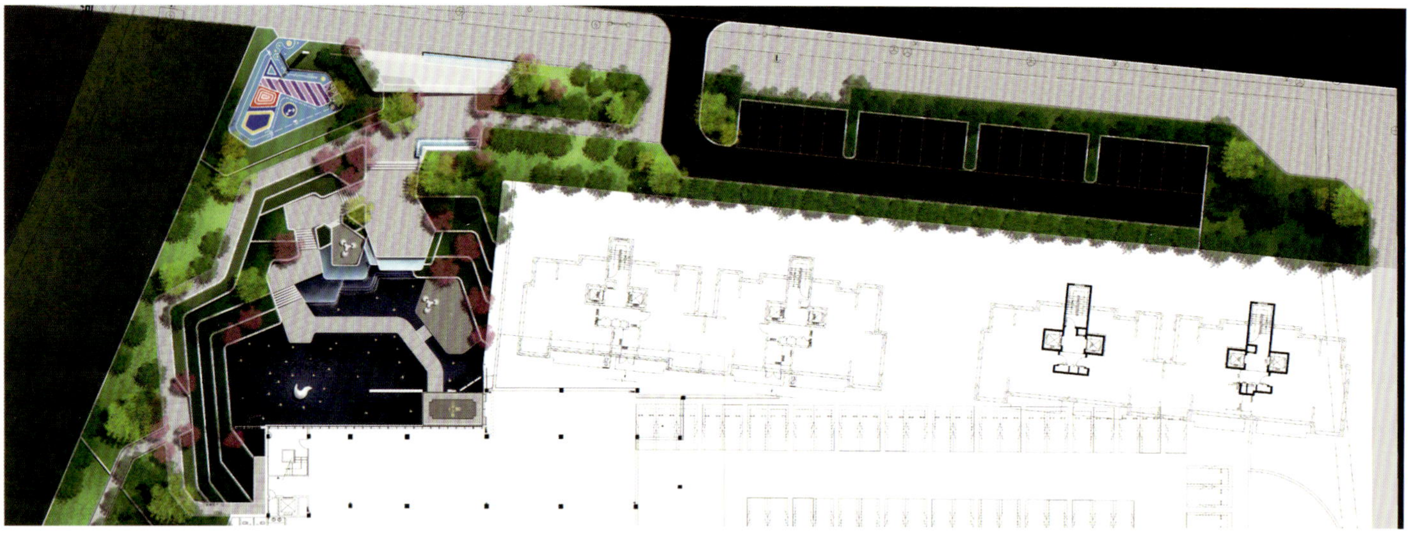
[A]

[B]

[C]

[D]

[E]

设计说明：

泰州中海九樾项目展示区旨在打造一种“藏在诗意里的生活”。回归自然，人与自然本应无界，借用诗词意境，寻找被藏进这笔墨里的自然与生活。

汲取景观元素，通过将泰州独特的水文化和诗词进行提取、解构、重组、糅合、创新。从繁到简形成特有的设计符号。创造如梦如画般的景观场景。设计越接近自然纯粹，越具有生机与灵动感。泰州有银杏之乡的历史美誉，作为市树，建筑以银杏叶造型的元素抽象融入建筑立面中。景观设计中也将根据建筑的最佳观赏点作为参考对场地进行景观设计，预留拍照打卡点。

设计坚持以“人性与生态优先，文化与美学交融”为原则。在嘈杂的城市中，寻找一片绿色已经成为每位都市人的心之所向。该设计充分考虑人与自然生态之间的联系，叠级花池、直瀑和叠瀑的设计是最好的体现。最小地减少对原始地形的破坏并转化为景观设计亮点，满足人们亲近自然、置身自然的内心渴望。一味追求人性化、生态化是略显空洞的，文化的输入才能为一个设计注入灵魂。

该设计紧紧围绕泰州文化，寄情于水文化与当地历史文人郑板桥的诗词，结合诗中所描绘的自然风景和惬意生活为意境，打造景观故事线。通过现代设计的手法将传统的古典雅韵与简洁之美相融合，将“一丘一壑”现在眼前，极具文化底蕴又符合现代极简典雅的审美。

项目经济技术指标：

总体面积：103876.24平方米；
展示区面积：5757.27平方米；
展示区建筑面积：937.03平方米；
展示区景观面积：4820.24平方米。

[G]

[F]

吉林·中海河山郡

设计单位：深圳市致道景观设计有限公司
委托单位：吉林市中海海盛房地产开发有限公司
施工单位：沈阳正发园林绿化工程有限公司
主创姓名：徐辰
成员姓名：程志浩、李莘、屈昭军
设计时间：2019.07
建成时间：2019.09
项目地点：吉林省吉林市船英区
项目规模：10075.39平方米
项目类别：地产景观（示范区）

[A]

[B]

[A] 项目平面图
[B] 项目实景图
[C] 实景鸟瞰图
[D] 项目实景图
[E] 项目实景图
[F] 项目实景图
[G] 项目实景图
[H] 项目实景图

[C]

设计说明：

吉林 · 中海 · 河山郡展示区景观风格为现代都市轻奢风。以“宇宙”为设计元素，以“星系”为主题元素，唤起探秘星际奇遇。展示区景观空间以“星云幻境，致璀钻庭”为主题来营造氛围，打造流云线形的户外空间。

景观设计以现代风格为背景，融入古星象元素，从浩瀚时空中提取“北斗七星”衍生七个体验节点空间供人以停留、休憩、冥想。流线型空间作为场所的指引演绎欣赏的度，空间收放的序；景观整体构型为自由蜿蜒曲线，演绎未来感探索宇宙的奥秘带来空间的思考，曲线相连形成独立的功能节点，相交之处成为空间交互的奇点，引发人与空间的互动，将星空的无限遐想建构于景观空间，创造丰富的体验。

在景观打造方面，主入口的空间营造上带来了星际穿越般的剧场感，璀璨星辉成为场地的指引，地形的塑造将使场地更加立体，丰富主次动线。以“星梦乐园”为主题儿童活动区，打造一个充满现代感、艺术性，让人互动与沉浸其中的复合开放式全龄活动空间。在中央区域的阳光大草坪，为营销活动提供充足的场地，草坪周边种植成片花海，如同星云之中孕育成长的星体，营造出欢悦气氛的活动空间。

[D]

项目经济技术指标：

总体面积：137000平方米；
展示区面积：10075.39平方米；
展示区建筑面积：1398.91平方米；
展示区景观面积：8676.48平方米。

[F]

[E]

[H]

[G]

青岛招商公园 1872 示范区

设计单位：青岛厚德景观规划设计有限公司
委托单位：青岛招商铭华置业有限公司
团队成员：林沛沛、安晓华、栾玉龙、刘洪伟、李晓宁
设计时间：2019.06
建成时间：2019.11
项目地点：青岛市即墨区
项目类别：地产景观

[A]

[B]

[A] 方案平面图
[B] 项目鸟瞰图
[C] 项目实景图
[D] 项目实景图
[E] 项目实景图
[F] 项目实景图
[G] 项目实景图

设计说明：

一进礼序大门——客迎八方

开阔的前场空间、端庄大气的大门和泉流涌动的水景给人以开阔震撼的视觉冲击感。两侧的附墙增加了整个城市界面的延展性，精工细作的古铜色铁艺门虚掩着门内的景致。青灰色墙面、青石狮、青黑色水景呼应了即墨这座千年古城的主色调。

入门——古松迎客，山水为境，夹绢玻璃画为背景，巧妙遮掩二进院的景致，使之似隔非隔，又透露出几分虚幻、几分禅意。转角处豁然开朗，半通透格栅景墙与景石组合在婆娑摇曳的竹影下营造静谧清幽的意境，富有层次，宛若一幅美妙的山水画卷，令人忘我驻足，独具诗意。

二进 ——光影斑斓

恣意丛生的乌桕林洋溢着自然生长的力量。乌桕与格栅的光影交相呼应，落在米白色的墙上，充满光阴流逝、怀旧的时光感，营造了一种安静私密的氛围。中庭结合案名以李鸿章印为地雕寓意百年招商的品牌力量。

三进—— 登堂

秉承轴线对称的序列，干净大气的镜水面，强化轴线水景迎宾，凸显入口的大气与尊贵。景观灯柱与跌水水景丰富了整个合院空间的竖向层次感。背景景墙采用虚实结合的方式借光影之迷离若隐若现地摇曳的竹林，展现绝美的视觉效果，悠远灵动的意境。

[C]
[D]
[E]

[F]

[G]

项目自我评价：

根据项目的空间尺度及所处地域的文脉特点，提炼设计手法和景观元素，使展示区更具文化性和空间氛围感。

1.优化二进三进空间的尺度关系，提升三进空间的纵深感。

2.提取即墨砖墙文化的形态光影之美，衍生为现代设计语言的格栅元素，提取即墨镶边（花边织锦）衍生的万字纹样，运用到铺装、灯具与铁艺格栅纹样中。

项目经济技术指标：

景观面积：8371平方米；红线内：5568平方米；红线外：2803平方米。

天津北辰正荣府

设计单位：上海英斯佛朗环境景观规划设计有限公司
委托单位：正荣地产
施工单位：常州苏锐园林绿化有限公司
主创姓名：徐荣
成员姓名：牛泰、陈蕊
设计时间：2019.12
建成时间：2020.06
项目地点：天津北辰区淮东路与潞江东路交叉口
项目规模：3200平方米
项目类别：地产景观

[A]

[B]

[A] 方案平面图
[B] 项目鸟瞰图
[C] 项目实景图
[D] 项目实景图
[E] 项目实景图
[F] 项目实景图
[G] 项目实景图

设计说明：

设计理念：在原有砖墙的形式基础上，运用设计手法增加凹凸感，增强光影感受，运用灯光效果，使砖墙不再乏味。

传承原有生活的土地，当人们漫步于这条街道时，总要情不自禁地寻觅历史的踪迹，体会一下古味、中国味、天津味和文化味，而且非寻不能出情趣。红砖墙装饰艺术，工艺精湛，寓意丰富，装饰手法丰富，极具艺术价值。

流水闪烁的波光灯影的美，流动不息的美。若明若暗的各色灯光，倒映在河中，波光灯影、流光溢彩、辉煌华丽。沽水之上飞舞的流霞，红砖与之金属碰撞交互形成规律秩序的几何关系，一动一静，交相呼应，表现出丰富的质感与阴影，使空间更富情感。

幽美的自然景观延伸了人们的生活空间，丰富的人文景观使人们在亲近自然的同时也拉近了彼此之间的距离。和谐而自然，演绎着“淡妆浓抹总相宜”。清晨，当第一缕阳光射进窗口时，来到缭绕的石径小道上活动。

通过设计表达的是将古今相结合。以现代的设计手法对场地的升华打造，在保留当地原有的文化传承的同时，追寻地缘文化，传承历史积淀，引入现代风尚，以经典建筑为型，以时尚气质为魂，打造一个极具震撼力的都市样板。

项目自我评价：

[C]

[G]

[D]
[E]

[F]

是对红砖的再演绎，红砖，朴实无华却又厚重妥帖，淡雅却又精巧，让空间变化丰富于每一个空隙，形成独特的几何关系，表现出美妙的质感与阴影，规律有序。

项目经济技术指标：

该项目占地面积3200平方米，景观设计面积2500平方米，建筑占30%，绿化占41%，硬质占29%。

绿地临沂城际空间站

设计单位：栖地设计
委托单位：绿地控股集团山东房地产事业部
施工单位：绿地集团森茂园林有限公司
主创姓名：聂柯、杨志鹏、郑爱钻
成员姓名：吴德彬、兰彩辉、吕家瑶、刘恋 、孙月婷
设计时间：2020.04
建成时间：2020.07
项目地点：山东省临沂市兰山区白沙埠镇
项目规模：22090平方米
项目类别：示范区

[A]

[B]

[A] 方案平面图
[B] 项目鸟瞰图
[C] 项目实景图
[D] 项目实景图
[E] 项目实景图
[F] 项目实景图

设计说明：

绿地临沂城际空间站项目位于临沂市兰山区白沙埠镇，紧邻临沂北高铁站，占据高铁新城核心门户区位，是新城形象首席展位、高铁出站第一视点。项目依托绿地集团“中国高铁经济商务圈缔造者”的优势，建设沂蒙之门、高铁商务园、临沂绿地中心项目，打造融合发展的生态创新新城。

本案毗邻高铁站规划圈，以“开放街区，流动时空”为主题，打造临沂绿地城际空间站。景观设计的主要肌理是希望通过平面的和竖向的流动的线条，创造业主步行体验动线，以此表达高铁的现代性、速度感、流动感。从景观规划格局考虑售楼处与样板间创造了北侧和东侧的“L”型围合空间，景观对建筑和场地的解读是对现状的呼应，在南侧和西侧进行景观堆坡呼应，中央围合出庭院的共享空间。

整个展示空间分为五大功能片区：南侧的生态停车片区；西侧的沿街口袋公园展示片区；景观入口体验片区；中央多功能草坪片区；东侧休闲活力片区。

进入大门区域，两道白色的动感景墙，在背景银杏林的衬托下，醒目、动感、时尚；其象征高速穿梭的城际快车；迂回曲折，形成空间的过渡，同时是进入公园的转换空间，进入后的沿路带型水系有强烈的仪式感；经过折线水景就到达了中央多功能草坪区，微微起伏的地形及孤植的丛生大树下是孩子们的嬉戏空间，几只镜面的小鹿，三五成群是草坪上的精灵；东侧的露天吧台片为业主参观样板间流线后，提供一个停留体验的户外休闲片区，下沉的设计使人的视线更加接近草坪，满眼绿意，折线的空间造型，呼应入口景墙，是室内洽谈的延续，一个户外洽谈区域，园内各具特色的景观空间，置身其中，步移景异，令人流连忘返。

[C]

[D]

[E]

[F]

绍兴祥生笛旸府

设计单位：泛城设计股份有限公司

委托单位：祥生地产浙东区域公司

施工单位：浙江祥生园林绿化工程有限公司

主创姓名：毛荣东

成员姓名：姚元伟、陶方、霍其泉、龚黎黎、王菁、许方建

设计时间：2019.05

建成时间：2019.10

项目地点：绍兴市柯桥区柯岩

项目规模：4142平方米

项目类别：生活示范区

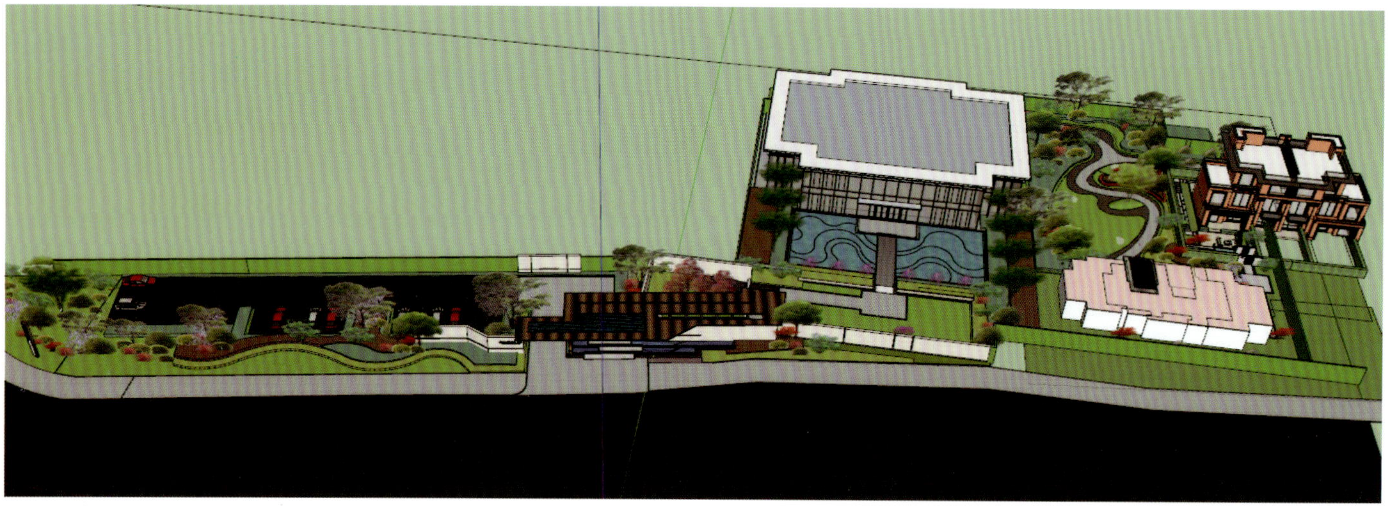

[A]

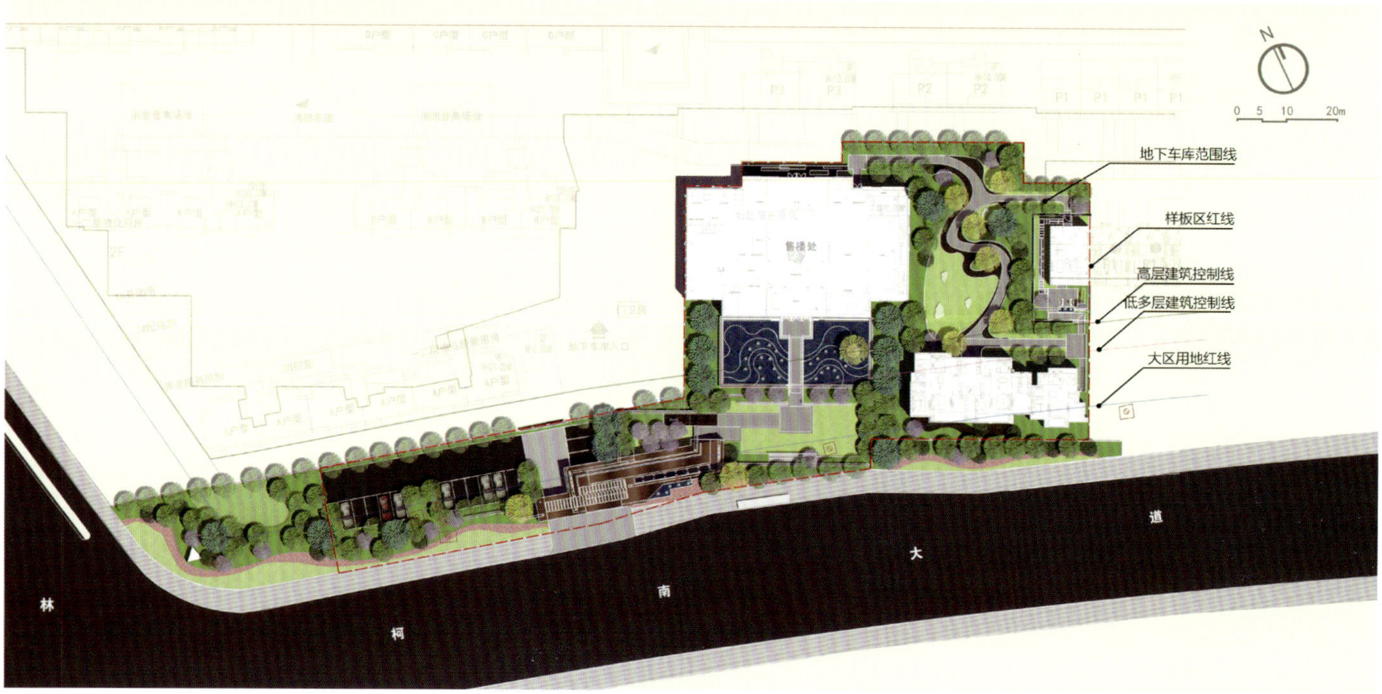

[B]

[A] 方案平面图
[B] 项目鸟瞰图
[C] 项目实景图
[D] 项目实景图
[E] 项目实景图
[F] 项目实景图
[G] 项目实景图

设计说明：

绍兴是著名的水乡，世人皆爱水，绍兴人尤甚。示范区入口做足了，水阶、涌泉、叠水相互结合。看得到水动，闻得到水声，欢悦无比。门楼向里延伸便成了虚实相结合的景观长廊，虚廊下的涌泉水带把视线引向了远方。光影斑驳，泉水涌动，指引访客继续前行。

如果说廊影泉涌是动态的空间，那清风翠庭就是静态的空间。五棵乌桕迎风摆舞，阳光下树荫倒映在墙上形成了漂亮的肌理，偶有几片红叶落于翠庭之上，仿佛是几个天使在传递着爱的信息。《曲韵流觞》的景观装置有些慵懒地落于其中，潇洒地沐浴着阳光，拂润着春风，一幅舒适生活的惬意写照。

鱼跃飞虹位于售楼部的前方，一座拱桥飞跨湖面之上，犹如一道彩虹飞过。桥体两侧十个线性喷泉愉悦地涌动，打破了湖面自身原有的宁静，每个喷泉在空中都划出了一道优美的曲线，与弧形的桥体交织呼应，仿佛一群鱼儿在争相跳动，看准时机鲤跃龙门，这里也是全园的高潮所在。

出则繁华入则清幽，步入后场整个空间气氛宁静安详。那一弯曲径指向的是家的方向。灰板步道、曲韵砾石、幽幽翠屏、大树点睛以及《润雨归心》的暖心装置组合，让归家的旅途丰富多彩，宁静中充满了温度。随心而动，随行而至，归家归心。

[D]
[E]

[C]

[F]

[G]

项目自我评价：

避世俗之喧嚣，享自然之灵韵。
去繁为简的线条重新划构空间的定义；
光怪陆离的光影变幻散发自然的气息；
时间的经纬交织出艺术锐利的锋芒。
通过艺术与极简的融合，打造随心而动，随行而至，归家归心的时光生活馆。
项目经济技术指标：
该项目占地面积5470平方米，景观面积为4142平方米，屋顶绿化率59%。

肇庆雅居乐·香港城

设计单位：深圳奥雅设计股份有限公司
委托单位：雅居乐地产
施工单位：广州市雅玥园林工程有限公司
主创姓名：任鹏
成员姓名：胡爽、耿明阳、王娇、陈俊光、蒋玲玲
设计时间：2020.06
建成时间：2020.12
项目地点：广东省肇庆新区永安大道北侧
项目规模：20194平方米（地块三展示区）
项目类别：住宅

[A]

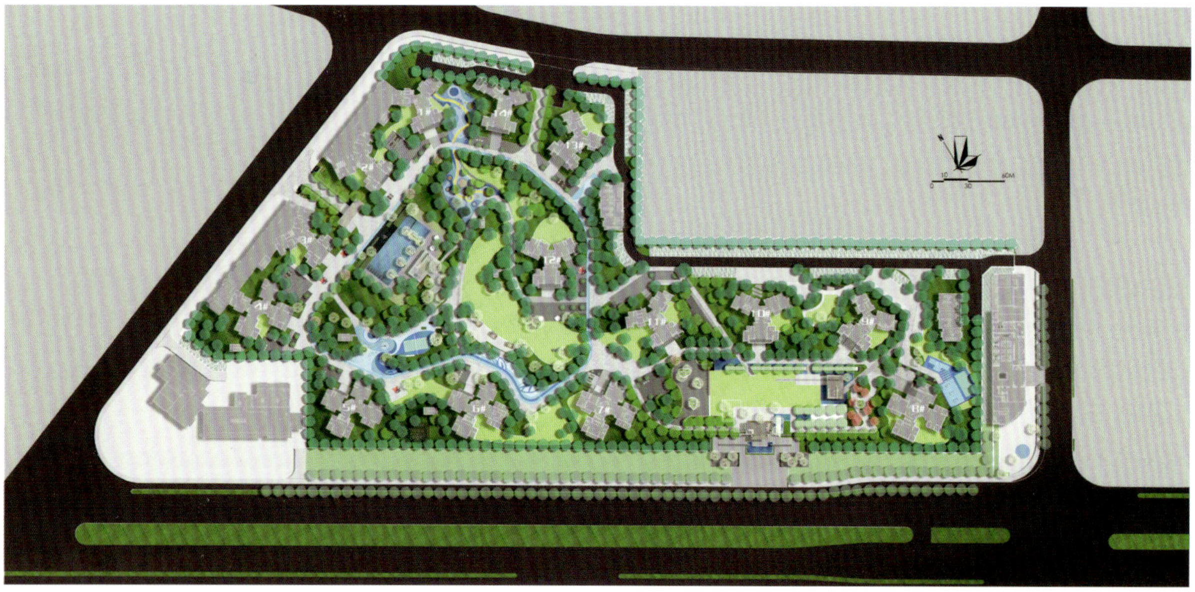

[B]

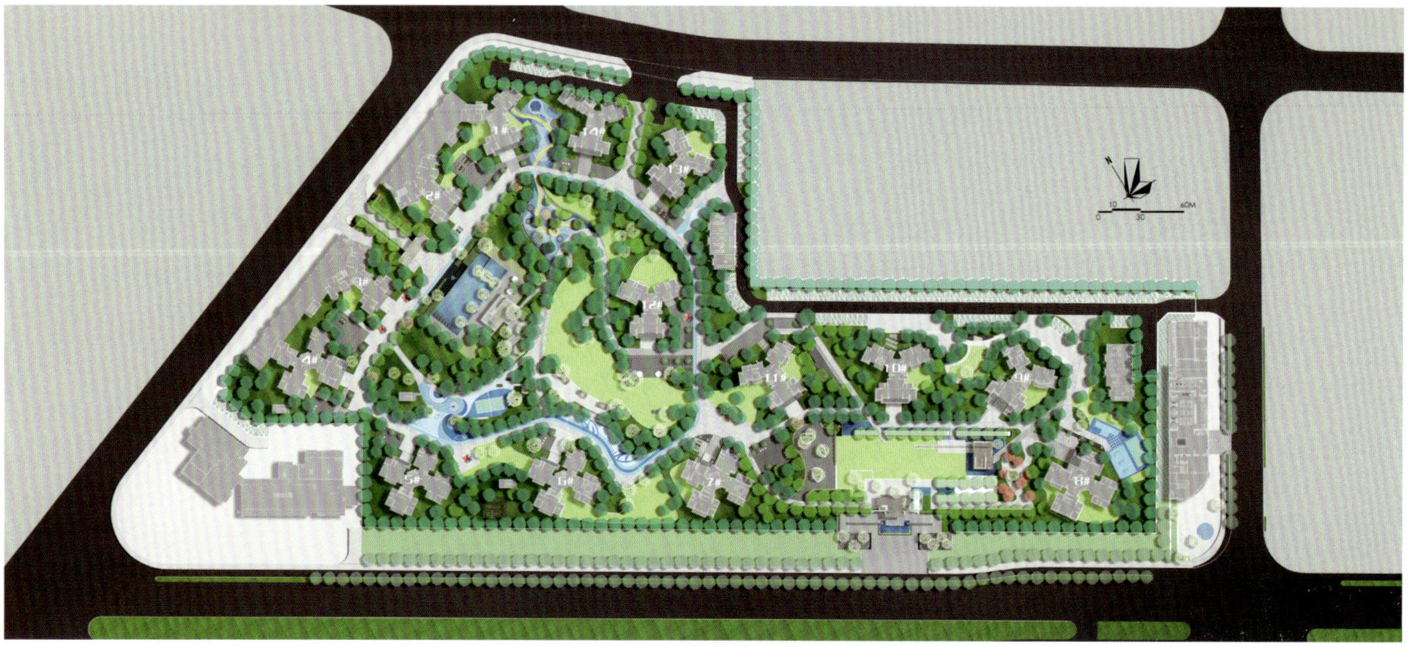

[A] 方案平面图
[B] 项目鸟瞰图
[C] 项目实景图
[D] 项目实景图
[E] 项目实景图
[F] 项目实景图
[G] 项目实景图

设计说明：

雅居乐肇庆香港城售楼部位于肇庆，项目引入香港城“适悦SEED”以及“乐社区”结合的核心理念，手法上摒弃了浅显的风格化路线，更着重于自由舒适的空间营造，旨在为业主创造一个充满闲适的乐活体验之旅。

项目自我评价：

本案以轻松、自由、舒适的居住氛围为基调，嵌入“适悦SEED”的概念，营造舒适感，用各自独立而又相互渗透的空间设计手法，去定义新一代的康养景观，创造更为舒适和亲密的社区环境。

项目经济技术指标：

该项目展示区占地面积20194平方米（展示区将保留大区使用），售楼部建筑面积：1000平方米（地上）。

[C]

[D]

[E]

[F]

[G]

西双版纳盛祥富江·华夏御江府

设计单位：云南景然环境建设股份有限公司
委托单位：西双版纳盛祥富江房地产开发有限公司
施工单位：西双版纳盛祥富江房地产开发有限公司
主创姓名：黄月
成员姓名：周书宇、侯洋、韩红林
设计时间：2018.05
建成时间：2019.12
项目地点：景洪市江北片区
项目规模：10151.10平方米
项目类别：地产景观、酒店环境设计

[A]

[B]

[A] 方案平面图
[B] 项目鸟瞰图
[C] 项目效果图
[D] 项目效果图
[E] 项目效果图
[F] 项目效果图
[G] 项目效果图

[E]

[F]

设计说明：

“天地有大美而不言，四时有明法而不议，万物有成理而不说”。

天地的大美，四时的序列，万物的荣枯，都是由于根本——自然的伟力所致，天地大美是一种无是非、无差异的醇和之美，乃真正的大美之境。本项目定位具有浓郁的地域特色，设计抽象提炼出“孔雀羽毛”这一文化符号，贯穿景观设计小品系统，充分展现了生态、自然、柔美、舒适的傣式风情。建筑、景观与自然交融。在自然中找景，景观中建造住宅。景观风格与建筑统一协调，接近真正的大自然。通过合理、高品质的景观空间营造，寻找本项目商业价值、城市空间、居住环境上的平衡点。

本项目发展前景远大，力将本区域打造成为集配套商业、居住、休闲、娱乐为一体的综合中心。极限的顶板荷载难题。丰富的艺术互动装置，激活客群与场地的互动和对品质的认同。本项目本着服务为民的要求，力求将使用者的需求融入设计，打造时尚、浪漫、活力的公共空间。

项目自我评价：

合理、高品质的景观空间打造出适宜的人居环境，围绕着生态、自然、柔美、舒适的民族风情主题进行创作，本项目充分地展现了人居环境中的自然之美，将人与自然和谐共处体现得淋漓尽致。量小质精求差异，自然绿化造诗意。生活和谐与精致，傣乡雨林心之境。用设计之意营造心灵之境。

[C]

[D]

[G]

项目经济技术指标：

本项目地块位于景洪市江北片区，规划总用地面积10151.10平方米，整个地块交通便利，地理环境优越，具有良好的区位优势和资源优势。本中心项目发展前景远大，力将本区域打造成为集配套商业、居住、休闲、娱乐为一体的综合中心。

海南棋子湾开元度假村

设计单位：三尚国际（香港）有限公司
委托单位：昌江恒盛元棋子湾旅游置业有限公司
施工单位：杭州市园林绿化股份有限公司
主创姓名：秦超
成员姓名：黄福文、林东仪
设计时间：2014年3月—2015年3月
建成时间：2015年3月—2016年3月
项目地点：海南省昌江县棋子湾
项目规模：120000.00平方米
项目类别：度假村与文旅景观类

[A]

[A] 方案平面图
[B] 项目鸟瞰图
[C] 方案平面图
[D] 项目实景图
[E] 项目实景图
[F] 项目实景图

[B]

[D]
[E]

设计说明：

三尚的设计师们从“保护岸线海防林”区域出发，最大限度地“保留”现场的自然地理环境：以礁石护堤的手法加固崎岖的斜坡，最大限度地降低沙子的流动，局部留住风中的养分和尘土，保护现有防护林，抵御炎热的气候和风暴对海岸防护林的破坏，形成小微气候，在有限的预算情况下，将沙漠公园的特性以及生态可持续性相融合，打造一个特色鲜明的沙地公园景观；让人适当可以穿行在沙地中，营造出独特的具有寓教于乐的海防林景区：

a. 赞美沙漠中坚韧不拔的野草所展现的美好性格，运用沙地与野草表达一种“海枯石烂”的意境（婚礼广场）。

b. 赞美在沙地与礁石中溷为唇齿相依承受烈日的性格，用仙人掌表达自然界的生与死的永恒之理（仙人掌日落剪影平台）。

c. 利用潮汐的变化，退潮后遗留下黑压压一片片礁石这一缺点为优点，重塑出海边礁石浴场的三重时差景观佳境!

在运用这些天然纯朴的材料之后，进一步提倡以“景”“造”“境”，保留局部现场沙化严重的斜坡，改造为滑沙景区，把这种挑战自然界的精神延续到场地中；同时结合酒店运营的要求，把这种挑战自然融合挑战自我，塑造出酒店天然独特的教育消费和娱乐乐园（覆盖高端情侣度假和亲子度假）；利用酒店沙地的现场条件和就地取材的原则形成了：

[C]

[F]

a. 礁石懒人河；
b. 礁石山洞；
c. 水中丛林椰岛；
d. 结合5米高差设计的大型跌水瀑布、峡谷泳池；
e. 岛中椰林沙滩。

塑造出海岛礁石海滩中的水上乐园，合理安排人流分散路线依据高差布置出两条主绿荫游园环路和一条沙滩椰林探索园路；让大家去触摸这些粗犷的不经意的细节，再现了设计师脑中所倡导的一种生活，那就是淡雅、直接、纯净、自然、典雅、健康。

花间堂古风园酒店景观优化设计

设计单位：上海邦越工程顾问有限公司
委托单位：苏州布洛斯酒店投资管理有限公司
施工单位：上海中钰园林发展有限公司
主创姓名：徐晞、韩蔚、郭克锋
成员姓名：邱子衡、任紫婷、何德高、李雪梅
设计时间：2015.03
建成时间：2015.11
项目地点：江苏省苏州市同里镇
项目规模：4700平方米
项目类别：酒店环境设计

项目背景：

项目坐落于苏州市同里古镇内，作为当地历史遗留建筑，进行保护、开发、运营。在保留其原有特点的基础上，挖掘其潜力，形成可供现代使用的商业古典景观。

设计说明：

花间堂丽则女校（古风园）酒店景观设计利用古典传统造林艺术为酒店环境注入底蕴，形式古朴自然，意蕴深远无穷。设计秉承传统园林的人文精神，融入时代气息，复苏消极空间。在保留原有岸线轮廓、古建、古树的情况下，对空间进行梳理和调整，给人带来清爽舒适的感官体验。1/2的传统传承保留，1/2的更新置换，打造一个可望、可游、可想、可居的东方人文理想酒店居所。

[A] 方案效果图
[B] 方案效果图
[C] 方案效果图
[D] 方案平面图
[E] 项目实景图
[F] 项目实景图
[G] 项目鸟瞰图
[H] 改造前实景图
[I] 项目实景图

[A]

[B]

[C]

[D]
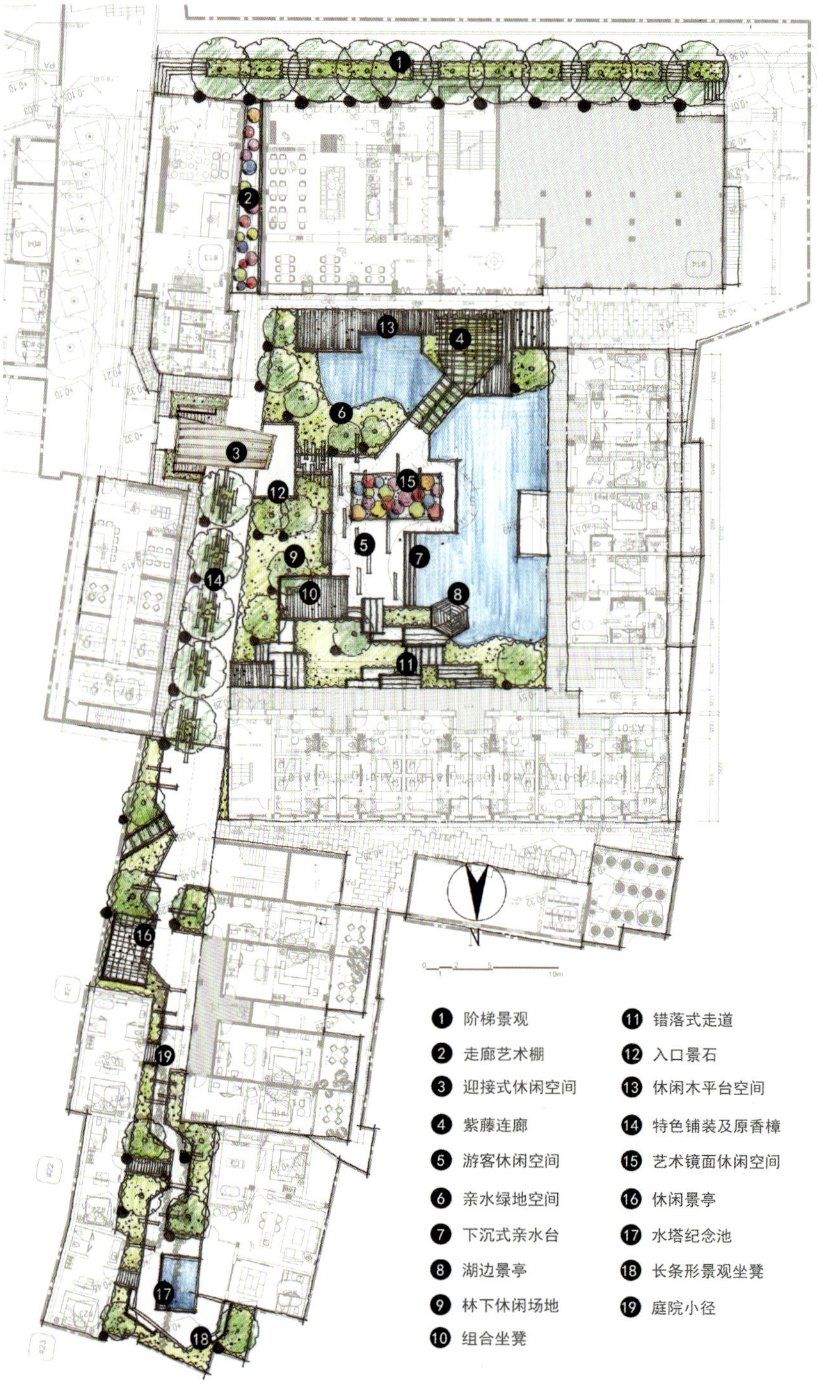

因树为屋随遇而安，开门见水会心不远。

同里古风园景观改造设计，场地性质由原先传统古典园林赋予花间堂酒店典雅诗意现代的空间复苏。
设计中保留场地古树林木和水景，
引入现代趣味的儿童互动装置，为空间注入活力。

[E]

[F]

现场留存植被已基本形成植物景观骨架，具有一定的保留价值。适当利用这些具有“老味道”的苗木打造特色的“古风园”。
现场留存的古树名木资源分布于园区，单株具有一定的经济价值，“群聚”于古风园更是不易，合理保护利用以正“古风”之名。
现状植被中不乏开花植物，除冬季外均有开花乔木可赏，适当增加冬季景观植物即可形成四季有花四季有景的景观；更可配以开花地被，以营造绚丽的“花间”效果。

[G]

[H]

[I]

上海三甲港文化总会·绿地国际旅游度假村

设计单位：上海纳千景观环境设计有限公司
委托单位：绿地控股集团房地产事业二部
施工单位：上海为林绿化景观有限公司
上海浦林城建工程有限公司
主创姓名：林晓军
成员姓名：李志巍、严诗莹、韩健、袁亚伟、黄中姝
设计时间：2017.04
建成时间：2018.10
项目地点：上海市浦东新区华夏东路
项目规模：166000平方米
项目类别：酒店环境设计、旅游度假区规划

[A]

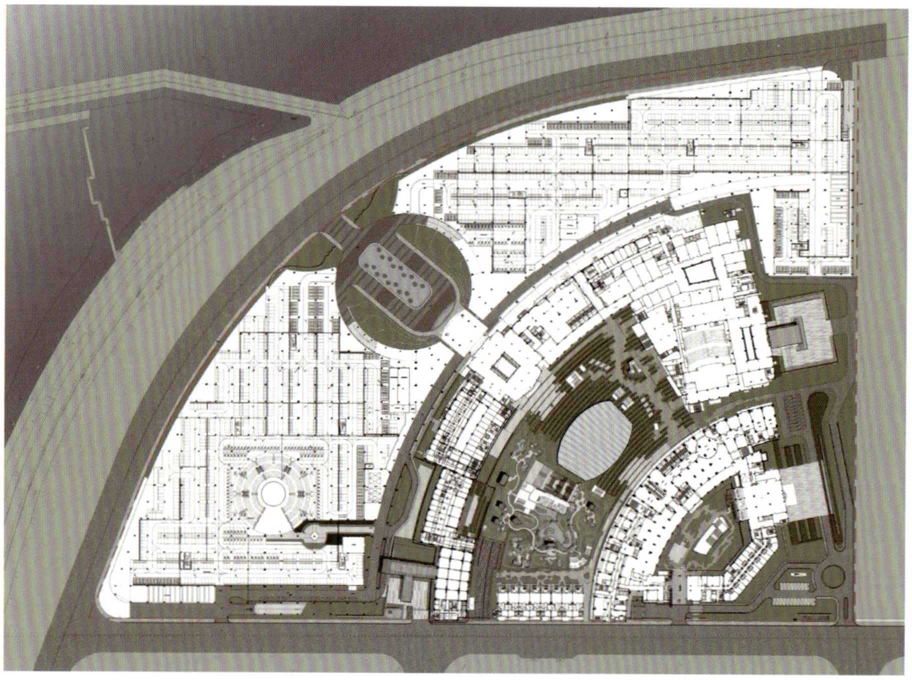

[B]

[A] 方案平面图
[B] 项目鸟瞰图
[C] 项目实景图
[D] 项目实景图
[E] 项目实景图
[F] 项目实景图

设计说明：

身在海边，以海为源，我们探索海的精神与活力，将海的元素融汇于度假村的每一处细节。设计师用现代简约手法将海的精神与活力实质呈现，重燃都市人与海洋对话的情怀。将海水的形态溶解于五星铂瑞酒店的前场，道路和水景分成两个不同层面，道路两侧的大面积水面营造出水的包围感来达到车道在水中穿行的效果，景观小品亦是海洋的涟漪。四星铂骊与三星Q酒店在海风的熏陶中融入了一股绿色自然生态，丰富的植物在自由灵动的空间中层次分明，如同漫步桃花源中，流连忘返。会议中心是优雅的中式风格与滨海环境的创意结合，营造一种古典优雅与海洋气息融合的空间氛围，让宾客在工作的同时品味生活闲适。

项目自我评价：

对于忙碌压抑的都市人群，感受海洋的精神与自由活力是一种渴望。避开纷扰人群来到这里，海洋的气氛萦绕着每一处景致，轻松自由的景观空间搭配独立办公区域，享受无忧度假。惬意生活与海洋元素、绿色生态的百分百交融，为都市人群提供了难得的舒适氛围。

[D]
[E]

[C]

[F]

项目经济技术指标：

该项目占地面积166666平方米，景观面积为166000平方米，容积率0.8，绿地率20%。

宝鸡鹏博高卢宾舍酒店景观

设计单位：广州华苑园林股份有限公司景观设计院
委托单位：宝鸡市鹏博房地产开发有限公司
施工单位：广州华苑园林股份有限公司
主创姓名：刘国强
成员姓名：黄鹤清、潘辉、陆尚智、黄茵、唐怡创
设计时间：2017.04
建成时间：2019.06
项目地点：陕西省宝鸡市鹏博中心
项目类别：酒店环境设计

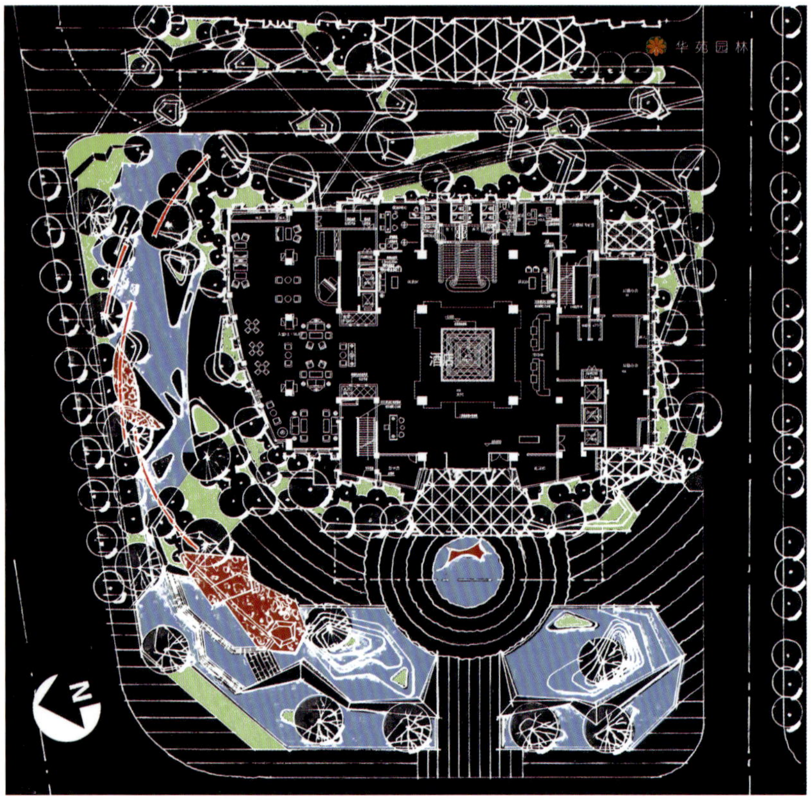

[A]

[A] 方案平面图
[B] 局部鸟瞰图
[C] 项目效果图
[D] 项目效果图
[E] 项目效果图
[F] 项目效果图
[G] 项目效果图
[H] 项目效果图

[B]

[C]

设计说明：

高卢宾舍酒店以法国胜利象征吉祥物——高卢雄鸡为设计灵感，结合项目所在地宝鸡的地域文化特色和现代化的酒店氛围，充分融合中法文艺特色。

从酒店主题出发融合当地传统文化和工艺，在景观营造上运用现代优雅的线条，结合尊贵的钻石切割形态，传承传统工艺精致的细节的设计手法。归纳出以“优雅，尊贵，传承”的设计思路。

延以富于变化的系列水景、颇具金属感的景观小品、细腻简洁的线性铺装，营造出典雅华贵与简约时尚相融合的景观效果。空间布局上，着重前广场的构建，特别是精神堡垒的表现；酒店的侧园与休闲户外餐吧相结合，以打造优雅静谧的景观空间为主。

后院休憩区及景观通道则充分体现休闲舒适的设计理念。酒店硬景以典雅的黑、白、灰三色为主，大量运用弧线与折线来表现景观的优雅与俊朗，重点塑造酒店的沿街形象，使景观更具质感。为丰富景观层次，采用大面积、多节点的水景设计，令景观空间更为灵动、活泼；采用静水、流水、跌水、喷水等不同形式的水体表现，以增加水景的观赏性及艺术性；合理设计水景的离地高度，保持客人开阔的视野及良好的景观感受。

通过设计贴合当地历史文化，融合景观主题。提升了酒店的品质感，让酒店成为CBD中的明珠。以新颖的设计手法重新划分空间与功能分区。用优雅的线条结合尊贵的钻石切割形态，传承传统工艺精致的细节重点塑造酒店的沿街形象，实现城市形象与周边土地价值的提升。更为所在地域增添了一抹美丽的风景线。

[D]
[E]

[F]

[H]

[G]

项目经济技术指标：

该项目占地面积20531.14m^2，景观面积为13251.24m^2，屋顶景观面积1694.50m^2，屋顶绿地面积458.36m^2，屋顶绿化率27%.

草滩建设·云起时展示区景观工程

设计单位：笛东规划设计（北京）股份有限公司（景观设计）、SUM景观设计（设计深化、花境设计）
委托单位：西安草滩建设发展有限公司
施工单位：陕西歌路建筑科技有限公司
施工团队：吴林娟、岑晨、卢彦平、乔旭升、韩宇、黄维政、郭志琴、王萌萌、景超
设计时间：2023.06
建成时间：2023.10
项目地点：陕西省西安市
项目规模：5345平方米
项目类别：地产景观

[A]

[A] 项目实景图
[B] 项目实景图
[C] 项目实景图
[D] 项目实景图
[E] 项目实景图
[F] 项目实景图
[G] 项目实景图
[H] 项目实景图

设计说明：

与其他传统景观示范区不同，云起时未设市政围墙，同时也是市政街角口袋公园，与市政接入，其开放性、自由性可见一斑，真正体现了展示区的共享城市花园的社会属性。项目整体工期短、任务重，为确保工程节点，歌路科技以丰富的经验和协调衔接，结合精细的工艺与品质追求，在各方人员相互配合下，历时三个月，最终保证了项目如期落地。

入口是展示区整体基调的起点，有机形状的异形草台，凝练了渭水的流转。施工团队在落地时进行深化设计，运用统一的流线元素模拟龟背地形，场地高低起伏，既达到遮挡视线和嘈杂环境的需要，又使得整个地形呈现自然变化，美观大方。青翠的草坪、清雅的花境组团、黑山石造景与精心挑选的高大乌桕紧密连接，相互呼应，大面的开敞草坪为视线预留更为开阔的视野，和谐地营造出山野的美感。

[B] [C]

由福鼎黑烧面仿石砖打造的主体道路展现出圆润生动的曲线，如涓水流动的定格。雾气缭绕下，行走其间，享受舟行水上森林的恬淡静谧。场地北侧的艺术景墙以拱形门洞为修饰，作为整个场地的背景肌理，植物配置上刻意使其不被过度遮盖，进一步提升了场地立面的层次感，在简洁之上增添几分温柔。

云起时的空间构成以景观形态的流线为凭依，透过涓水凝练后的优雅流转，连接了精神堡垒与销售中心，再以绿岸为媒，排布格局穿插交融又各自独立成景，空间被无限延伸。

场地与公共展示面之间的坡度高处，施工团队用大片简单、有厚度的草坪软化过渡界面，配合流水造型的灌木，让视线通达，又不过分单调。坡度低处为体现结构的层次性、保证空间明朗，也为了让边界的氛围更梦幻，以“小而美”的理念打造花境组团，实现坡度消化和软硬质过渡，自然野趣，浑然天成。

[D]

项目自我评价：

歌路建筑科技团队凝聚匠心与日夜，需求一个个满足、图纸一张张具现，荒芜被注入绿意生机，短短三个月，诞生了一座生态的、艺术的、流动的林间体验花园。无论匆忙的行人、归途的居者，这里都会是一处闹中取静的心灵之乡，是一个放下浮躁、烦恼，与植物对话的意境森林。

[E]

项目经济技术指标：

总红线面积：5937m²
景观红线面积：5345m²
绿地率：80%
绿化覆盖率：85%

[G]

[F]

[H]

泉城中华饮食文化小镇景观设计

设计单位：中国建筑西北设计研究院有限公司规划景观与建筑装饰工程设计研究院

委托单位：山东鲁坤齐晏文化旅游开发有限公司

施工单位：中建八局第一建设有限公司

主创姓名：刘涛、程祥、贾亮

成员姓名：殷鹏辉、汶武娟、韦东东、杨敏娣、程卓、马锐韬

设计时间：2018.08

建成时间：2019.06

项目地点：山东省德州市齐河县

项目规模：111620平方米

项目类别：园区景观设计

[A]

[B]

[A] 方案鸟瞰图
[B] 方案总平面图
[C] 项目实景图
[D] 方案效果图
[E] 项目实景图
[F] 方案效果图

设计说明：

以乡村为本底，以中华饮食为主线，以原乡文化为体验的齐鲁大地极具乡土风情的文化特色小镇。

项目位于山东省德州市齐河县，距离济南主城区18公里，毗邻黄河生态城、国际智慧医学城、齐河县主城区，交通便捷，区位优势明显。作为中国最美生态旅游示范市的齐河县，积极推动基地美丽乡村旅游的示范效应。设计深挖饮食文化的精神内涵，进一步在美食、畅玩等方面传达中国传统美食文化、表达乡土文化。

景观设计是立足于齐鲁大地的原乡文化，提炼传统元素与文化符号，打造网红的景观体验地和空间视觉锤，为人们讲述一段美食传奇。方案以“大、新、奇”的景观体验为落脚点，发挥“饮食”的可见、可听、可触摸、可闻、可品尝的优势，并加以提升，在弘扬美食文化的同时带给游客丰富多彩的空间感受。设计遵循以人为本的基本原则，还原传统的生活状态，建立人与人之间的情感纽带，为怀念乡村美食、风土民情的居民提供一处独具特色的美食名镇。

[C]

[D]

项目自我评价：

本次景观设计将山东当地传统的生活场景、饮食方式与制作技艺进行提炼与升华，将其转化为独具创意的景观场所。

[E]

[F]

上海万科御河企业公馆

设计单位：ACLA LIMITED
委托单位：御河硅谷（上海）建设发展有限公司
主创姓名：TOMM LEE VAN DYKE
成员姓名：金梓
设计时间：2014
建成时间：2018
项目地点：上海市浦东新区五星路568号
景观面积：111683平方米
项目类别：园区景观设计

[A]

[B]

[A] 方案平面图
[B] 项目实景图
[C] 项目实景图
[D] 项目实景图
[E] 项目实景图
[F] 项目实景图

设计说明：

项目位于上海市浦东新区北蔡镇，以基地为中心，周围辐射的地区西侧至世博园8.5公里，北至陆家嘴金融中心9公里，10公里辐射范围内包括国际性金融中心，区域级经济、贸易、航运中心，进出口贸易中心，以及各类城市商业服务区。

配合生活形态的景观：
重视体格锻炼——双层回路慢跑道：
园区内设全区1.9公里的大环慢跑道和环地块的4条小环跑。环跑道上提供河滨、草坪、绿林及城市的景色，更提供饮水及存物等贴身服务，在增加跑步体验的同时注重人性化服务。

高资讯生活——网络连接不间断：
园区内各个休闲区内均设有太阳能及动能充电点，随时在户外亦能保证随身的电子产品有充足的电源供应。

资讯交流信息共享——协同效应创造更大的经济效益：
组团内的公共空间被设定为户外的工作间，赋予一个空间、一个场地用以促进同行业之间互动交流。

[D]
[E]

[C]

[F]

自我评价：

ACLA的设计理念是强调创造出各式的共享空间，以提供共享信息的场景来为用户在商业氛围中创造更多的互动机会，带来无限商机和经济效益。

开平赤坎新区安置区环境景观设计

设计单位：上海塔木景观设计有限公司
委托单位：开平赤坎古镇文化旅游开发建设管理委员会
施工单位：广州市第二建筑工程有限公司
主创姓名：黎鹏志
成员姓名：刘博新、关询维、罗晓波、杨火文、欧阳晖文
设计时间：2018.01—2019.01
建成时间：2019.12
项目地点：开平市赤坎镇
项目规模：11550平方米
项目类别：地产景观

[A]

1.小区主要出入口
2.社区中心广场
3.景观廊架
4.对景大榕树
5.户外休闲座椅
6.室外健身区
7.儿童乐园
8.儿童乐园景墙
9.对景雕塑
10.停车位
11.地下车库出入口
12.自行车停车区
13.商业中庭
14.商业外街
15.商业广场

[A] 方案平面图
[B] 居住区鸟瞰图
[C] 商业区夜景效果图
[D] 居住区社区广场效果图
[E] 商业区实景图
[F] 商业建筑细节照片
[G] 居住区儿童乐园效果图
[H] 居住区廊架实景图
[I] 商业建筑细节照片
[J] 商业建筑细节照片

[B]

[C]

设计说明：

本项目是一个安置社区项目，催生于赤坎古镇文化旅游项目的开发与建设。项目编号为A1-1地块安置区建设项目。该项目从景观角度主要有两个层面的专业意义值得借鉴。

1.规划层面的突破和创新。本项目在风景园林专业介入后提出了两设计策略，发挥了积极作用，有效地引导了项目向更好的布局结构上发展，为园林的环境创造了一个优良的空间骨架基础。(1)推动社区园林向优质结构发展。整体修改调整，并重点设计地面车位和消防登高面。该策略将狭小的社区园林环境由原来几乎布满了硬质消防登高面的规划导向增加50%以上的园林绿地的新规划，并为这块不到2万平方米的建设用地创造了一个人车完全分离的独立社区花园。(2)将东侧的商业建筑纳入景观体系中。综合考虑了整体的环境结构，从镇政府对面的轴线向西延伸，与住宅景观环境融合在一起，并创造了两个组合庭院，形成了第一个庭院式的骑楼建筑群，并在甲方的推动下，与地方的侨乡艺术家深度合作，成功创造出了一个地方的网红点，每周末都能吸引近百人的参观人流。

2.在设计层面成本压力下的方案穿透力保证。在方案中，通过控制铺装面积，减少景墙，减少非重要部分的苗木规格等各种调配手段。有效保留了原方案的基本骨架，控制了整体空间布局结构，并保留了儿童活动的功能区。

[D]

[G]

[H]

项目自我评价：

从风景园林专业的角度，推动规划层面的消防沟通和协调，显著提升了社区内的绿化体量。此外，在严苛的成本管控下，为动迁安置的居民们创造出了一个内部独立无车行干扰，且具备多龄化功能模块的健康社区环境，充分体现了设计师对安置社区这一类居住环境的关怀和责任。

[E]

项目经济技术指标：

总用地面积：18811.03平方米；

居住户数：444户；

绿地率：35%；

住宅景观面积：11550平方米；商业建筑面积：4000平方米；商业景观面积：4373平方米。

[F]

[I]

[J]

中铁一局机关大院综合改造工程

设计单位：易枫达景观有限公司
委托单位：中铁一局集团有限公司
施工单位：中铁一局集团建筑安装工程有限公司
主创姓名：屈荣
成员姓名：岳旭东、张西霞、张三姓、李晔、
芦川雄、杨粉、朱迪、杨艳珍
设计时间：2019.05
建成时间：2020.03
项目地点：陕西省西安市碑林区雁塔北路1号中铁
一局机关大院
项目规模：2万平方米
项目类别：园区景观设计

[A] 方案鸟瞰图
[B] 项目平面图
[C] 项目效果图
[D] 项目效果图
[E] 项目效果图
[F] 项目效果图
[G] 项目效果图

[A]

[B]

1 植物组团
2 坡地绿化
3 旗台
4 亭廊屏风
5 镜面水景
6 碳钢板
7 景观亭
8 一池三山
9 展示景墙
10 透水路面
11 休憩平台

设计说明：

大门空间以条形指引铺装以及坡道绿化为亮点。在坡道绿化上采用造型松+景石+花境的设计手法展示了“天下第一局”喜迎八方来客的主人气质。

穿过内厅进入山水庭院，在入口处设计一个屏风中轴镜面水景，通过曲水流觞的砂石绿化引导，进入花园空间，极大地营造了行走的仪式感受。

植物精致组团特色种植，花镜组团的行走感受，伴随着直线与折线线条铺装，水景上倒映的树影美轮美奂，构成该空间的主要特色。

自我评价：

本项目是一个在改造项目类型中成功的一个案例，设计将原有的脏

[C]

[D]

[E]

[F]

[G]

乱环境改造为焕目一新的办公景观，既满足了单位的大气宏伟，又满足了职工休憩观赏的功能需求。通过对整个空间的整合体现“一门、一厅、一庭、一院”的不同空间感受。

项目经济技术指标：

景观工程中软景共约5000平方米，合计257万元，硬景、给排水、拆除量、土方工程、照明等工程共约998万元。工程总价约1518万元，单方造价1285元/平方米。

银湖花园·云漫湖畔

设计单位：浙江亿匠园林设计有限公司
委托单位：银湖花园业主
施工单位：浙江亿匠园林设计有限公司
主创姓名：郭洋
成员姓名：郑凯翔、吴乐乐、朱婷婷
设计时间：2018.09
建成时间：2020.04
项目地点：浙江省诸暨市
项目规模：1305平方米
项目类别：庭院设计

[A]

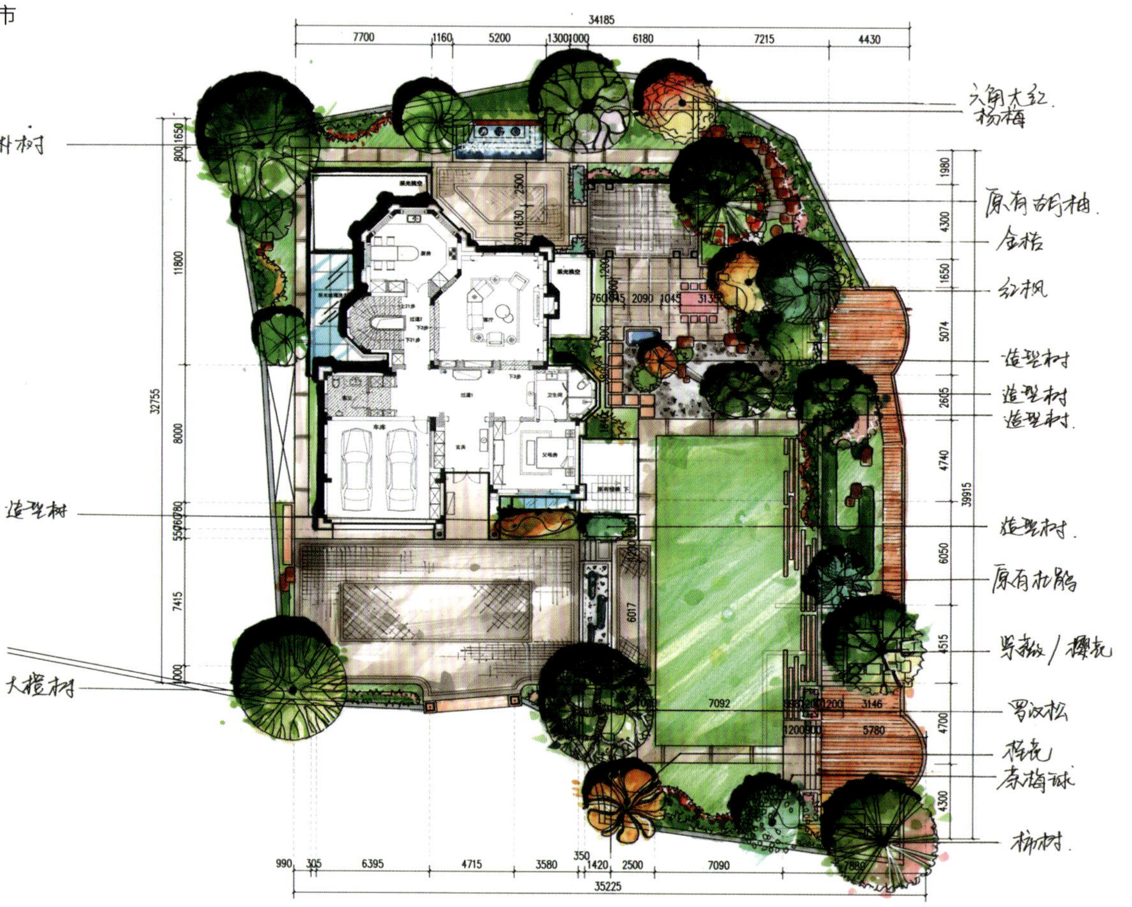

[A] 方案平面图
[B] 项目实景图
[C] 项目实景图
[D] 项目实景图
[E] 项目实景图
[F] 项目实景图
[G] 项目实景图
[H] 项目实景图

[B]

[C]

[D]

[E]

设计说明：

陈从周先生曾说过："华丽之园难简，雅淡之园难深。简以救俗，深以补淡。"该别墅花园以自然、淡雅、清幽为基调，融合华贵与细腻，将"简"与"深"相结合，在收放开合的空间中融入诗情画意，营造具有韵味的雅致生活。

这幢别墅坐落于银湖花园湖畔，周遭环境优美。身处这样的一幢高档别墅中，映入眼帘的是湖的水色湖光，仿佛心灵都得到了洗涤。但在接手设计之前的花园并不令人满意，别墅业主将建筑地下室往外扩建了十几米，导致大面积的花园都在地下室的顶板之上，增加了设计的难度，同时也导致了该面积区域不能种植高大的乔木。在与别墅的主人沟通中了解到他希望自己的院子能更好地被设计与利用，他亲近自然想要院子与周围环境相协调。花园的风格定位以自然、淡雅为主，搭配造型优美的松树营造出精巧细致的意境。

设计师结合建筑室内布局及花园场地，把花园划分为三个大的区域：入口景观区、阳光休闲区、亲水戏鱼区。

入户景观区主要以大铺装为主，方便车的出入，搭配大气精致的院门、两侧对称栽植的造型树，轻奢中透着些许庄严感。花坛中的景观置石搭配造型飘逸的黑松，营造出脱俗雅致的空间氛围，既起到车行出入的对景作用，又能起到分割入口空间与阳光休闲空间的作用。

台阶拾级而上，映入眼帘的是一片大草坪，绿油油的草坪铺在地上呈现地毯的样子，外围一圈用石板铺设，这平铺直叙的空放草坪配合道路外围花团锦簇的种植岛雅而不俗，让人感到豁然开朗。与草坪相接的是砂石景观，以细细砂石铺地，另叠放几尊有致的石组，在方寸之地幻出千岩万壑，营造出一种淡泊宁静的"悟境"。

亲水戏鱼区低于阳光休闲区，由于高差较大，中间运用纯粹的造型树组合过渡空间关系。作为地下室的室外景观，利用简洁矮小的造型植物组景和湖面景观呼应，形成内外通透的景观，无缝衔接室外自然与室内生活，为空间带来丰富的视觉享受。顺势而上，是幽密的树林，古人云"曲径通幽处，禅房花木深"漫步于院内小路，径行转折，卵石与碎拼石材两相交错，颇有此番意境。

整个花园设计都是处处用心，从设计到最后完工，整个团队都是非常注重细节的处理和角落的修饰，在不断的研究中寻求最好的设计。这不仅是对户主的信任和负责，也是作为花园设计从业者对于作品的执着与要求。

[F]

[G]

项目自我评价：

从业七八年时间，不断地进步与提高，从简到繁再到简的过程，是对设计由形到意，由眼睛到内心的转变。让观者从景观细节中体会一份独有的设计，一份精湛的工艺，一份追求完美的心。

[H]

中国共产党宝鸡市委员会党校迁建工程

设计单位：易枫达景观有限公司
委托单位：中国共产党宝鸡市委员会党校
施工单位：宝鸡建安集团第一项目部
主创姓名：张三姓
成员姓名：岳旭东、张西霞、屈荣、李晔、芦川雄、杨粉、朱迪、杨艳珍
设计时间：2019.03
建成时间：2021.08
项目地点：陕西省宝鸡市金台区宝中路2号中共宝鸡市委党校
项目规模：8.5万m^2
项目类别：城市及校区规划

［A］方案鸟瞰图
［B］项目平面图
［C］项目效果图
［D］项目效果图
［E］项目效果图
［F］项目效果图
［G］项目效果图

［A］

［B］

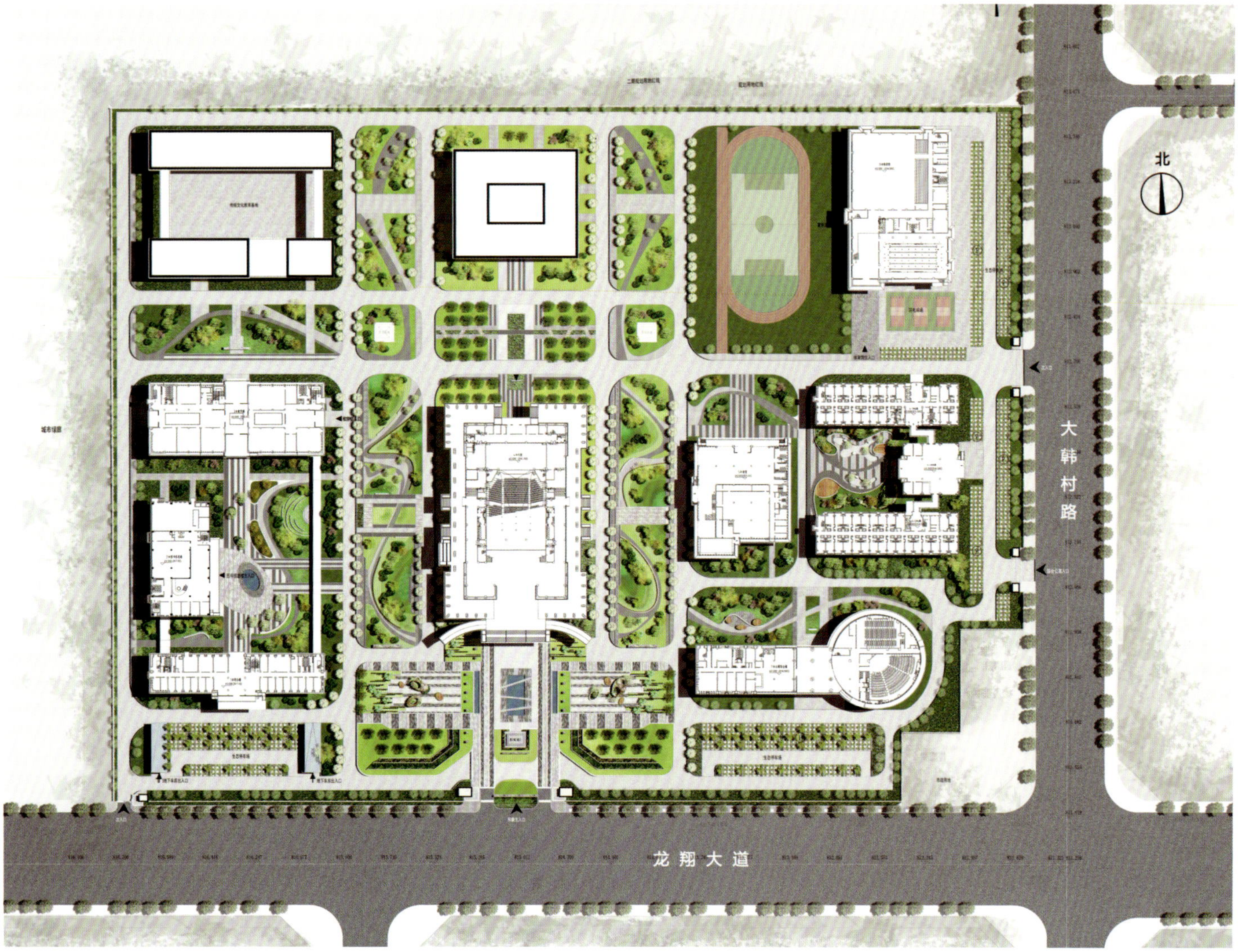

设计说明：

本次设计景观构架是中轴对称式分布，以一轴两环三带四区多节点进行设计，从校园主入口向礼堂延伸景观轴线，构建总景观框架。

外环主要为交通道路，内环主要用于人行道路，景观主轴东西两侧为主轴景观带，整个园区北侧为地方特色景观带，同时也将整个园区划分为四个功能景观空间，在总体空间划分的基础上，在校园内布置多处景观节点。

自我评价：

本项目园区内道路纹理源于党的历史路线发展、地域文脉及自然特点，形成优美曲线的路线、自然生态竖向关系，以历史景观与地区特色相结合形成学习休闲交流的平台。

[C]

[D]

[E]
[F]

[G]

整个校区景观设计以寻求人与自然平衡为准则，将诗情画意、庄重肃穆写入校区，使之成为一所体现宝鸡党校人文精神、党政风貌和自然风光的一流的生态环境校区。

项目经济技术指标：

景观工程（包括室内景观和屋顶花园）共约58026平方米，合计约1809万元，大门与围墙共计约350万元，景观配套系统共约3654万元。工程总价约2524.5万元，单方造价375元/平方米，绿化率约为51%。

『东城西苑，人水相依』
济宁大运河总督署文化街区规划设计

设计单位：中国建筑西北设计研究院有限公司华夏建筑设计研究院

主创姓名：陈雷

成员姓名：朱春红、段怡敏、孙宁、刘伟

设计时间：2019.08

项目地点：山东省济宁市任城区

项目规模：83.1hm²

项目类别：城市及园（校）区规划

[A]

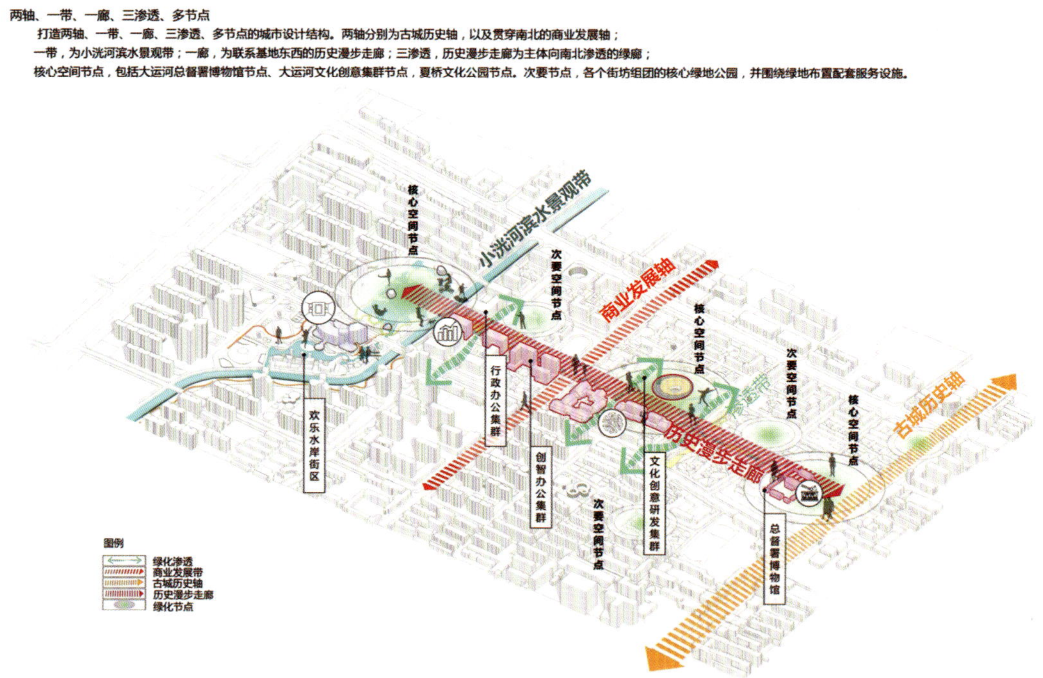

[B]

[A] 方案平面图
[B] 项目鸟瞰图
[C] 项目实景图
[D] 项目实景图
[E] 项目实景图
[F] 项目实景图

设计说明：

方案理念构思——“东城西苑，虚实对话，礼乐交融，经纬纵横”，小洸河将基地分为东城、西苑两个部分，城苑相互结合打造城市与自然相互融合的人居本体；充分挖掘大运河文化价值，利用城市绿地蓄水形成夏桥文化公园，引水入城连通城市公园与大运河总督署博物馆，实现夏桥文化公园与总督署博物馆的虚实对话；建构东西向多元复合的城市轴线，创造多元复合、礼乐交融的济宁城市生活品质；使用经纬纵横的道路网络，延续济宁城市肌理，构筑城市公共空间网络串联街区中各个孤立的历史遗迹。

项目自我评价：

街区是一处空间载体缺失型的历史街区，设计中充分结合当地的自然、历史、文化以及周边建成环境的特点，递进式地提出了东城西苑，虚实对话、礼乐交融、经纬脉络的空间生成逻辑，并针对城、苑、轴分别提出街坊复兴的更新计划，城河画卷的更新计划以及历史漫步更新计划，以此激活街区活力，修补街区历史文化的空间特点。

[D]
[E]

[C]

[F]

项目经济技术指标：

项目总面积：83.1hm^2；绿地率：19%；用地净容积率：1.3；建筑密度：28.9%。

朝花夕拾——绍兴绿康越州家园康复花园景观改造设计

设计单位：渭南师范学院/西安夏木工程设计有限公司

委托单位：绍兴绿康越州家园养老服务有限公司

施工单位：陕西歌路建筑科技有限公司

主创姓名：孙丹丹、刘杨、和晗睿

设计时间：2022.09

建成时间：2022.12

项目地点：浙江省绍兴市

项目规模：7500m^2

项目类别：园区景观

[A]

[A] 总平面图
[B] 康复花园实景图
[C] 康复花园实景图
[D] 认知症康复花园实景图
[E] 改造前后对比
[F] 认知症花园使用情况

[B]

[C]

设计说明：

我国的老龄化问题日益严峻，为应对老年人健康问题，设计团队对绍兴市养老社区的公共绿地进行改造，将其分为健康老人的共享绿地和认知症老人及肢体功能障碍老人的康复花园。方案以老年人康复理论为设计理念，引入“朝花夕拾”的概念，延续场地原有红砖，设置亲水平台、农场种植，花镜观赏，以及适老化设施等区域，营造自然闲适的景观，以期重现老人们“朝花夕拾”的烟火生活。

设计在空间上保留了场地原有的道路、广场、树木及结构，增强了老人与环境的互动性，提高空间的层次感和利用率；功能上增设了认知症花园，通过适老化设计提升康复功能，清理临水区域植被，使其改造为滨水平台和阳光农场；氛围上通过选用形态自然且花色鲜艳的植物，模拟鲁迅先生笔下的“百草园”，营造自然野趣的植物氛围。

项目建成后，闲置多年的边角空间被激活，成为丰富且有趣的空间节点。在空间布局上的划分，使得老人日常活动互不打扰，又在空间环境、运营管理和照护服务等多方位融合。农场由老人们负责管理，目前状态良好。

项目自我评价：

设计尽可能利用原有要素，控制建造成本，经与甲方沟通，最终造价为每平方米200元，建成后效果得到业主的一致好评。项目的落地让荒废的空间更好地发挥了健康效益，从功能分布、景观配套及感官体验等方面为养老社区提供了康养环境的基础保障，促进了老人的社会交往，对老人健康状况起到了积极的改善作用。

项目经济技术指标：

景观红线面积：7500m^2

绿化面积：3610m^2

园建面积：3890m^2

绿地率：48%

绿化覆盖率：60%

[D]

[E]

[F]

察尔汗梦幻盐湖景区

项目名称：察尔汗梦幻盐湖景区一期工程

项目位置：青海省格尔木市

项目面积：127308.19平方米

业主单位：格尔木梦幻盐湖旅游文化发展有限公司

设计单位：同创文旅

主创设计：冯冰

[A]

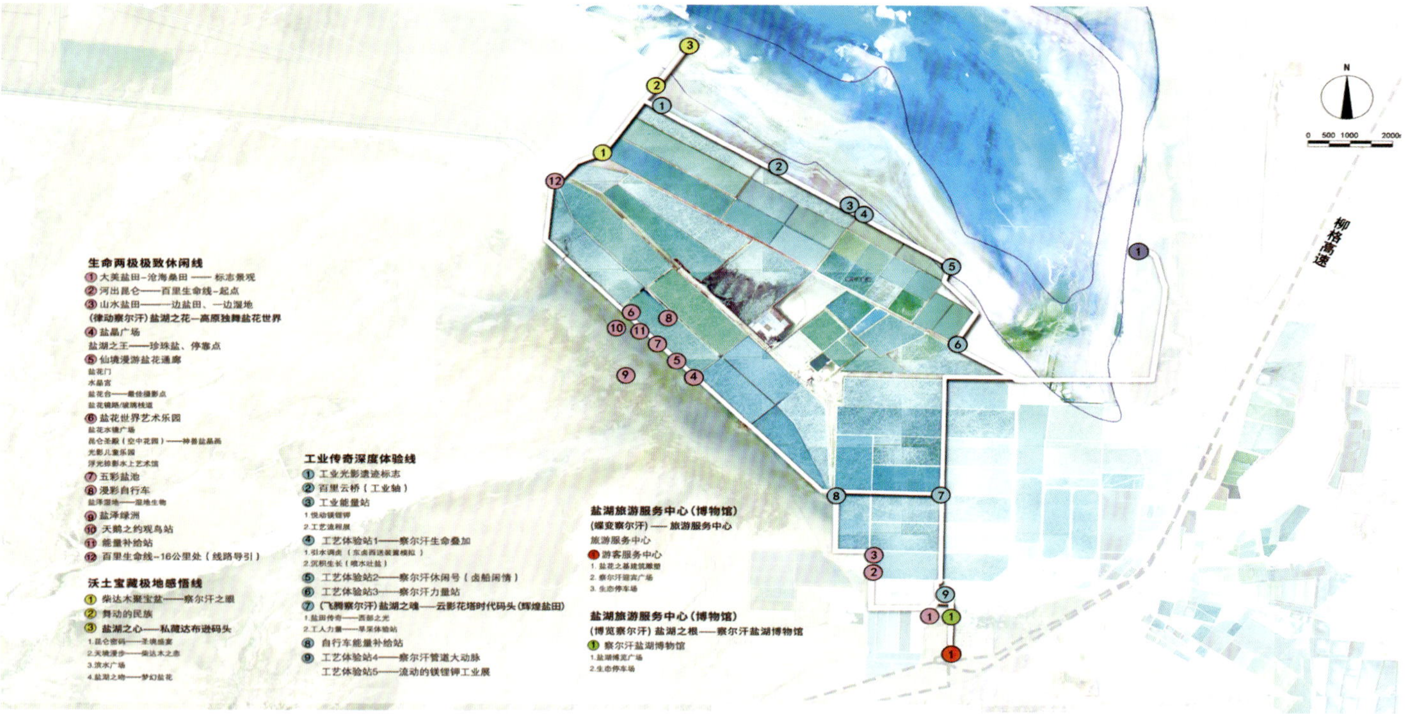

[B]

[A] 平面图

[B] 云天圣境入口景观盐雕

[C] 云天圣境盐晶小屋

[D] 星月银滩鸟瞰

[E] 云天圣境盐池盐林

[F] 五彩瑶池盐花水镜

[G] 云天圣境盐花圣殿

设计说明：

察尔汗盐湖地处柴达木腹地格尔木市，作为特殊的生态系统，主要由盐湖、盐田、盐滩、盐花、盐镜、湿地、戈壁等景观组成。

项目一期以盐湖奇观展示、盐主题文化体验为特色，打造极具艺术性、趣味性，感官刺激性的超现实大地艺术景观，并围绕“初识一震撼一跳跃一再度震撼一精神感悟”的观览体验节奏规划出：工业传奇、生命两极、极地感悟三条主题游线，并形成一环、两廊、五心的空间格局。

为了打破项目元素单一、尺度大的问题，设计提炼出盐湖、盐田、盐花、盐滩等不同的“盐”主题，结合大地艺术设计手法，塑造出多样性的立体景观，视觉体验十分震撼。项目又依托湿地景观与盐湖景观，形成了反差强烈的两极体验，让游客感受到自然万物的神奇之美。

[D]
[E]
[F]

[C]

[G]

德阳西阁村乡村规划设计

设计单位：川音城市与环境艺术研究院
委托单位：德阳市人民政府
施工单位：川音城市与环境艺术研究院
主创姓名：田勇
成员姓名：赵亮、高家双、杨潇、胡旻、马子琪
设计时间：2019.08
建成时间：在建
项目地点：德阳市西格村
项目规模：63.1万平方米
项目类别：乡村规划

[A]

[B]

[A] 方案鸟瞰图
[B] 项目平面图
[C] 项目效果图
[D] 项目效果图
[E] 项目效果图
[F] 项目效果图

设计说明：

"西阁林溪源"

本案例在规划设计乡村景观时，更多注意"三生整合"理念的内容，将生产与村民的经济收入挂钩，将生活与村民的生活质量相连，将生态与村民的自然环境融合，让乡村景观设计的建设规划具有综合性、科学性和长远性，强调整体协调和功能分区，最大限度地保护传统文化和改善环境，致力于打造中国西部自己的独立而具有特色的乡野空间。在乡村，建造一处满足人们对大自然亲近，对神秘世界探索，对生活的调节的需求。对乡村的建造，立足于趣味性、可玩性、舒适性、自然性、融入性等，希望人们在这里能有一个梦想孵化的地方，从而实现我们为此研究、思考、建设乡村景观设计的真正意义。

[D]
[E]

项目自我评价：

该项目致力于打破常规乡村规划格局，将村与景的协调以村为景、以景影村地进行规划设计，通过整治"四乱"改善居住环境，并且按照"乔灌搭配、高低错落、针阔混交、见缝插绿、露图栽花"的原则对村庄环境进行绿化配置。充分考虑山水田林的自然环境元素，融合自然、文化、风俗特色，做到美满村独特的、具有魅力的、差异化的"一村一景"。

[F]

[C]

项目经济技术指标：

该规划区建设用地面积63.1万平方米；
宅基地总面积15899.84平方米；
建筑基底面积11617.54平方米；
建筑总面积24152.58平方米；
道路用地面积8890.29平方米；
广场用地面积2039.42平方米；
绿化率85.7%。

佛山市高明区西江沿岸区域城市设计及景观规划

设计单位：AAUPC CHAVANNES & ASSOCIES
（法国AAUPC建筑规划事务所）
委托单位：佛山市自然资源局高明分局
主创姓名：李胜
成员姓名：PATRICK CHAVANNES、严知彼、闫昕、张莹、
LUCAS YVONNET、付秋玲、黄诗季、陈信和
设计时间：2018.09
项目地点：佛山市高明区西江沿岸
项目规模：4580000平方米
项目类别：城市设计、景观设计

[A]

[B]

[A] 方案平面图
[B] 项目效果图
[C] 项目手绘图
[D] 项目效果图
[E] 项目效果图
[F] 项目效果图
[G] 项目效果图
[H] 项目效果图

设计说明：

我们从西江与平沙岛的相遇获取灵感，融合国际著名滨水区的成功经验，提出“西江涟漪，绿链荷城”的概念。

项目位于佛山市高明区西江沿岸区域，坐拥13公里长的优美岸线，却面临生态修复、空间整合、功能完善、道路优化、形象提升等问题。为此，我们设计了一个绿色开放的滨水区。

项目整体定位为集“生态保育、产业创新、展览交流、商务商业、文化体验、娱乐休闲、旅游观光、交通换乘、智慧社区”等多功能为一体的“滨水活力带”。

通过“生态滨江、多维滨江、协同滨江、通达滨江和点亮滨江”五项策略，重构安全稳固的蓝脉绿网，打造连续宜人的空间景观，强化功能促进活力辐射，完善绿色多元的出行体系以及营造形象鲜明的城市脊梁。

项目自我评价：

我们怀着匠心精神，深入调研使用者的行为及习惯，力求将各年龄层使用者的需求融入设计。我们期望这里不仅仅是一个诗意、浪漫、活力、共享的“滨水活力带”，更应该是一个让世界看到的文化坐标。

项目经济技术指标：

该项目占地面积为4580000平方米，景观面积为1238500平方米。

[D]
[E]

[F]
[G]
[H]

[C]

南通韩通船厂更新改造星耀滨江公园概念设计竞赛（公园部分）第一名

设计单位：MPG摩高景观设计
委托单位：南通万江耀升房地产有限公司
主创姓名：张锐
成员姓名：DAVID R. GAL 大卫 · 盖尔、杨龙父、吕娟、张瑶、窦瑞、向莉桦、丁莹、张瑞、王潇逸
设计时间：2020.03
项目地点：江苏省南通市通州区
总用地面积：330000平方米
项目类别：城乡公共空间

[A]

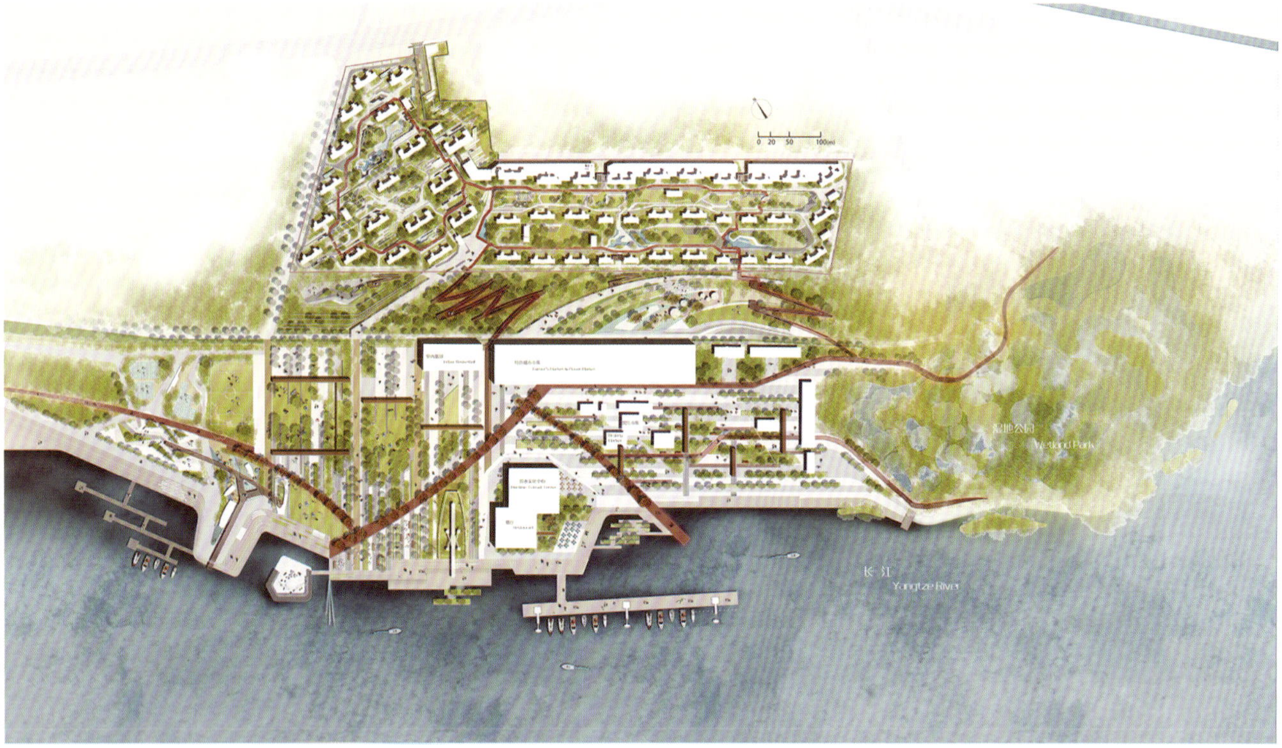

[B]

[A] 方案平面图
[B] 项目鸟瞰图
[C] 项目分析图
[D] 项目效果图
[E] 项目效果图
[F] 项目效果图

设计说明：

该规划是对工业遗存的一次重生与蜕变，实现由重型造船厂到城市休闲目的地的一次转型。设计的初衷并不是修复厂址，将其恢复到一个理想的自然状态，而是希望借助其工业沉淀及人文价值，重新解构并定义场地。场地改造分为三大区块——城市滨水公园+城市绿化缓冲带+生态住宅区，设计中我们保留场地的正交布局及起重机等可识别的历史对象，利用这些原生符号作为滨江工业遗产创新和改革的催化剂，以引导再开发，使场地既保留时代发展烙印，又具有场地新生的活力。

项目自我评价：

在此项目中，景观设计师充当了这样的角色：作为项目开发商的代表，景观设计师负责对场地进行总体规划，创建一个完整的“共同生活”社区平台，旨在连接健康、生活、休闲与自然。滨水城市公园被设想为重建的催化剂和区域性城市社区资产，得以提升城市形象。

[C]

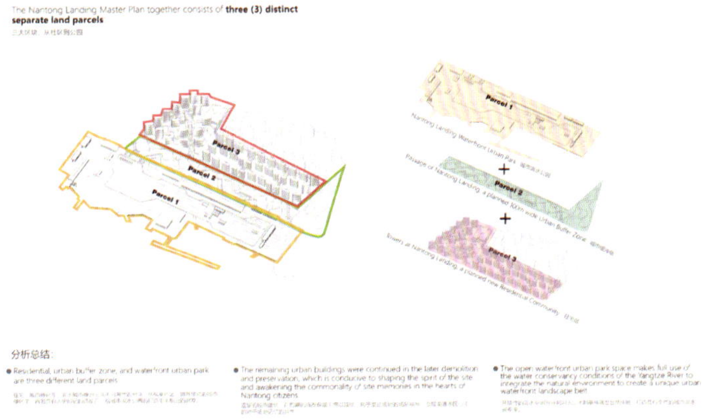

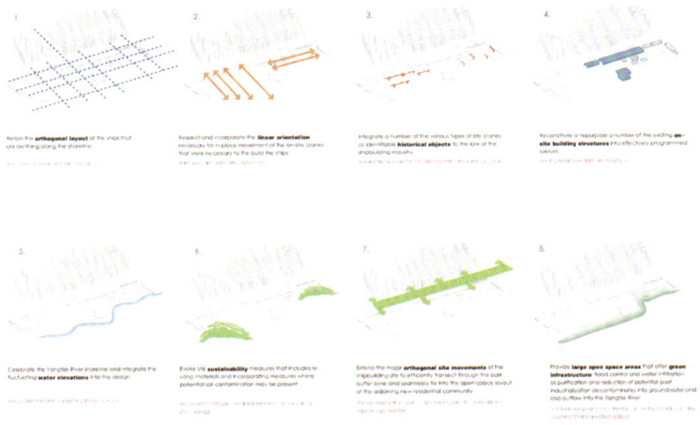

[D]
[E]

[F]

项目经济技术指标：

总用地面积：330000平方米

贵州省毕节市鸡鸣三省红色旅游景区

设计单位：四川省自然资源投资集团有限责任公司、核工业西南勘察设计研究院有限公司

委托单位：毕节时空旅游文化发展有限公司

施工单位：贵州建工集团第五建筑工程有限责任公司

主创姓名：石英浩、刘书

成员姓名：廖陈龙、蒋晓丹、黄一锋、赵丹、谢黎、彭竟英

设计时间：2017

建成时间：2019

项目地点：贵州省毕节市林口镇

项目类别：旅游度假区规划

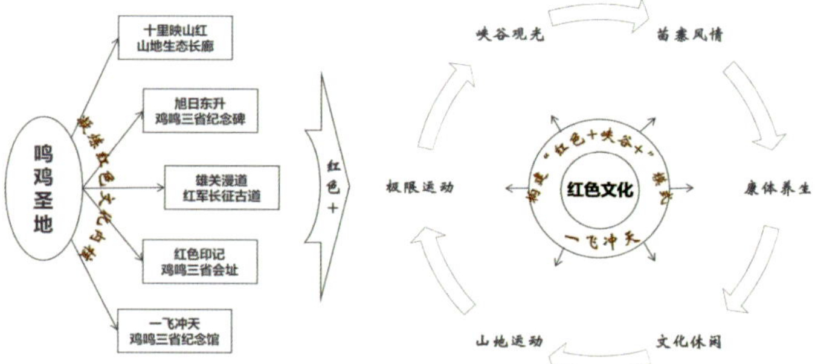

[A]

[A] 方案思维图
[B] 项目效果图
[C] 项目概念图
[D] 方案平面图
[E] 方案鸟瞰图
[F] 演化过程图
[G] 项目效果图
[H] 项目实景图
[I] 演化过程图
[J] 项目效果图
[K] 项目实景图
[L] 项目效果图
[M] 项目实景图
[N] 项目实景图
[O] 项目效果图

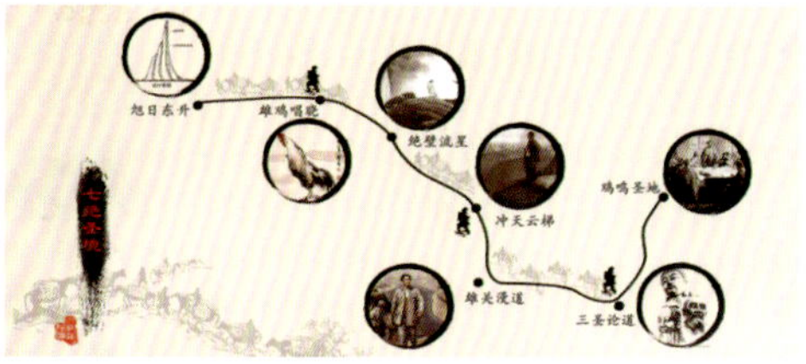

[B]

[C]

设计说明：

鸡鸣三省景区地处云、贵、川三省交界，位于贵州省毕节市七星关区林口镇鸡鸣三省村，距离林口镇约12公里，距离七星关城区约57公里。设计以奇险的峡谷风光为核心吸引，以鸡鸣三省红色文化为品牌支撑，融入苗寨风情、养生文化及山林生态环境，形成以峡谷观光、峡谷探险、山林养生、文化体验等功能为核心的复合型旅游景区。综合场地资源、现状交通、市场需求及旅游产品打造的基础上，划定出“一心一环三区”功能结构，一心：入口服务中心；一环：交通疏导功能环；三区：峡谷体验区、文化休闲区、山林生态区。入口服务中心：修建高速连接的旅游公路，于距三岔河瀑布平缓台地区域连通景区，形成景区的入口服务中心，配套全景区的交通集散及商业休闲。

峡谷体验区：以鸡鸣三省会议所延伸的红色文化为文化主线，以三岔河大峡谷的山水环境为功能载体，红色文化和峡谷风情有机融合，构成神奇峡谷的极致体验，设计峡谷观光、栈道体验、河谷静飘、极限运动等功能节点；文化休闲区：以鸡鸣三省会议及其文化为核心，围绕鸡鸣三省会议，做大“鸡鸣圣地”，以红色文化整合苗族村寨风情，做特“红韵苗街”，融入红色教育、文化休闲、苗寨体验，形成主题型红色文化休闲区域。山林生态区：依托七星关区“长寿之乡”的品牌形象，以区内生态山林、度假气候为基础，通过苗医养生文化的植入，形成苗医康养型度假区域。设置山地运动、生态休闲、主题婚庆、生态旅游等主题乐园。

[D]

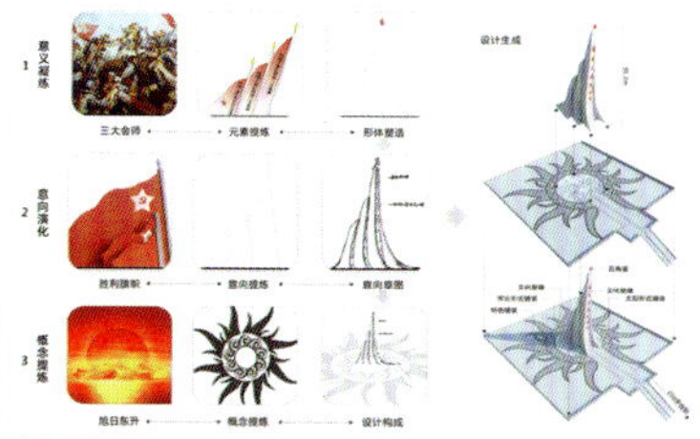
[H]

[I]

[J]

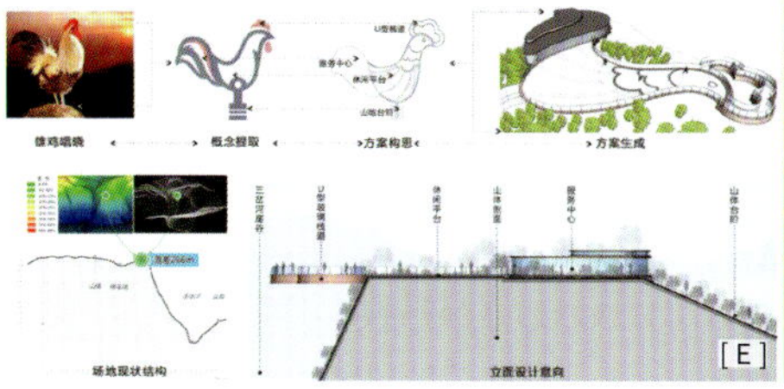
[E]

[F]

[G]

峡谷体验区

以鸡鸣三省会议所延伸的红色文化为文化主线，以三岔河大峡谷的山水环境为功能载体，红色文化与峡谷风情有机融合，构成神奇峡谷的极致体验，设计峡谷观光、栈道体验、河谷静飘、极限运动等功能节点。

[M]

[N]

[K]

[O]

[L]

山林生态区

依托七星关区“长寿之乡”的品牌形象，以区内生态山林、度假气候为基础，通过苗医养生文化的植入，形成苗医康养型度假区域。

文化休闲区

以鸡鸣三省会议及其文化为核心，围绕鸡鸣三省会议，做大“鸡鸣圣地”，以红色文化整合苗族村寨风情，打造“红韵苗街”，融入红色教育、文化休闲、苗寨体验，形成主题型红色文化休闲区域。

陈巴尔虎旗中国草原产业集聚区 PPP 项目

设计单位：美尚生态景观股份有限公司北京分公司
委托单位：陈巴尔虎旗草原产业生态科技有限公司
施工单位：美尚生态景观股份有限公司
主创姓名：易丽明
成员姓名：张保华、康文生、陈昕、任燕、陈常友、许会会、孙晓蕾、李子露
设计时间：2017.10—2018.10
建成时间：2020.12
项目地点：内蒙古自治区呼伦贝尔市陈巴尔虎旗
项目规模：2987亩
项目类别：旅游度假区规划

[A]

[B]

[A] 项目效果图
[B] 方案平面图
[C] 项目效果图
[D] 项目效果图
[E] 项目实景图
[F] 项目实景图
[G] 项目实景图

设计说明：

本项目位于内蒙古自治区呼伦贝尔，巴彦库仁镇与呼和诺尔湖之间，占地面积约2987亩，在政府生态优先、绿色发展、推进经济高质量转型的总体要求下，通过提高生态与产业，人口与城镇，文化传承和乡村旅游的基础上，走出一条现代草牧业发展的新路，打造以深厚文化底蕴为平台、绿色畜牧产业为核心的陈巴尔虎旗中国草原特色产业聚集区。

具有民俗文化风情和丰富节庆特色的非遗文化传承——演绎草原馆、非遗文化体验、那达慕会场、迎宾入口。

具有草原产业和草原旅游的集聚区——温室展示、牧草情景体验、草原情景再现。

具有新兴技术与草牧产业的融合——科研产业区、企业孵化中心。

永久地保护呼伦贝尔草原种质资源，恢复自然生态的样本，提高天然草原草产品生产能力，保护草原生产和游牧生活方式，传承巴尔虎草原文化，建立国家草原碳汇基地。

项目自我评价：

1.弥补草原旅游的空缺，将“呼伦贝尔大草原”和“那达慕”两个驰名中外的品牌落到实处。

2.拉动周边产业，带动区域经济发展，实现草原产业振兴。

3.建立草原种子库，实现对草原产业的保护和持续发展，保护草原濒危植物。

4.非遗的保护，举办民族赛事和国际游牧音乐节等节庆活动，弘扬民族文化。

[C]

[D]

[E]

[F]

[G]

项目经济技术指标：

总建设用地：2987亩；

建设用地面积：214.15亩；

其中，建筑建设用地面积：78.61亩，广场建设用地面积：135.54亩，其他用地面积2772.85亩；

大巴停车位47个，小轿车停车位1140个。

向海而生——基于NBS的大湾区深汕滨海地区规划设计

设计单位：北京一方天地环境景观规划设计咨询有限公司

委托单位：深圳市深汕特别合作区地方管理部门

主创姓名：王鑫、栾博

成员姓名：陈鉴熹、李岳凌、杜玉聪、邵文威

设计时间：2019

建成时间：2022

项目地址：深汕特别合作区

项目规模：103平方公里

项目类别：规划类

[A]

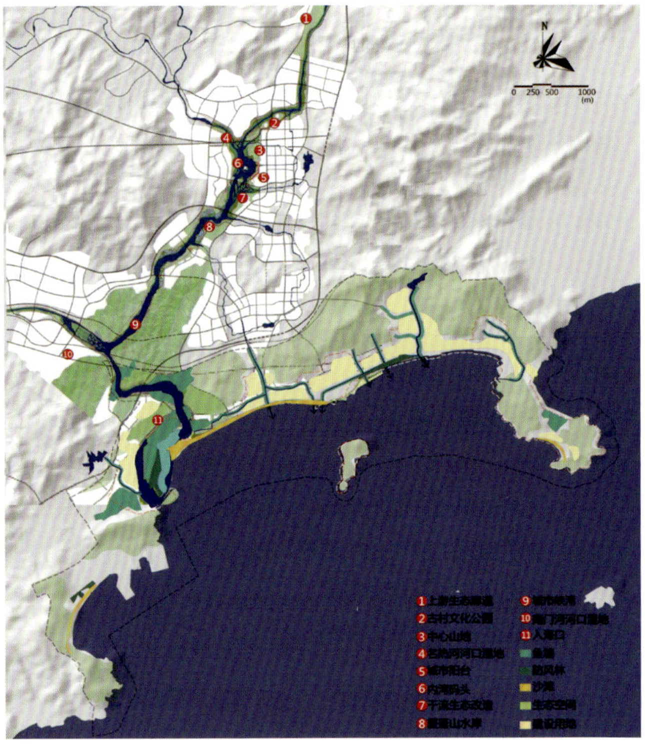

[B]

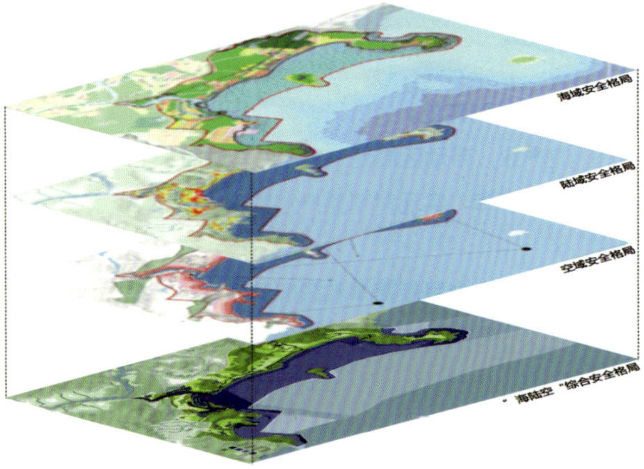

[A]项目平面图

[B]项目综合格局分析图

[C]项目鸟瞰图

[D]泗马岭坝下效果图

[E]城市阳台鸟瞰效果图

[F]BWC东闸效果图

[C]

[D]

[E]

[F]

设计说明：

本项目肩负深圳产业转移和城市发展的重任，同时也代表了粤港澳大湾区在“先保护、后建设”这一可持续发展前行路线上的探索，以水系保护与利用为基础，针对区域面临的气候变化带来的极端天气频发、生态本底脆弱、水资源匮乏和新城市文化不清晰等问题，以“向海而生”为愿景，以“生态优先、规划先行、精明发展”为前提，提出“以水为魂、以水为脉、以水为纲和以水为轴”四大理念，围绕河道生态防洪、水系环境修复、城市景观提升、文化挖掘塑造、产业发展带动等方面展开，结合场地独特的自然环境和未来城市发展需求打造以泗马岭新八景为亮点的特色滨水城市景观，充分发挥河道作为城市绿色基础设施的综合价值，在实现区域生态保护的同时为城市提供多方面的生态服务支持，为城市在洪涝潮安全、区域水生态保护、水资源利用、公共服务网络构建、城市发展和滨水活力提升等方面提供了一份绿色生态的系统性解决方案。

项目自我评价：

本项目以生态保护和生态缓冲为前提，适度开发，立体化塑造城市空间的多样性，将生态价值作为城市发展的基底，突破传统开发模式的规划方法，将海陆的资源禀赋发挥最大化，以水为媒介，来引领滨海地区的健康生活，以“向海而生”为愿景，通过对海滨文化的挖掘，以海陆联动为技术手段，打造出深汕合作区的新名片。

项目经济技术指标：

项目总面积约103.2平方公里，其中，陆域面积约56.6平方公里、海域面积约46.6平方公里、滨海优质海岸线约16.13公里。总体城市设计范围总面积约19.27平方公里。其中每个重点片区城市设计面积在3平方公里以上。

商水县南干渠河道综合整治工程（EPC）

设计单位：北方工程设计研究院有限公司、南京二十一世纪城市环境研究有限公司
委托单位：商水县城市管理局
施工单位：河南六建建筑集团有限公司
主创姓名：何宜健
成员姓名：魏威、王清游、汪琼、程磊、张荣柱
设计时间：2018.07
建成时间：在建
项目地点：河南周口商水县
项目规模：河道长5.6公里，景观面积399179平方米
项目类别：生态修复类—河流治理

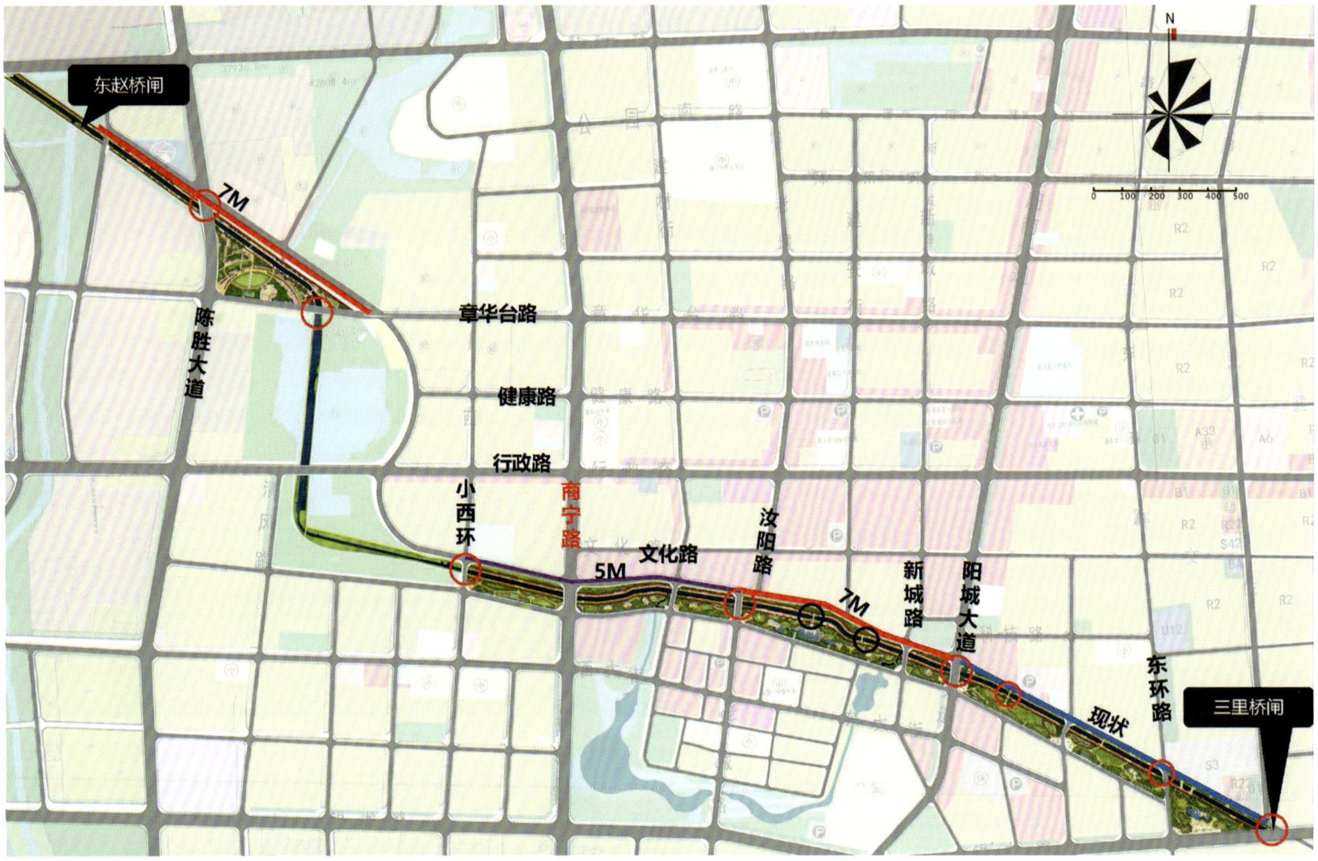

[A]

[B] [C]

[A] 方案平面图
[B] 项目鸟瞰图(章华台公园)
[C] 项目鸟瞰图(农耕园)
[D] 项目分析图
[E] 项目效果图
[F] 项目效果图
[G] 项目效果图
[H] 项目效果图
[I] 项目效果图
[J] 项目效果图
[K] 项目效果图
[L] 项目效果图
[M] 项目效果图
[N] 项目效果图
[O] 项目效果图
[P] 项目分析图

设计说明：

南干渠在清淤截污，净化水质的基础上将打造展现民俗活动与运动的“清明园”；展现中华老家及滶川古城文化底蕴的“阳城灯会”和体现新旧文化联结与对话的“古城新韵”三个极具人文特色的景观空间。

[D]

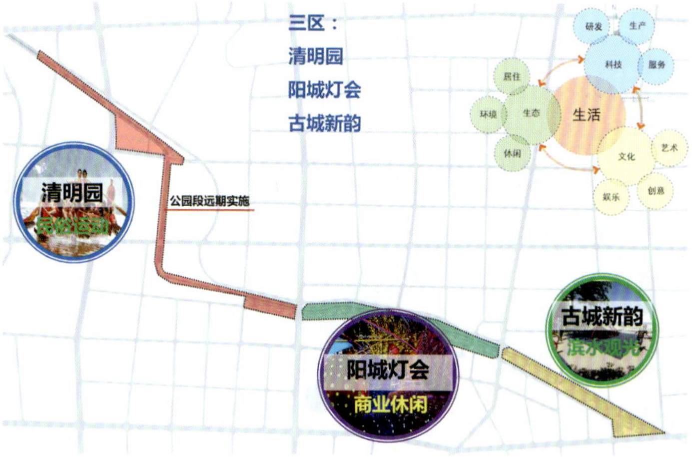

[E]

[F]

清明园（东赵桥干渠闸—阳城路）

东赵桥干渠闸至章华台路为南干渠公园的开篇之作，挖掘商水古八景文化，再现商水古八景的梦幻空间，以听水、看水、玩水为主要景观活动载体。打造商水最具识别度的全龄互动型现代滨水空间。

章华台路至阳城路，为城西主要的休闲绿地，此段借助现有宽阔的水域资源打造服务周边居民使用的综合性市民公园，以“端午龙舟文化”及清明踏青蹴鞠文化等传统民俗为文化载体，运用现代景观语言展现一个以滨水运动文化为主题的特色空间。

这里有供孩子们嬉闹的游乐空间，有供老年人晨练跳舞的广场空间，这里也是球类及小型极限运动爱好者的聚集地。宽阔的湖面自然是市民们泛舟的好去处。

[G]

阳城灯会（阳城路—阳城大道）

华灯初上，点亮商水城市客厅，依托中华老家，溵川古城的文化底蕴，以趣味性、互动式灯光秀为特色。这里既是市民平日里户外休闲放松的地方，也是举办节庆灯会的重要场地。“水精灵魔幻空间”为该区域极具特色的景点，将地方文化记忆和未来城市的科学幻想融合在当代城市景观的塑造中，以互动式灯光、互动式水景、互动式摇篮为吸引点。聚集了人气，与周边商业遥相呼应。

[H]
[I]
[J]

[K]

[L]

古城新韵（阳城大道—三里桥灌区闸）

以生态景观为基调，创造一个生活、灵性的自然景观空间，一个能够和心灵产生共鸣的宜居空间。

运用蒙太奇手法将旧时民俗文化与现代居民的生活方式相碰撞，该段既是展现地方市井民俗文化表演的最佳载体，也是富有生活气息的亲水舞台。

[M]

主要技术创新点：

特色式植物种植：

十里玫瑰红、四季植物丰，以商水富有特色的玫瑰品种作为主打花卉形成季节性的饱和视线冲击感受。

采用本土树种及耐水湿植物，依据适地适树的原则降低南干渠河道的投入成本和后期的维护成本。

河道清淤：

通过清淤工程清除污染，增加渠道过流能力，本次清淤主要以垃圾清运、淤泥污染层和过渡层作为本次疏挖的对象。

驳岸整治：

在满足水利城市排涝，防洪护坡功能的前提下，根据周边不同用地性质建设不同形式的驳岸，主要表现手法有草坡入水式、垂直挡墙式、亲水台阶式和码头栈桥式等。

[N]

[O]

新材料应用：

海绵城市的应用——透水铺装

互动式灯光

生态系统的构建：构建蓝系统和绿系统，修复生态。通过周边环境植被与地面集水等方式，进行初期雨水收集，简单有效地去除颗粒联结状污染物，并通过周边的植物与微生物，降解水中氮、磷等元素，稳定改善水质，从而达到过滤净化的效果。同时设计多层次、多样化绿化植物搭配，形成完善的绿地系统。

项目自我评价：

该项目作为县里的民生工程，不单是解决污水河的黑臭治理，还要兼顾生态修复和文化展示的功能，由于该条河流贯穿主城区，所以在功能上更应该兼顾周边百姓的使用需求，同时该水系也将纳入整个城市文化旅游的体系之中。在规划层面将商水县域的水系串联起来，打造出集人文、科技、宜居、时尚、生态为一体的商水水环多功能滨水空间。

项目经济技术指标：

该项目景观面积为399179平方米，铺装面积787001694.5平方米，绿化面积202849平方米，水体面积117630平方米。

[P]

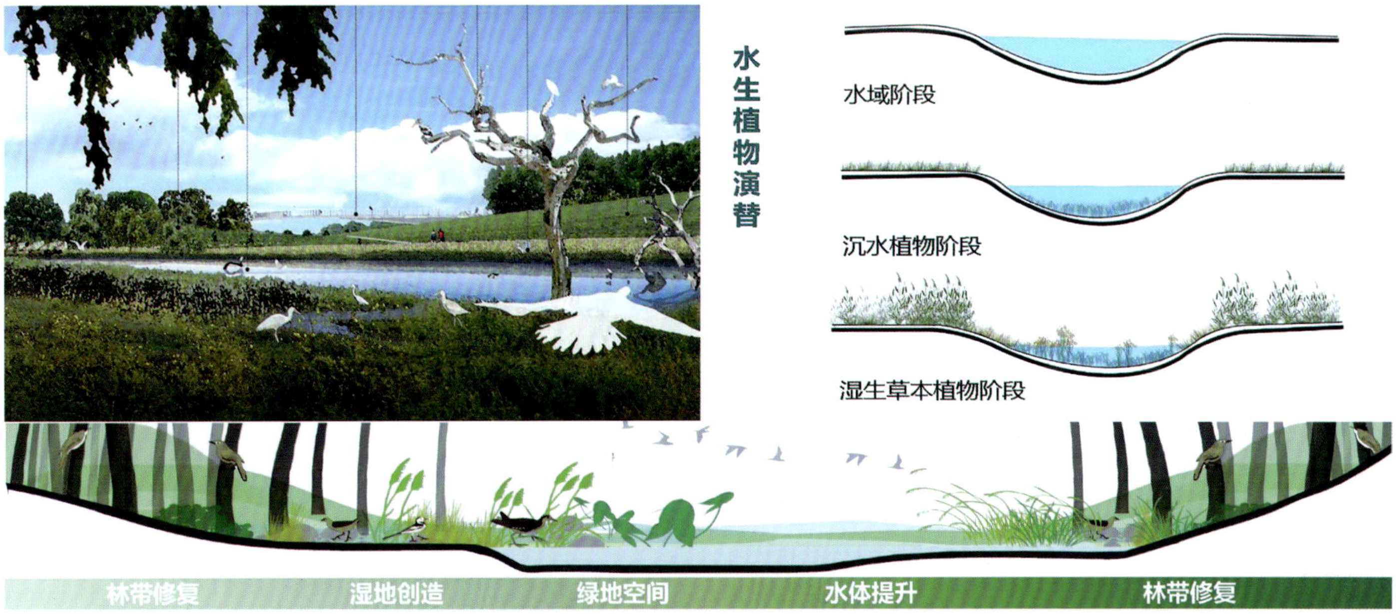

敕勒川生态谷沿线生态提升工程

设计单位：蒙草生态环境（集团）股份有限公司
委托单位：呼和浩特市新城区公用事业局
施工单位：蒙草生态环境（集团）股份有限公司
主创姓名：邢圣斐
成员姓名：郭恺、张波、康永霞、贺利凯、董美丽、王莉宁、杨锦芳、董浩、杨帅、卢凤虎、呼婕
设计时间：2020.05
建成时间：2020.09
项目地点：内蒙古呼和浩特市新城区
项目规模：8033亩
项目类别：城乡公共空间

[A] 节点总体布局图
[B] 百草园节点鸟瞰图
[C] 内蒙古少数民族群众文化体育活动中心效果图
[D] 内蒙古少数民族群众文化体育活动中心效果图
[E] 呼和塔拉大街鸟瞰效果图
[F] 百草园节点雨水花园效果图
[G] 百草园节点雨水花园效果图
[H] 百草园节点雨水花园效果图
[I] 内蒙古少数民族群众文化体育活动中心效果图

[A]

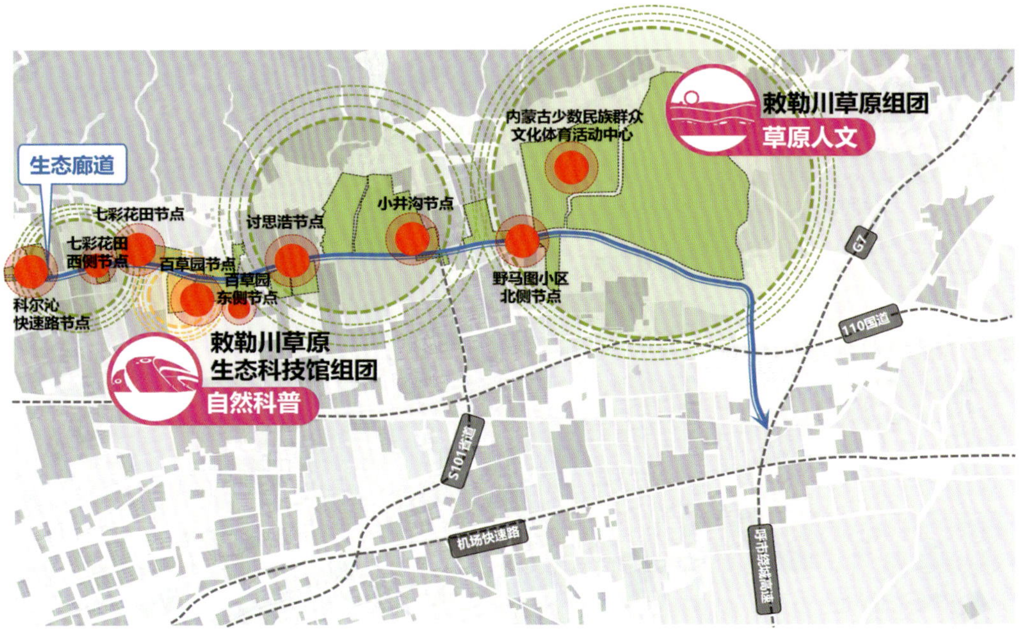

[B]

设计说明：

敕勒川生态谷沿线生态提升项目规划从科尔沁快速路与呼和塔拉大街交会处为起点至敕勒川草原为终点，总体规划面积约8033亩，在不改变现有呼和塔拉大街交通功能的前提下，对整体现状进行疏林草原风貌的营造，打造敕勒川草原品牌。其中分节点打造，分别为科尔沁快速路节点（423.4亩）、七彩花田西侧节点（119.6亩）、七彩花田节点（333亩）、百草园节点（332亩）、百草园东侧节点（320亩）、讨思浩节点（797亩）、小井沟节点（3309亩）、野马图小区北侧节点（675.5亩）、内蒙古少数民族群众文化体育活动中心（1657亩）以及呼和塔拉大街中央分车带（66.5亩）。

项目以落实国家生态文明示范为目标，场地基底还原敕勒川草原风貌，同时补充海绵城市、中小微湿地和雨水花园的生态功能，营造自然生境，从而还原以生物多样性为根本的、以乡土植物运用为原则的自然草原。场地内以草原基底修复为主，重点区域还原自然草原中的芨芨草滩、马莲滩等滩地效果，辅以大面积的缀花草原景观，形成具有敕勒川草原独有特色的草原风貌。项目本着回归生态、立足自然的根本，希望还原与物共适的自然状态，提供自然宜居的生活环境，最终形成以敕勒川生态谷沿线建立的生态廊道示范样板。

[C]

[D]

[E]

项目自我评价：

该项目打破原有园林式乔木、灌木的成行列的种植模式，对苗木进行重组。模拟自然草原风貌，调整场地竖向，打造敕勒川草原。以疏林草原、缀花草原等形式，同时结合雨水花园等设计手法，将自然降雨进行收集并再次利用。以生命共同体为主基调的生态理念，搭建健康的草原生态系统，打造富有地方特色的草原生态景观。

主要技术创新点：

重要节点实施措施是利用自然排水系统与低影响开发设施，实现雨水的自然积存、自然渗透、自然净化和可持续水循环，提高水生态系统的自然修复能力，维护良好的生态系统。根据该地区的自然地理条件、水文地质特点、降雨规律等，合理制定雨水收集及排放方案。依托场地地形变化，科学规划和布局下沉式绿地、植草沟、雨水湿地、多功能调蓄池等系统，将绿地这一“海绵体”的功能最大化。通过渗、滞、蓄、净、用、排等多种技术，提高对径流雨水的利用。种植形式应丰富多样，场地内根据设计划分不同功能区域，不同的生境系统，结合场地需求搭配苗木，通过丰富的地形和植被打造不同节点内容。

[F]

[G]

[H]

新材料应用：

项目地内由于用地性质等条件的制约，采用生态停车场草坪（非建设用地）。该草坪选用的70%是适宜当地生长的草本品种。而且用草坪做停车场有很多好处，因为草坪好比大自然的肺，一块生长良好的草坪每天每公顷能制造氧气600千克，吸收二氧化碳900千克，像一台“吸尘器”，能吸收空气中的二氧化硫等有害物质，吸附灰尘能力非常强。草坪还是防暑降温的“调节器”，吸收太阳辐射热高达70%。它具有抗湿、耐热、抗旱、耐寒、抗病虫，易恢复，还具有安全、稳定、绿期长，节水、耐踏、弹性好等优势。

[I]

榆溪河生态长廊（高新区段）设计
——基于沙水植物共生理念的黄河流域半干旱地区绿地生态建设

设计单位：北京城乡营造景观规划设计研究院有限公司
华诚博远工程技术集团有限公司
委托单位：榆林高新技术产业开发区管理委员会
主创姓名：周卫玲
成员姓名：万亚勇、李利、王佳琪、卢莹、王骏行、左万慧、谢旭洲、司丹丹、何其斌
设计时间：2016.03
建成时间：2022.11
项目地点：陕西省榆林市榆阳区
项目规模：66.20公顷
项目类别：生态修复

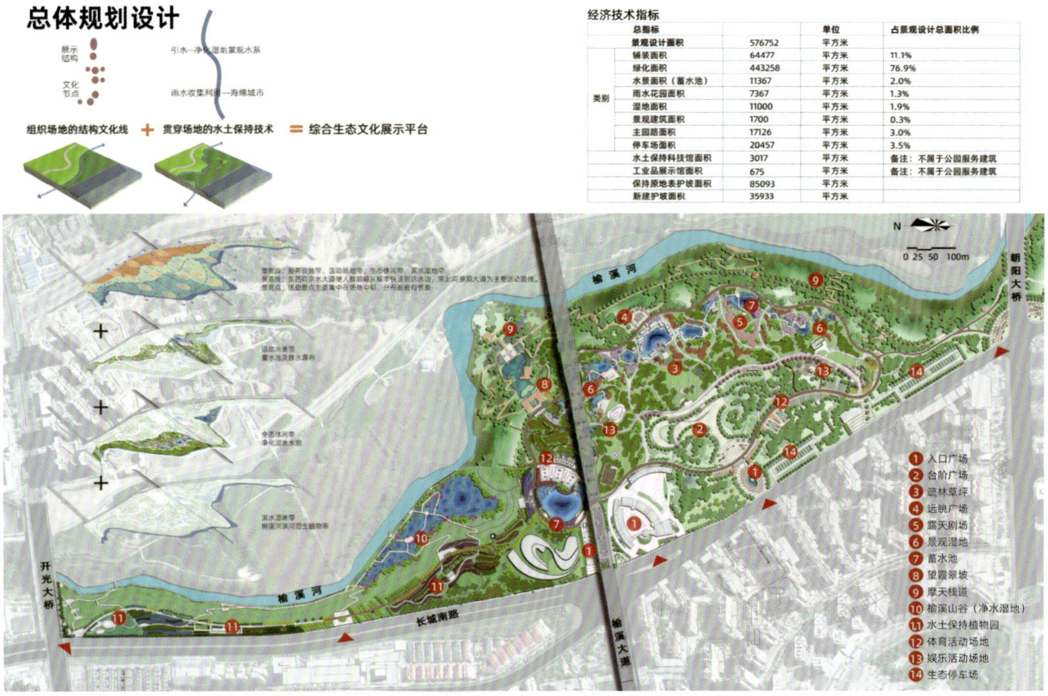

总指标			单位	占景观设计总面积比例
	景观设计面积	576752	平方米	
类别	铺装面积	64477	平方米	11.1%
	绿化面积	443258	平方米	76.9%
	水景面积（蓄水池）	11367	平方米	2.0%
	雨水花园面积	7367	平方米	1.3%
	湿地面积	11000	平方米	1.9%
	景观建筑面积	1700	平方米	0.3%
	主园路面积	17126	平方米	3.0%
	停车场面积	20457	平方米	3.5%
	水土保持科技馆面积	3017	平方米	备注：不属于公园服务建筑
	工业品展示馆面积	675	平方米	备注：不属于公园服务建筑
	保持原地表护坡面积	85093	平方米	
	新建护坡面积	35933	平方米	

[A]

[B]

[A] 方案平面图
[B] 项目实景图
[C] 项目实景图
[D] 项目实景图
[E] 项目实景图
[F] 项目实景图

[C]

[D]

设计说明：

规划根据榆溪河过榆林城区特点，综合考虑生态、科学、社会3个方面的需求，秉承分类生态修复原则，采用“沙-水-植”共生的设计手段，提出榆溪河生态治理的策略和建议。

沙土地质安全设计策略：要改善土质、创造多样的小环境，首先要恢复场地自身健康的生态系统。对场地地形进行整体梳理调整，依据ArcGIS土方平衡计算结果，科学扩大低地面积，增加植物适宜生长的面积；增高山地高度，增强遮挡防护效果；运用梯田、水平阶、沙障固沙、淤地坝等地形设计手法，增加坡地土方安全性。项目区域边缘80～100m宽度范围内，密植乔木、灌木，起到防护和围合空间的作用。

水体利用与净化设计策略：依据水文分析及水资源平衡计算结果，合理规划水体位置与面积，绿地海绵建设——雨水系统的设计综合考虑水体蓄排截留，充分利用雨水补充水量，在收集、净化、利用3个方面采取相对应的措施。

种植策略：采用黄土高原地区4种水土保持种植模式，选用榆林乡土树种，抗风抗旱耐贫瘠，关注植物生态效益的同时也依据不同观赏特性进行配置，形成不同主题风格的植物景观。

项目自我评价：

榆溪河生态长廊（高新区段）公园在满足市民休闲游憩功能的基础上，注重生态修复，践行海绵城市理念，最大限度地实现水土保持，通过植物景观的营造使生态长廊成为城市绿肺以及具有教育科普价值的水土保持植物园，延续陕北地区特征，营造广袤开阔、雄浑苍凉的景观美感，对黄河流域半干旱地区公园的建设具有重要意义。

项目经济技术指标：

景观设计面积：576752m^2；
水土保持科技馆面积：3017m^2；
工业品展示馆面积：675m^2；
保持原地表护坡面积：85093m^2；
新建护坡面积：35933m^2。

[E]

[F]

郑州滨河国际新城蝶湖生态水系治理配套绿化提升项目

设计单位：中建七局建筑装饰工程有限公司
委托单位：中建（郑州）城市开发建设有限公司
施工单位：中建七局建筑装饰工程有限公司
主创姓名：李永正、左宏辉、段震
设计时间：2020.03
建成时间：2021.05
项目地点：河南省郑州市滨河国际新城
项目规模：41912m^2
项目类别：生态修复

设计说明：

“场地状如美玉，横卧蝶湖，穿入花海；遥望东水，碧波清池；有桥跨两岸而通南北，襟四水而通西东。”这是设计师到场地时的第一印象。设计前这里是一片简单的绿化场地，滨水体验差、环境呆板、配套不足、山体不协调。面对这些场地难题，设计师需提供一个全面解决山体景观、可持续发展和生态等方面的规划方案。

项目位于滨河新城西北方位，是滨河新城的门户景观，地理位置极其重要。设计范围包括经南八路、潮河北环路、幸福滨水家园小区围合的绿地。设计形成“一轴三心多点”的整体格局，连接河流与城市界面，形成拥有文化主题节点、地标性山体景观、绿色活动空间的示范性公园。

采集玉带、蝴蝶、花瓣设计元素，围绕“玉蝶穿花”这一吉祥、美好的主题，设计重点突出传统山水格局，分为赏蝶、品玉、观花三个主题，分别对应活力休闲、游览观景、静谧丛林三个功能区，纵向上与周边城市功能形成呼应，横向上与水岸相互穿插渗透，共同构建生态公园的功能构架。

[A] 方案平面图
[B] 项目实景图
[C] 项目实景图
[D] 项目实景图
[E] 项目实景图
[F] 项目实景图

[A]

项目自我评价：

本项目位于蝶湖沿岸，紧邻居住区。秉承绿色宜居的核心理念，融入智能化设计。为附近居民及游客提供良好舒适的户外体验空间，本项目设计了一个环绕式的漫步系统，充分满足晨练、健身及休闲漫步等功能，同时我们在漫步系统各个节点融入智能化统计设备，丰富多样的功能空间吸引了更多受众。四季有景，让人更加流连忘返。

项目经济技术指标：

总体面积：41912m^2
道路面积：3045m^2
硬质铺装面积：1586m^2
木平台面积：673m^2
绿化面积：36608m^2
总投资额：4532万元
单方造价：1081元/m^2
绿化率：87.3%

[B]

[C]

[D]

[E]

[F]

昆明至景洪至磨憨高速公路景观提升工程项目设计、施工一体化建设

设计单位：安徽省交通规划设计研究总院股份有限公司

委托单位：云南省交通投资建设集团有限公司

施工单位：云南交投市政园林工程有限公司

主创姓名：丁琎

成员姓名：武佳佳、韦家祥、吴玉洁、陈丹丹、刘诗华、李杰、张青琳、张蓉蓉、何桂云、袁娟

设计时间：2019.07

建成时间：2020.06

项目地点：云南省

项目规模：596公里

项目类别：全域旅游

[A]

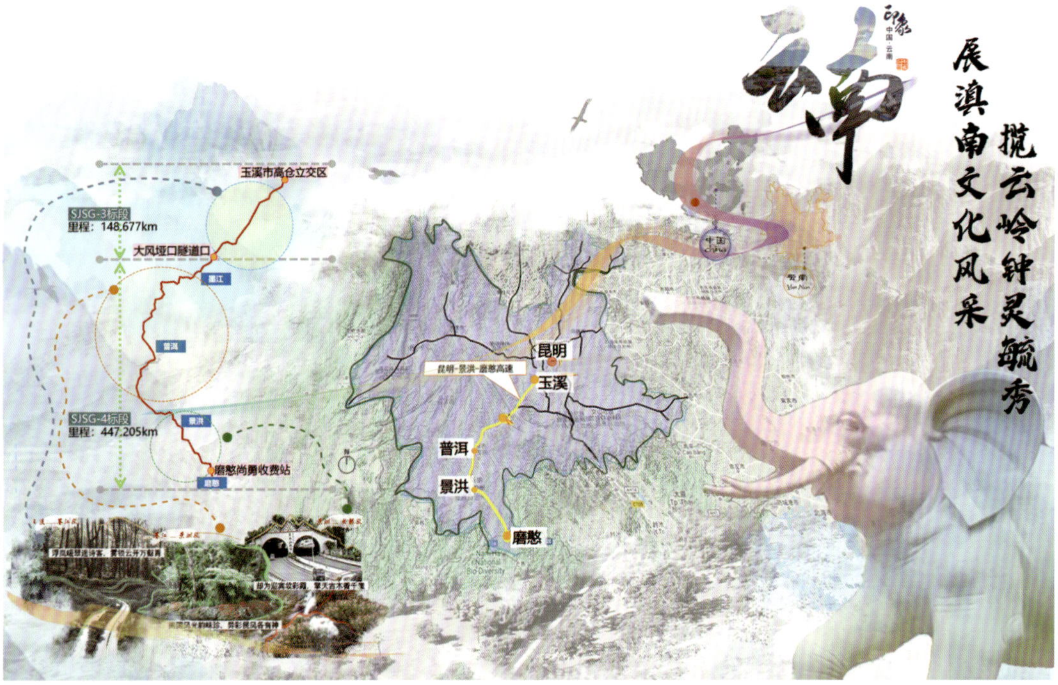

[B]

[A] 方案平面图

[B] 项目鸟瞰图

[C] 项目实景图

[D] 项目实景图

[E] 项目实景图

[F] 项目分析图

设计说明：

1.重塑美感——加强景观带绿化植物的季相和层次

修补——查漏补缺，按需所给；梳理林冠线，替换死株，对植被结构进行规划，增强景观连续性。

点缀——重保留，注美化；装饰节点空间，增添植物造景。

重塑——充分利用现有资源，加植观叶观花树种，部分进行新的植物造景设计。

2.更新提档——加强道路重要节点的景观特色

以组团形式种植常绿乔木搭配开花乔灌，营造具有空间魅力的道路重要节点。

通过设置节点的中心景观，点缀小品、置石、雕塑，突出节点的标志性作用。

3.立体织补——加强景观植物带状空间的生态性

设置适宜的乔、灌、草比例，调整景观带的绿化模式，丰富生物多样性，发挥生态效益和改善周边环境。

增加边坡绿化季相性，增加使用者的舒适度。

4.传承文化——加强道路景观的文化内涵

用乡土树种展示植物造景的乡土特色。

设置富有文化内涵的景观小品、县市界碑、欢迎标语等。

项目自我评价：

项目结合交通出行、生态建设、文化展示等，明确美丽公路景观营造的主题特色，通过详尽的调查，以问题为导向，因地制宜地提出绿化景观改造提升的策略、措施和方案。根据实际现场条件采用动态设计手段，力求做到设计与施工紧密结合。

[C]

[D]

[E]

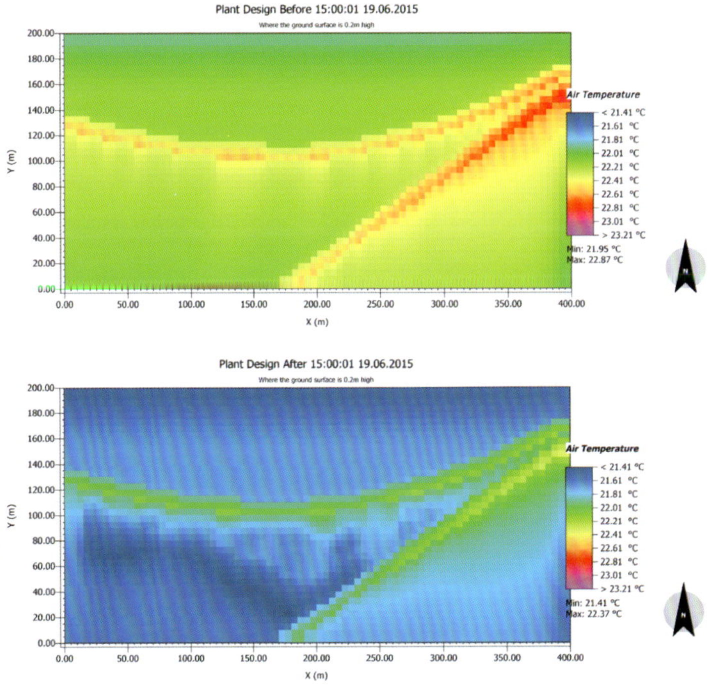

[F]

项目经济技术指标：

该项目为昆明至景洪至磨憨高速公路，设计起点北起玉溪市高仓立交区，终点为磨憨尚勇收费站，全长595.882公里。项目总投资约1.6亿元。

印象金秀瑶族非遗文化商业街景观及建筑风貌提升设计

设计单位：广西申亩景观设计工程有限公司
委托单位：广西金秀联邦伟业房地产开发有限公司
施工单位：广西金秀联邦伟业房地产开发有限公司
主创姓名：韦文开、黄小军、张倩倩、潘芳毅
设计时间：2019.07
建成时间：2020.09
项目地点：广西来宾市金秀县城
项目规模：24473.94平方米
项目类别：文旅景观

[A] 方案平面图
[B] 项目鸟瞰图
[C] 项目效果图
[D] 项目效果图
[E] 项目效果图
[F] 项目效果图
[G] 项目效果图

[A]

[B]

设计说明：

该项目位于广西金秀瑶族自治县政府西北方向1.8公里，金秀河岸边。

项目是以瑶族非遗文化元素和瑶族各类民俗文化为文化来源融合多元文化，并结合创新性、独特性、科技性的设计手法，将博物馆和教科书中的瑶族及非遗文化景观化展示到街区的建筑和景观环境中与城市居民零距离接触。

A区的设计主要以古代传统瑶族刀耕火种、捕鸟狩猎、婚恋等生活为设计元素，营造瑶族非遗文化街区。

[D]

[E]

[C]

[F]

[G]

项目经济技术指标：

该项目占地面积24473.94平方米，景观面积为19298.74平方米，建筑外立面设计面积9114.42平方米。

湖州市·安吉县孝丰镇赋石村风貌提升设计

设计单位：杭州八口景观设计有限公司
委托单位：安吉孝丰镇赋石村经济股份合作社
施工单位：浙江懋力建设有限公司
主创姓名：郑建好
成员姓名：王凯蕾、邵杰、徐晓达、李平、王体超、程佳、胡逞博
设计时间：2018.12
建成时间：2019.12
项目地点：浙江省湖州市安吉县
项目规模：57198平方米
项目类别：风景区、城市及乡村规划

[A]

[B]

[A] 项目鸟瞰图
[B] 方案平面图
[C] 项目实景图
[D] 项目实景图
[E] 项目实景图
[F] 项目实景图

设计说明：

设计秉承“生态休闲，渔乐赋石”的设计理念，将赋石“水”“渔”与乡村进行形式与精神上的交融，形成独有的乡村景观风貌。以文化底蕴为鉴，以土地基因为根，展现“茅檐长扫净无苔，花木成畦手自栽。一水护田将绿绕，两山排闼送青来”的美好愿景。打造集农业、生态、休闲、旅游、产业、文化等多功能为一体的综合性美丽乡村生活园。

在空间序列上采用“前奏—间奏—高潮—尾奏”四重奏，弹奏一曲属于赋石的渔舟晚唱。

前奏——乡识：入口是一个村的标识，作为整个村的展示延展界面，叙述着乡土风情，延续着村落文脉。古朴美好的生活将从此展开。

间奏——乡趣：走在滨河步道上，整个竖向空间上进行了层次的变化，白墙粉黛江南建筑，当地湖石垒起的景墙，墙面上装饰着渔趣小品，不可缺少的点缀绿植，每一个空间都体现着乡村生活野趣。

高潮——乡音：水，是赋石特有的标志，走上拱桥，满眼望去是碧波荡漾的湖面，微风轻轻拂过，闭上眼睛倾听涓涓的水流声，在这个空间里，可思可想，思绪自由自在。这里不仅可赏也可玩儿，垂钓泛舟，休闲娱乐，身心放松，感受时间和空间在此刻停留。

尾奏——乡情走过这条滨河景观步道，情感一层一层地深化，在结尾处达到了乡村的文化与人情相融，这也是打造乡村景观最终的愿景，它是有记忆的，让人难忘的。

[D]
[E]

[C]

[F]

项目自我评价：

在设计过程中，考虑在传承、保护传统文化的基础上，通过创新、发展、融入等手段对之进行合理开发利用，进一步提升地域文化的经济价值。将建筑形态、自然资源脉络、民俗文化、本土资源等融入设计中，活化乡土资源，保留乡村风貌，合理利用建设用地指标，考虑本地产业特性和基础，解决当地就业，带领村民致富。

项目经济技术指标：

该项目占地面积57198平方米，建筑面积为3901平方米，景观面积2084平方米，水域面积19430平方米，道路面积3792平方米，农田面积27991平方米。

苏州滨投 · 白相里绿水人家

设计单位：上海到特设计咨询有限公司
委托单位：苏州市吴江城市建设开发有限公司
施工单位：吴江市日新绿化工程有限公司
主创姓名：袁丁
成员姓名：江崇铀、沈超、杨琦、杜宜默、朱小华
设计时间：2018.05
建成时间：2020.04
项目地点：江苏省苏州市吴江区南库村
项目规模：16061平方米
项目类别：美丽乡村

[A]

[B]

[A] 方案平面图
[B] 项目鸟瞰图
[C] 项目实景图
[D] 项目实景图
[E] 项目实景图
[F] 项目实景图

设计说明：

都市人的桃源胜境。

项目位于江苏省苏州市吴江区南厍镇，古称简村，素有太湖避风港之美誉，是旧时吴江地区出入太湖的港口、驿站，距今已有千年历史。

景观设计中，保留原有的两口古井和古迹设施，融入当地特色的文化元素，以“饮水思源”为文化源头，以素墙、灰瓦、旧木铺垫新乡村景观原生态基调，并加入景观小品、木桥、花海、体验菜园等元素为场地提色，打造恬淡闲适的原生态世外“理想村”。

“白相里”将基地现状原有的14栋民居建筑加以改造重塑，其中有6栋用作民宿，其他分别作为展厅（村民公社）、茶室、酒吧、定制餐饮、民俗工作坊、娱乐活动坊、田园花坊等，为游客提供丰富多彩活动场所的同时也可服务于村民。

全区景观场地以河道南北划分为南区和北区两部分，南区与北区各七栋建筑隔岸相对，以横跨河道的一处景观桥相连接，激活南北地块功能，连通两地块交通。

[D]

[E]

[C]

[F]

项目自我评价

充分顺应项目诉求和愿景，既融入整体大环境，又体现特色“小气候”，起到生态乡村示范作用。尊重现状环境和周边环境尽可能保留现状的乔木及场地元素，转为景观的一部分。

项目经济技术指标：

该项目用地面积：17312平方米；
建筑占地：1251平方米；
景观面积：16061平方米。

开平蚬冈镇乡村振兴环境提升项目

设计单位：开平市塔木方原建筑工程设计有限公司
委托单位：蚬冈镇人民政府
施工单位：广东聚源建设有限公司
主创姓名：关询维
成员姓名：黎鹏志、胡冲毫、关天一、欧阳晖文
设计时间：2020.3—2020.5
建成时间：2020.08
项目地点：开平市蚬冈镇
项目规模：11550平方米
项目类别：风景区

[A]

[B]

1.村口牌坊
2.村口大榕树
3.共享菜园
4.家禽及杂物棚
5.村口凉亭
6.汀步
7.村面
8.村落群

[A] 方案鸟瞰图
[B] 方案平面图
[C] 原现状照片
[D] 菜园效果图
[E] 凉亭效果图
[F] 凉亭效果图
[G] 家禽棚效果图

[C]

[D]

设计说明：

本项目是在广东省积极开展和落实国家乡村振兴战略的大背景下进行的五邑侨乡地区的乡村环境整治项目的设计探索。

在目前乡村振兴的环境整治工程涉及的景观部分，由于乡村的范围极其广阔，导致政府的引导资金只能在个别村落进行先行引导建设。在政府主导的这类先行引导的项目中，由于资金仍然非常紧张，往往无法有力地组织设计团队进行在地化调研和深入设计。尽管近年来逐渐出现了一批优秀的乡村景观作品，但仍然无法解决设计、施工、养护这三个方面在成本上的平衡，因而导致了大范围的推广出现了瓶颈。

本项目希望通过贴近乡村风貌的乡土化设计和低养护控制策略来完成在五邑侨乡地区乡村模式下的景观模块设计探索。

通过就地取材，将乡村清理整治中所产生的砖、石、瓦、罐等作为建筑材料，并结合回收的混凝土预制件、废弃的电线杆等来进行村落的边界设计；并在建设过程中发动了村民捐献废弃的建筑材料共建共享村落环境整治的成果。

通过将村落的道路和广场等主要的人的活动场地边界进行有效界定的方式，在线性的空间上最小化景观养护面积，减少园林植物的大面积引入导致的后期乡村养护无法衔接的问题。

对于成片的、杂草丛生的村边废弃绿地，通过设计将其利用为菜园等生产用地，同样通过景观砌筑的方式来界定边界，创造出乡村环境融合的生产型景观风貌。

项目通过边界控制和就地取材、发动村民共建共享三大特色，有效解决了村中环境整治中后期养护无法衔接的难题，也有效地传递了废弃材料再利用的生态理念，并创造出了与本土环境相融合的艺术化乡村新景象。

[E]

[F]

[G]

[H]

1.榕树广场
2.现状碉楼
3.风雨休憩连廊
4.连廊侧入口
5.休闲台阶
6.景观排水沟
7.景墙
8.步行台阶
9.共享田园
10.污水处理池
11.公共卫生间改造
12.休闲小广场

[H] 方案平面图
[I] 原现状照片
[J] 方案整体效果图
[K] 卫生间效果图
[L] 原卫生间照片
[M] 休闲台阶效果图
[N] 共享田园效果图

[I]

[K]

[J]

[L]

项目经济技术指标：

质量提升面积：6555平方米；其中，厕所立面改造一处；住宅立面改造一处；垃圾收集点改造一处，村面改造1571平方米，共享田园改造1278平方米，道路铺装416平方米，基础路面1179平方米。

[M]

[N]

[O]

[P]

[Q]

[R]
[S]
[U]

[O] 特色铺装地毯
[P] 洗手间外立面
[Q] 道路铺装细节
[R] 砖砌构筑物
[S] 建在高地上的构筑物
[T] 榕树下的休闲区
[U] 道路两侧的特色矮墙

[T]

天津精灵乐园

设计单位：北京德纳兰景观设计有限公司
委托单位：亿利集团
施工单位：天津市天馨园林工程有限公司
主创姓名：王世伟、丁同
成员姓名：谢文龙、徐鸣晓、赵泉等
设计时间：2018.09
建成时间：2019.11
项目地点：天津滨海新区
项目规模：41.0万平方米
项目类别：旅游度假区规划

[A]

[B]

[A] 方案平面图
[B] 项目效果图
[C] 项目实景图
[D] 项目实景图
[E] 项目实景图
[F] 项目实景图

设计说明：

天津亿利生态公园位于天津滨海新区中心生态城中生大道与静湖西路口，项目占地约41万平方米。由亿利生态旅游岛，一期精灵乐园，二期儿童鹿苑、旱雪、商业街，三期生态广场、酒店等项目组成。精灵乐园是以萌宠动物互动为主题的生态公园，引进了国宝大熊猫、梅花鹿等两百多种珍稀动物和萌宠动物，环境、动物、游人生态互动，是“人与自然和谐、人与动物和谐、人与景观和谐”的生态乐土，致力于打造中国生态文明建设和教育的标杆。

滨海新区土地盐碱化严重，绿化是由来已久的问题。在盐碱地上实施了“山水林田湖草”生态修复治理工程。树、花、草、鸟类、动物形成完整的生态链，生态世界达到失衡。为了展示植物与动物的依存关系，给人们更好的生物多样性生境体验。

以狮子为形象的抽象精灵卫士小威创造了一棵精灵树，衍义了八个神奇生态精灵，分别拥有山、水、林、田、湖、沙、风的力量。精灵们维持着这个世界的生态平衡，守护着精灵乐园。

项目自我评价：

亿利生态公园一期的精灵乐园是集萌宠动物、动物行为展示，生态科普、无动力游乐设备于一体的生态主题公园。研究天津区域动物对于植物的需求以及植物在自然栖息环境下的组合方式，构建了草地、森林等生物多样性保护生境体验，实现了一花一世界，一叶一乾坤，一树一菩提的生态乐园。

[D]
[E]

[C]

[F]

项目经济技术指标：

停车位：1062个；

地上建筑面积：136100平方米；

硬质面积：99353平方米；

水景面积：4585平方米；

绿化面积：169311平方米。

中国鄱阳湖候鸟小镇景观设计

设计单位：深圳亚兰设计工程集团有限公司
委托单位：永修吴城候鸟小镇投资开发有限公司
施工单位：中铁六局集团有限公司、中国建筑第五工程局有限公司
主创姓名：王佳毓
成员姓名：王佳毓、张丰飞、敖紫怡、游绍全、沈海东、龚颖
设计时间：2019—2022
建成时间：已建成
项目地点：九江市修水县吴城镇
项目类别：特色小镇

[A]

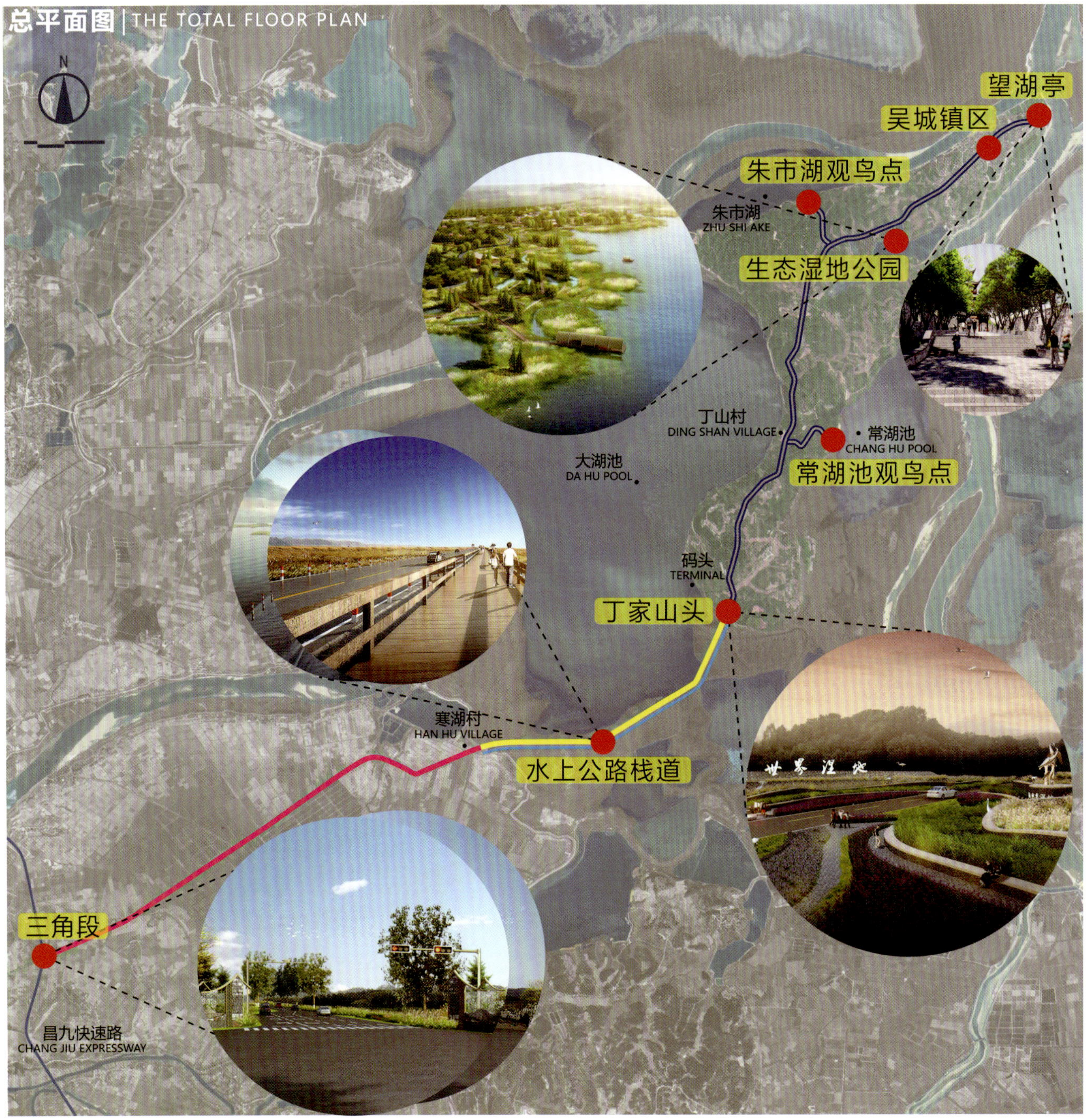

[A] 方案平面图
[B] 项目鸟瞰图
[C] 项目实景图
[D] 项目实景图
[E] 项目实景图
[F] 项目实景图

设计说明：

湿地是生命的摇篮、自然之“肾”、水禽舒适的乐园、物种的基因库、粮食和原料之乡、暂时储水和舒缓洪水的宝地，地球上一种重要的、独特的和多功能的生态系统。本项目将原有的自然形态和候鸟要素作为本案的特色景观进行规划设计。整个设计在恢复、利用、保护这些景观要素的基础上，以不破坏原有生态系统为出发点，以展现保护候鸟为主题，进一步打造融保护、科普、休闲等功能于一体的特色小镇。

项目基本定位：休闲、旅游、文化。本设计以尊重自然，保护环境的自然优先原则为出发点，并在尽量不破坏自然资源的基础上建设不同类型的辅助设施，将候鸟及其栖息地保护和生态旅游、生态环境、教育功能有机结合起来，使鄱阳湖候鸟小镇具有主题性、自然性、生态性等特点。

亲近自然，回归自然，一直是生活在繁忙的现代都市中人们寻觅的一种生活姿态，鄱阳湖候鸟小镇的设计不仅满足了当代人们接触自然的要求，更提供了观赏鸟类的平台；在拉近人与自然距离的同时，呼吁保护自然、保护鸟类的理念。

[D]

[E]

[B]

[F]

[C]

项目自我评价：

弘扬保护候鸟、保护湿地、保护生态的理念，拉近人与自然的距离，感受自然的野趣；获取地方精神并将之提升至全球化视野，推向国际，提升国际影响力。

项目经济技术指标：

从项目起点到项目终点全长约25.6千米，其中水上栈道长5千米，吴城镇全镇面积368平方千米，水面40万亩，草洲19.2万亩，大小湖泊42个，享有“千年古镇、世界湿地、候鸟王国、水中沙漠”等美誉。

生态呼吸·智慧再生
东湖绿道废弃码头『仿生蚁穴建筑』绿色改造体验项目

设计单位：武汉金大雄环境发展有限公司
主创姓名：张戈
设计时间：2023
项目地点：湖北省武汉市九峰东湖风景区
项目阶段：创新理念
项目类别：文旅空间

设计说明：

武汉东湖风景区位于武汉市城区中的武汉二环线与三环线之间，景区面积73平方千米，是中国第二大城中湖，位于中国最大的城中湖——汤逊湖边，建有国家湿地公园、梅园、荷园、樱园等13个植物专类园区。东湖梅园是中国梅花研究中心，拥有梅花品种320余种，其中152个品种已登录国际植物名录，占全世界梅花登录品种的60%，居全球第一。东湖樱花园与日本弘前樱花园、美国华盛顿樱花园并称为世界三大赏樱胜地，其中的关山樱、云南早樱等都是樱花中的极品，景观独特。东湖水生植物品种丰富，约占中国水生植物品种总数的40.37%。东湖丰富的水生植物资源为维护景区生态稳定发挥了重要作用，现有珍稀鸟类234种。这里是鸟类的天堂，也是游客观鸟旅游的绝佳场所。

一、自然原始蚁穴空间与既有建筑空间的通风形式

自然界原始蚁穴构造中的通风系统很好地利用了热空气自然向上升腾的动力作用原理，蚂蚁通过修建众多的进风口和出风口孔洞，并控制各进风口、出风口孔径的大小，实现洞穴内部的热空气被自然循环导出，达到保持空气适量流通和温度适宜的目的。

当我们所居住的建筑内部空间在完全封闭状态下，空气难以自然循环流通，同时还可能聚集、滞留各种有毒有害的化学类或医学病毒类废热空气。或当发生火灾时，会产生大量具有闪燃特性的高温燃烧烟气，易引发多火点、大面积扩散性的重大火灾事故。

仿生蚁穴建筑，与现行既有的封闭建筑相对比，即使在关闭所有门窗的情况下，空气依然能够自然循环流通，达到建筑内部空间环境实现安全与健康的目的。

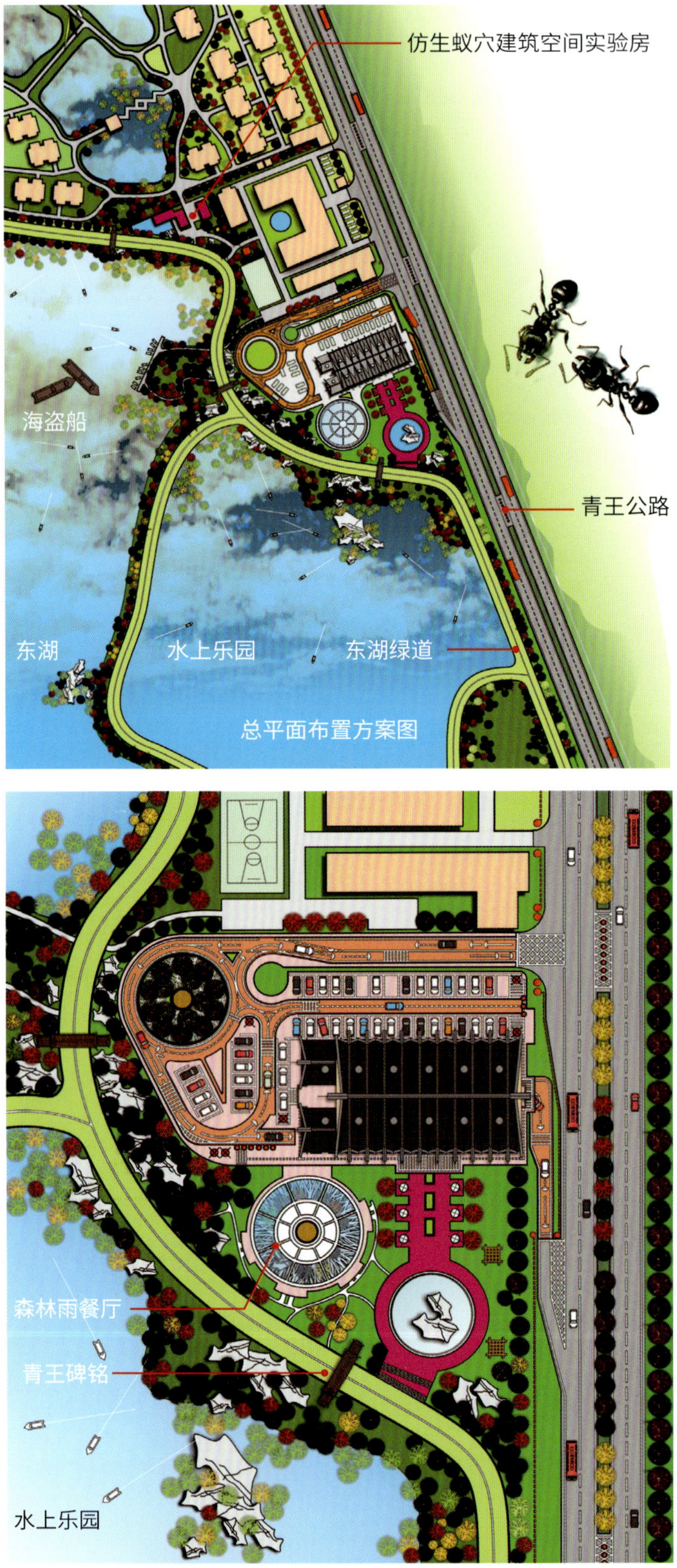

[A]

[B]

二、仿生蚁穴建筑空间环境设计理念

仿生蚁穴建筑设计方案以东湖为背景，于东湖绿道九峰东湾处湖岸转角区域，拟整体建设一组集生活、工作、休闲度假为一体的驿站型建筑空间环境，并将原东湖绿道旁被废弃的码头房改造为仿生蚁穴建筑空间体验房。打造绿色、智慧、安全、健康的建筑内部空间，和生态、自然的建筑外部环境空间。

建筑一层拟设计富有特色的5D动漫游戏与AI机器人场景体验区、休闲住宿区、景观类亲水主题公园园区等。建筑二层设置机动车辆停车场，提供全套机动车辆维护与维修及东湖专用环湖观光旅游车辆租赁、代驾等服务项目。观光游客可以在本层观景平台随车休息、露营，观景平台设有车辆停放区域及自助应急消防、医护及人群立体安全通道等设施系统。园区内设集群文娱活动舞台、蚁穴驿站住宿、森林雨景观餐饮、“网红”主题摄影、绘画、雕塑、图书类科普项目等绿色综合服务类文旅产业链。

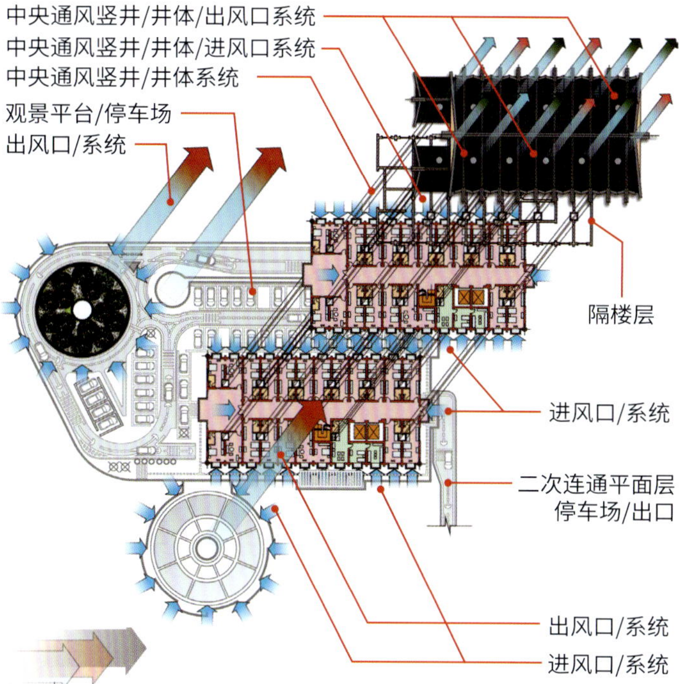

[C]

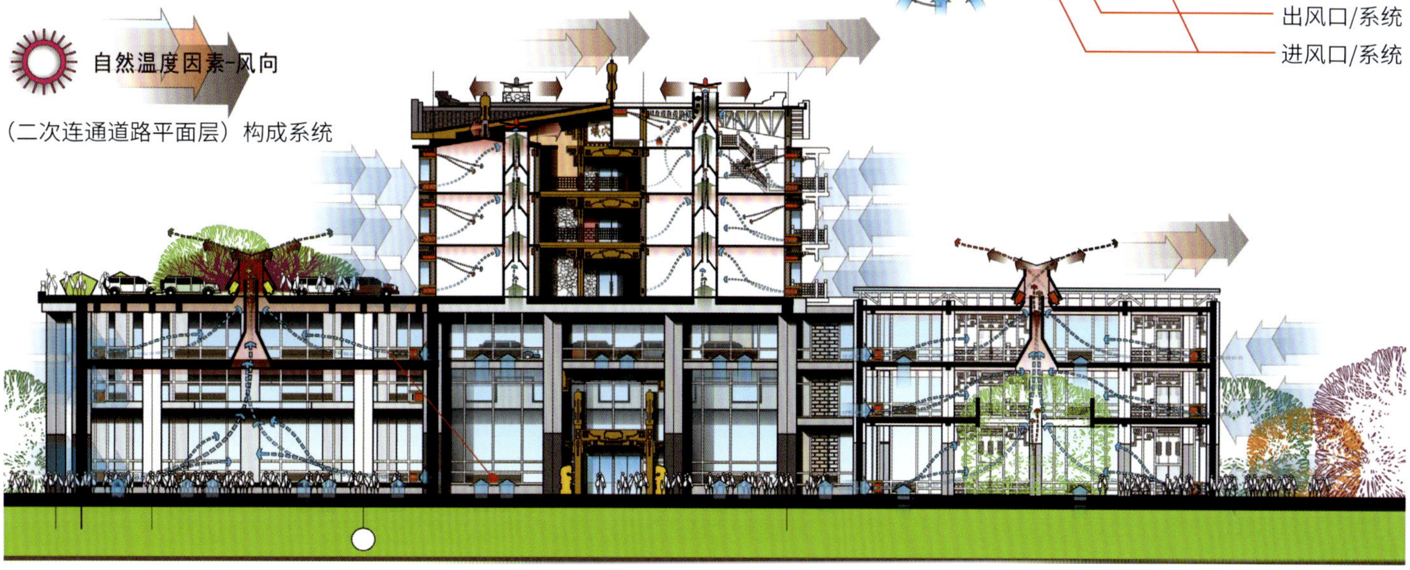

[D]

[A] 方案总平面图
[B] 东湖绿道九峰东湾处仿生蚁穴建筑空间体验房位置实景图
[C] 停车场进风口、出风口系统示意图
[D] 仿生蚁穴建筑空间空气流通剖面示意图
[E] 仿生蚁穴建筑空间物体发生燃烧时的过程曲线图

三、仿生蚁穴建筑的创新理念

1.创新改变设计：关于健康

未来在规划新建仿生蚁穴建筑主体内部空间或在需要升级改造的现行传统既有封闭建筑空间环境的合适位置，建设排列一个或一组中央通风竖井井体构成系统，配置标准一体化空气质量识别监测与智能监控集成装置。其中的中央通风竖井井体构成系统，是一种在建筑空间内部利用受热空气具有向上升腾的自然动力作用原理，由建筑主体各部位空间外墙设置的一体化集成式飘窗进风口构成系统，可引进经过过滤、净化和空气调节的室外自然空气；其中的空气质量识别监测与智能监控集成装置能够自动控制环境中空气的自然循环流通，从而优化空气质量。

仿生蚁穴建筑空间能够保障未来建筑空间内部的空气清新和自然循环流通，利于人体健康，从而实现未来城市与村镇集群建筑空间环境进入健康、安全、生态、自然的绿色生产、生活、工作全新进步时代。

2.创新改变设计：关于安全

未来在仿生蚁穴建筑构成系统中，当建筑内、外空间环境发生有毒有害类化学物体泄漏、医学类病毒传播或火灾时，仿生蚁穴建筑空间构成系统中的标准一体化空气质量识别监测与智能监控集成装置能够识

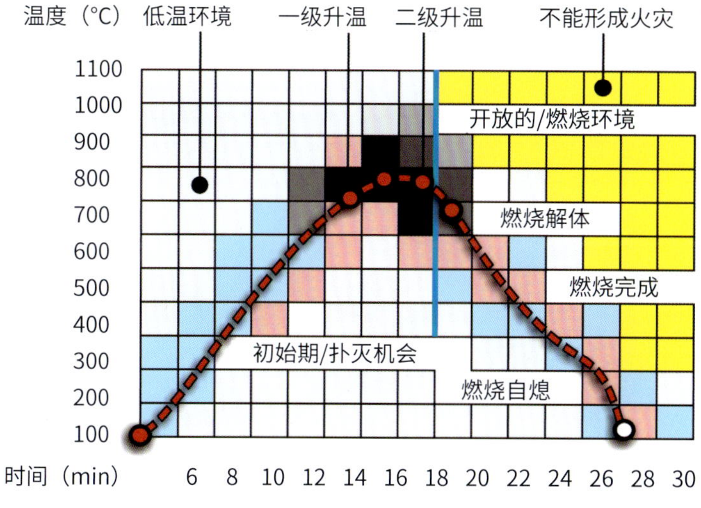

[E]

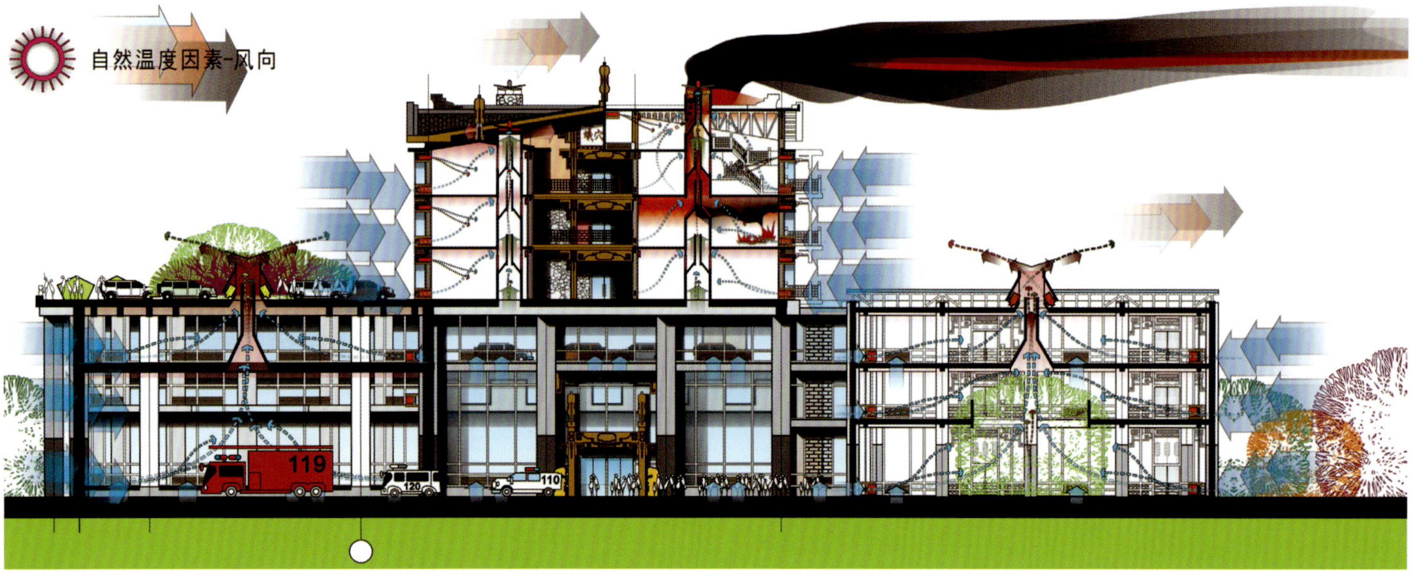

[F]

别、监测到空气质量或温度有异常变化，就会发出数字信息和音频警报信号，同时智能监控系统会自动选择关闭或开启事故区域的进风口和出风口系统，实时隔绝异常空气或调节温度，使建筑内外空气达成自由循环流通的开放状态。同时将这些有毒有害的空气通过中央通风竖井井体构成系统快速、完全、彻底地排出建筑体外，从而为事故现场的人员提供了安全保障。

3.创新改变设计：关于生态与自然

未来，绿色与智慧型仿生蚁穴建筑外部空间环境建设有二次连通道路平面层构成系统，在集群游客环境中实现人车分离的交通道路连通与停放平面，从而实现在地表平面层上无社会各类型机动车辆停放，为人群、动植物、田园种植、养殖、园林景观、自然环境提供更多的场所，二次连通道路平面层不是一个单纯的构造平面，而是一个可以连通各建筑栋与栋、群与群、建筑区域智能化与集成化的新型交通道路构成系统。

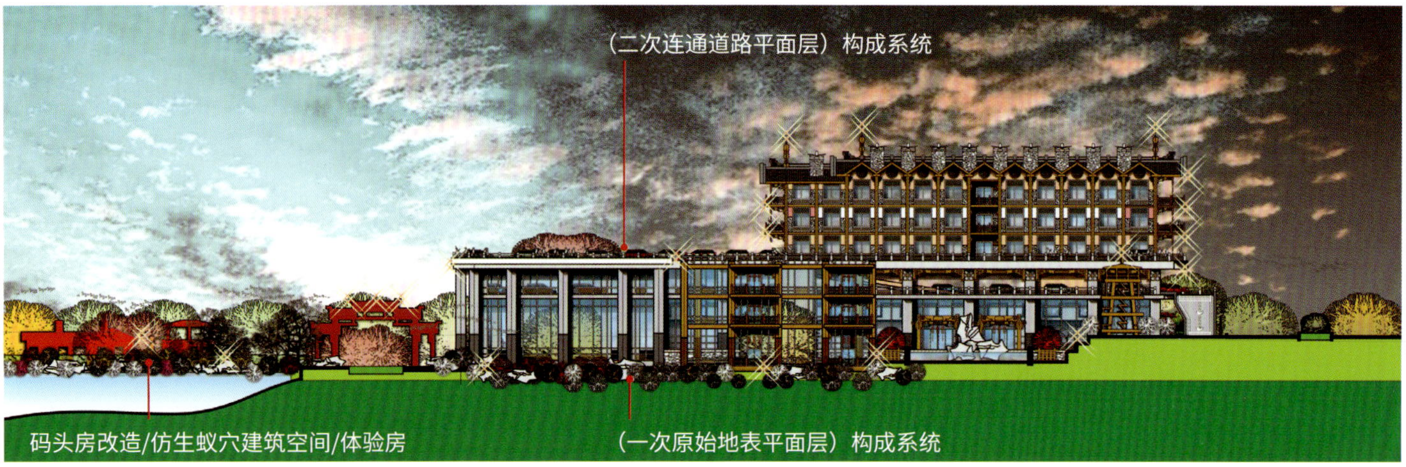

[G]

[H]

［F］仿生蚁穴建筑空间物体发生燃烧时空气流通剖面示意图
［G］二次连通道路平面层北向立面图
［H］仿生蚁穴建筑空间一层平面
［I］仿生蚁穴建筑空间二层平面
［J］中央通风竖井系统剖立面示意图一
［K］中央通风竖井系统剖立面示意图二
［L］中央通风竖井系统剖立面示意图三

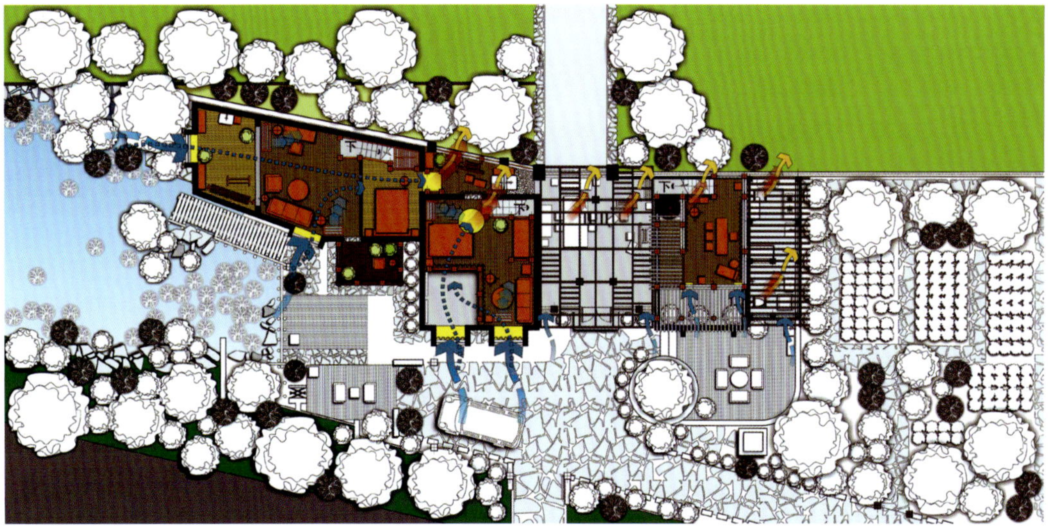
［I］

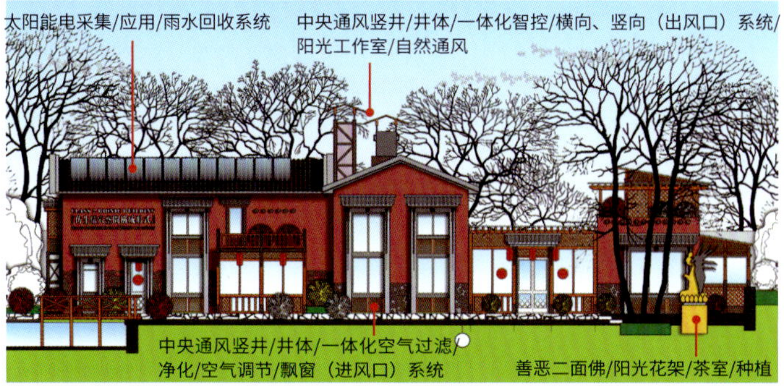

［J］

［K］

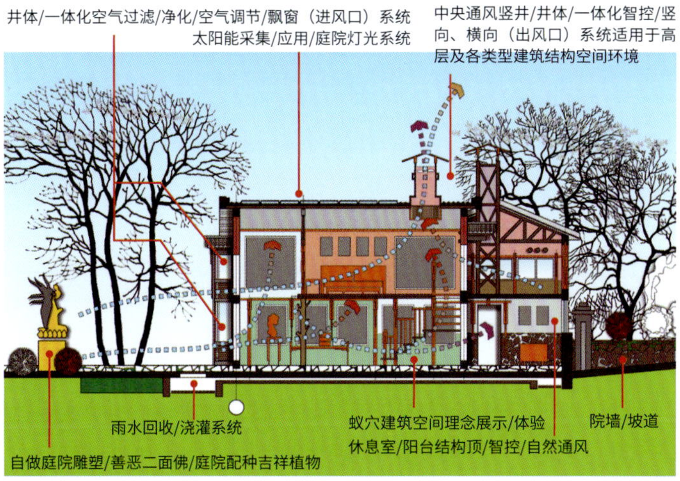

［L］

四、仿生蚁穴建筑空间环境构成系统主要技术

安全、健康的仿生蚁穴建筑系统构成形式，是由一个或一组中央通风竖井井体及进风口、出风口、空气质量识别监测智能监控及各构成系统共同组合形成。在正常情况下，当不开启所有门窗时，中央通风竖井井体构成系统能够通过进风口引进室外自然空气，通过出风口实现空气自然循环流通，排出建筑空间使用人群日常生活、工作、生产活动过程中产生的各种亚健康废热空气，实现建筑内部空间环境中的空气自然循环流通，提升空气质量水平。在非正常情况下，中央通风竖井井体构成系统能够智能识别监测建筑空间环境中的空气质量、温度的异常变化。当发生异常时，监控系统能够发出数字信息和音频警告，同时能够智能启动排出系统，彻底地将建筑内部空间中可能存在的各种有毒有害空气排出建筑体外。

生态、自然的建筑空间环境构成理念，是一种建设在建筑栋与栋、群与群之间各单体建筑群楼屋顶部位的二次连通道路平面层系统。该平面层可以连通其他各建筑单体，为建筑群空间环境生活人群与各类型机动车辆，提供和实现一种全新的互交式交通连通道路形式。二次连通道路平面层能够实现道路通行车辆属性智能识别、道路交通数速引导与指挥、住区环境各类型车辆有序停放、立体人行安全通道及自助医护、消防应急救援等各项系统内容组成。连通道路平面层系统能够实现在地表平面层上完全为原始自然地貌、田园种植、生态植物、动物、住区人群生活与休闲活动所有，其中在地表平面层上的道路交通系统仅为公安警务、市政环境卫生、市政救助与抢修抢险、社会物资流通保障、医疗救护、公安消防、建筑区间公共交通等特种机动车辆通行所有，实现和达到未来绿色智慧城市与村镇建筑集群空间区域环境完全为人、车立体分离，人与自然和谐共存的目的。

限温用电防护接线盒是仿生蚁穴建筑空间环境构成系统中的安全用电配套设施，现行既有建筑空间中使用的漏电断电保护器仅对电源发生漏电、短路情况时进行断电保护，对电源发生用电过载、接触不良所产生的高温致线路或用电器发生熔化、燃烧时则不会进行断电保护。当用电线路发生过载并达到限定的安全温度时，安全型限温用电防护接线盒会发出音频警报，即自动断电进行安全保护，从而有效地控制建筑集群人居类空间环境中的不当用电危险和防止因为过载用电造成的建筑空间火灾事故。

创新改变设计、进步改变落后，安全、健康、生态、自然的仿生蚁穴建筑空间环境系统构成形式是从自然界中的蚁穴通风构造原理和蚁群列队出行方式中，得到启示与研发应用的成果，这对未来发展智慧、绿色城市与村镇集群建筑空间环境也将有所启发和助力。

天福养生文化村

设计单位：王智慧、罗厚仁、赵波团队
委托单位：漳浦天福养老产业园有限公司
施工单位：王智慧、罗厚仁、赵波团队
主创姓名：王智慧、罗厚仁、赵波
设计时间：2019.06
建成时间：2023.03
项目地点：福建省漳州市
项目规模：200000m^2
项目类别：文旅景观

[A]

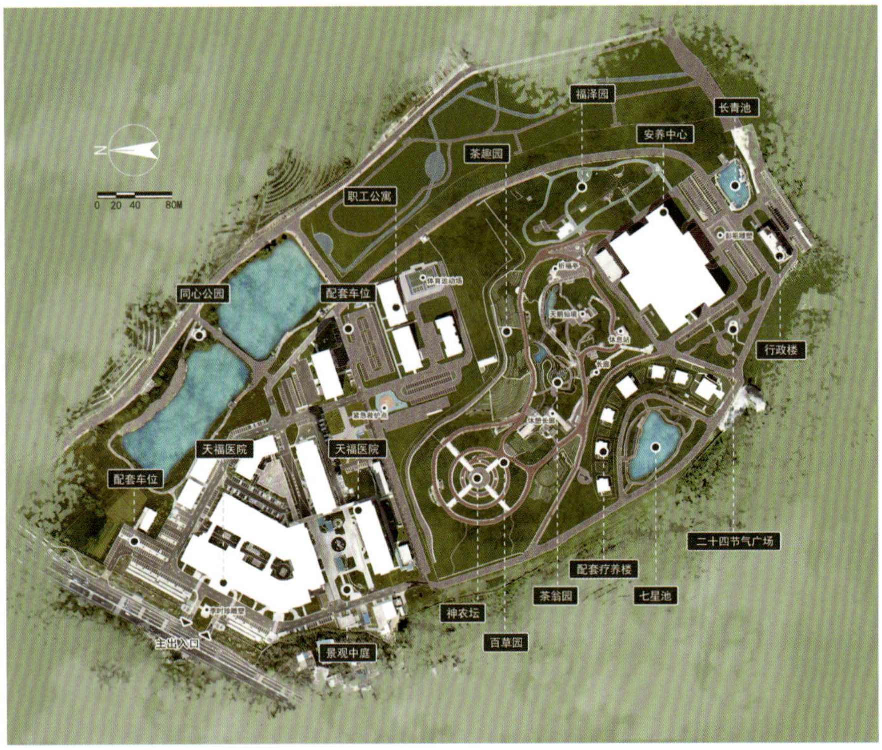

[B]

[C]

[D]

[A] 规划平面图
[B] 项目实景图
[C] 项目实景图
[D] 项目实景图
[E] 项目实景图
[F] 项目实景图
[G] 项目实景图
[H] 项目实景图
[I] 项目实景图
[J] 项目实景图

设计说明：

随着我国老龄化问题日益严峻，高品质养老服务的提供成为当前社会关注的焦点。本项目以天福医院和养生文化产业园的建设为契机，从空间规划和人文景观的视角来探索康复式养老模式下的环境艺术设计方向。

我们尊重场地自身条件，因地制宜，合理利用原有地形高差，科学规划空间动线设计，强调无障碍关怀，注重精神层面和沉浸式体验感。在文化规划上，园区融入中华优秀传统文化、闽南文化、天福集团企业文化、茶产业文化、养生文化等，凸显文化场域的精神感悟和在地性表达；在空间组织上，围绕不同主题，营造移步换景的、有叙事性和故事感的心灵之旅，考虑景观与建筑的呼应，将远景山脉（七子山）和本园产生联动，塑造自然生态与人文生态相结合的独特场景；在艺术手法上，我们情景化营造不同空间，采用传统艺术与创新理念，充分发挥圆雕、浮雕、线雕、镂雕等不同传统雕刻手法与中国园林中的框景、借景等景观手法的高度融合，传递情感与温度，结合智能亮化系统和音乐系统的设计，营造温馨、唯美的环境氛围，犹如梦里桃源的生活，体现“文化·空间·人”的和谐统一关系，彰显尊严、价值、乐活、健康的别样生活。

项目自我评价：

本项目结合国际创新理念——医养结合的康复式新养老模式，以文化人、以艺润心，将治疗、康复、保健、护理、营养、运动、心理、环境、自然等每一个环节统筹起来，开创专业护理、传统康复、机构养老、居家式养老完美结合，达到和谐统一。

[E]

[F]

[G]

[H]

[I]

[J]

项目经济技术指标：

总体面积：200000m^2

景观设计面积：188500m^2

单方造价：1250元/m^2

建筑占地面积：11500m^2

泗砖公路（沪松公路路口）绿化提升工程

设计单位：上海志远生态园林工程有限公司
施工单位：上海志远生态园林工程有限公司
主创姓名：周碧骏
成员姓名：周云骏、张李超、陈子旺、曹周胤、袁海波
设计时间：2020.05
建成时间：2020.06
项目地点：上海市松江区泗泾镇泗砖公路沪松公路路口
项目规模：80平方米
项目类别：立体绿化

[A]

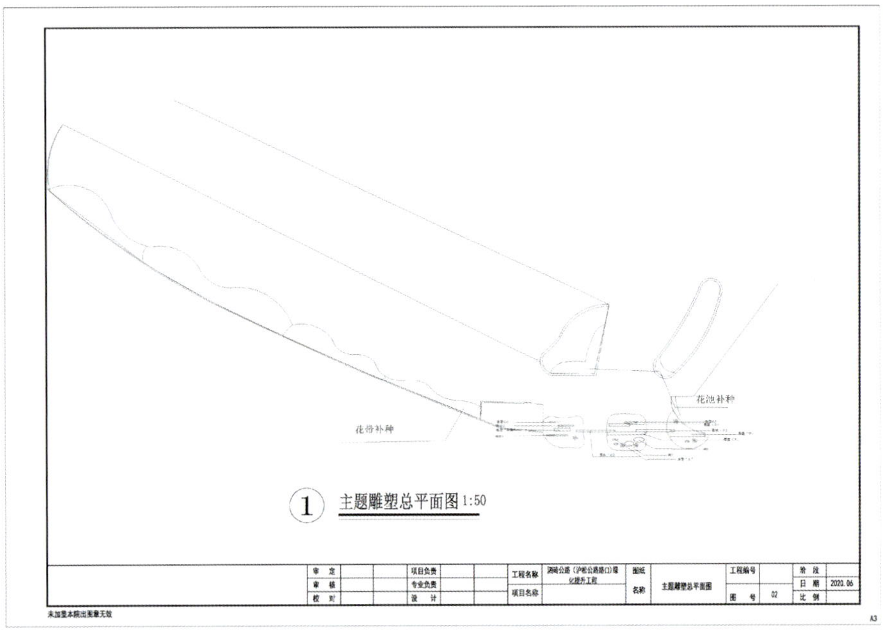

[B]

[A] 方案平面图
[B] 项目效果图
[C] 项目实景图
[D] 项目实景图
[E] 项目实景图
[F] 项目实景图

设计说明：

作为上海“美丽街区”建设过程当中的关键抓手，城市绿雕的建设和维护同样也代表着美丽街区建设过程当中的重要环节。从空间的角度出发，城市绿雕具有独特的艺术造型，焕发新的美感。从绿色植物本身的角度出发，城市绿雕还可以使得热量被有效吸收，空气得到有效净化，植物绿化情况得到有效补充等。不仅仅改善了城市面貌，还丰富了城市景观，实现城市景观的提升，达到视觉上的美观。只有将大自然以及人工进行完美的融合，才能够真正意义上实现优秀的城市绿雕。

泗砖公路城市绿雕项目于2020年5月26日开始施工，工期共14天。从钢结构零件焊接制作到现场起吊拼装，从遮阴网围挡到营养土填充，从滴灌安装到红草、绿草种植，从小品安装到花镜布置等9道工序。绿雕坐东向西背靠学士商城，前面是4车道的泗砖公路，右侧是松江区主要干道沪松公路，紧挨着沪松公路泗砖路口，每天车水马龙，非常热闹。

项目自我评价：

此项目是泗泾镇打造“美丽街镇”的主要项目之一。绿雕结合学士商城的门头改成拆分成三个小绿雕加2个拱门供行人进出的形式，得到业主的欢迎和肯定。采用先进的滴与跟喷洒喷雾浇水方式避免浇水死角；雕塑小品配合花境更加突出“全力创建全国文明城市”的主题。

[C]

[D]

[E]

[F]

项目经济技术指标：

该项目占地面积80平方米，绿化面积为210平方米钢架结构7.2吨、玻璃钢雕塑鹿2只、亚克力广告字12项、滴灌系统1项、造型月亮1项、圆盘3项、造型人1项、造型花5项、造型山2项、造型树2项、玻璃钢白鸽7只、泛光灯8套、花境80平方米。

深圳『光·弦』景观塔方案设计

设计单位：中冶南方工程技术有限公司
委托单位：深圳市龙岗区
施工单位：20冶集团有限公司
主创姓名：桂辞洋
成员姓名：许文俊、卢传杰、张婧
设计时间：2018.06
项目规模：144平方米
项目地点：深圳市龙湖文体公园
项目类别：景观艺术装置

[A]

[B]

设计说明：

“光 · 弦”景观塔，作为一个永久性的景观装置，成为深圳龙湖文体公园山顶标志性建筑。

设计灵活运用了平面和立体两种设计语言，通过平面设计语言中的弧线勾勒出抛物线般的构筑形态，方形和圆形的组合构成外立面的光影表皮；通过利用立体设计语言中的正方体和球体进行解构，形成内部穹顶和种植槽。设计师希望利用这种纯粹的艺术语言，为公园空置的空间来创造一种极致的艺术品位，为市民们提供一个没有具体功能指向性的、完全自由的场所。

一个抛物线般“无目的”的空间恰恰才是任何事情都有可能发生的空间，它激发着思考和新的开始，是一个不带任何标签的，同时属于个人和集体的空间。

白色的抛物线将人工与自然奇妙地结合在一起，带来一种视觉上的冲击；繁复的基本元素组合，构建具有浓浓艺术气息的精致殿堂，表达了对自然元素的崇敬之情，为参观者提供了一个可以远离日常生活中的喧嚣的避风港和一个可以聊以慰藉和静思的空间。

[A] 项目效果图
[B] 项目效果图
[C] 项目效果图
[D] 轴测图
[E] 顶视图
[F] 正立面图
[G] 侧立面图
[H] 鸟瞰图
[I] 项目效果图

[C]

[D]

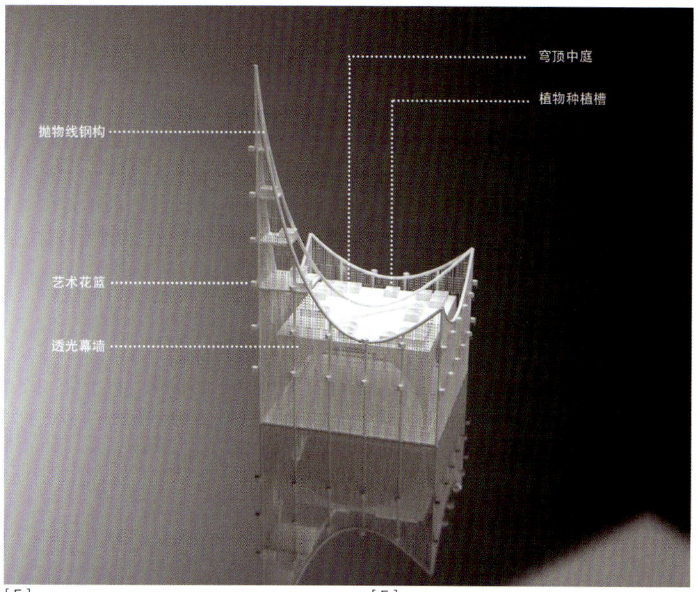

[E]

[F]

[G]

[H]

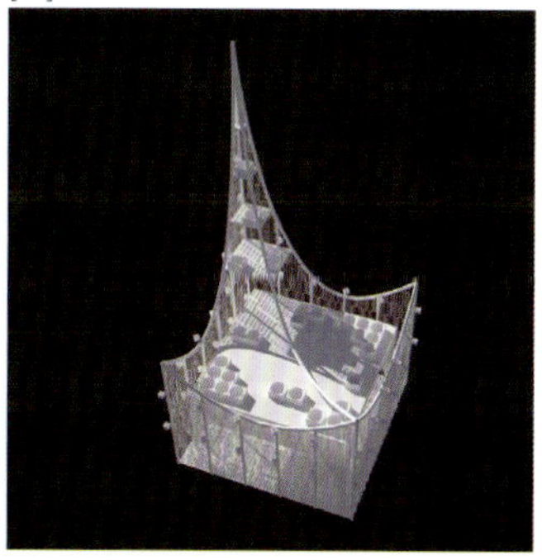

[I]

景观塔模糊了人造景观与自然美景之间的界限。通过对方形、圆形的切割组合成抛物线般的独特外形、方圆繁复组合的穿孔铝板幕墙、富有张力的混凝土穹顶、精致的艺术植物挂篮，在自然中创造理性。白色的统一更加突出尖锐的人为创造感，与自然环境形成反差，又模糊人与自然的界限。

02

World Habitat
世界人居

世界人居优秀企业

第二篇

云南景然环境建设股份有限公司设计院

公司简介

云南景然环境建设股份有限公司于2008年7月在云南省昆明市注册成立，注册资本：人民币7790.0779万元，办公地址在富有“春城”美誉的云南·昆明市盘龙区世博路12号世博生态城低碳中心A栋501号。

公司于2016年8月5日在全国股份转让系统（新三板）挂牌上市，证券代码：838369，证券简称：景然环境。并于2018年5月通过定向增发股份的方式完成了与昆明农业发展投资有限公司的国有控股混合所有制改革。

公司经过多年的创业发展，拥有专业的设计、技术、施工团队，拥有高级工程师、中级以上等专业技术人才80余人。

公司现有城市园林绿化二级资质、风景园林工程设计专项乙级资质、市政公用工程总承包二级资质、地基基础工程专业承包二级资质、环保工程专业承包二级资质、城市及道路照明工程专业承包二级资质、建筑工程施工总承包三级资质、水利水电工程施工总承包三级资质、公路工程施工总承包三级资质、古建筑工程专业承包三级资质。通过“质量、环境、职业健康安全管理”体系（三体系）的认证。通过自主创新拥有实用新型专利20项。

经过十多年来的发展和沉淀，公司规模不断壮大，业绩稳步增长。公司计划通过2019—2021年3年的努力，培养并吸纳优秀人才、强化内控、稳固业绩，力争2020年实现转板IPO上市的目标。

主要项目

大理郊野公园景观规划设计
阳宗·西南科研苗木植物园景观规划设计
磨丁银庙景观设计
老挝·磨丁主题乐园景观设计
东方韵美景阁艺术酒店景观设计
古滇生态康养城某地块景观设计
西昌邛海壹号院大区景观设计
西昌邛海洲际度假酒店商业景观
贵州天鹅湾景观设计
华夏御府景观设计
西山区城中村改造35号片区新河村综合整治项目
富民桃花源景观设计
梁王山桃花源景观设计
恒大嘉丽泽别墅庭院设计
山海春风样板花园改造
花样年天籁郡
阳光城集团云南区域阳光城名苑小区T-003#地块示范区
华夏御府
融城·昆明湖
梁王山现代农业公园精品展示区景观
瑞丽项目样板区精品园林景观

所获荣誉

云南省园林行业协会会员
云南省观赏苗木行业协会会员
云南省工商联合会会员单位
云南省勘察设计协会会员
昆明守合同重信用企业

福建睿森景观规划设计有限公司

公司简介

福建睿森景观规划设计有限公司（简称“睿森景观”），成立于2012年，注册资金1000万元整，现有园林相关专业技术人员28名，是一家具有风景园林工程设计专项乙级资质企业。专业从事大型综合性开发项目、风景区及旅游度假项目、房地产项目和乡镇乡村、休闲农业开发项目的景观规划设计及施工。

睿森景观设计机构旨在探索具有创造性、艺术性和可持续性的新景观规划设计。作为一家具有独特规划和景观艺术设计理念的专业景观设计公司，我们遵从对项目的承诺以及客户至上的原则，并凭借着一个由国内和国外设计师组成的精英团队，致力于客户的需求，扎根于基础自然环境和城市文脉，开展生动的、具有唯一性的设计工作，以实现各个客户的特定目标。同时，通过对项目预算、设计进度的娴熟把握，以及领域最新科学技术的运用，使设计水准不断地超越，确保向客户提供具有卓越品质和成本效益优化的设计作品，全程把握具有符合专业标准规范的景观规划设计及现场指导服务。

公司的理念：创新、全面、尽责

主要项目

福州· 福州市晋安区旧小区海绵改造工程
尤溪· 尤溪县坂面镇尤溪及京口溪支流坂面集镇河段安全生态水系建设项目
永定· 金马新天地二期
龙岩· 武平福景公园壹号
南平· 邵武新天地广场景观改造工程
河南· 息县如意城景观设计
闽清· 云顶天城景观设计
福州· 马限山公园景观改造提升方案设计
舞钢· 紫翔· 学府公馆景观方案设计
舞钢· 和创· 百督府景观方案设计
台州· 大陈岛梅花湾景观改造工程
南平· 浦城滨江上品
南平· 浦城滨江名郡
福州· 鼓山一号别墅
福鼎· 海景华府景观方案设计
福州· 福建省供销社屋顶花园设计
福清· 弘祥天晟景观方案设计
福州· 罗星塔公园景观改造提升方案设计等
永泰· 富泉乡力华村美丽乡村提升整治项目
泰宁· 泰宁县2020年水库移民后扶项目示范区建设
闽侯· 融基厚屿佳园景观方案设计
福州· 旗山—未来之光景观方案设计等

获奖经历

2007年主创设计的嘉兴“当代华府”获住房城乡建设部、中国建筑学会主办的全国人居经典建筑规划设计竞赛综合金奖。
2009年主创设计的三亚“金中海 · 蓝钻”获中国房地产研究会、中国民族建筑研究会主办的全国人居典范景观金奖。
2009年主创设计的苏州“环球奥食卡”获中国房地产研究会、中国民族建筑研究会主办的全国人居典范景观金奖。
2010年主创设计的嘉兴“翠湖一号”获住房城乡建设部、中国建筑学会主办的全国人居经典建筑规划设计竞赛景观金奖。
2010年主创设计的泰宁“丹霞名府”获住房城乡建设部、中国民族建筑研究会主办的第七届全国人居典范建筑规划设计方案竞赛最佳景观设计方案金奖。
2011年被中国建设文化艺术协会授予全国百名优秀环境艺术师称号。
2020年被中国建筑文化研究会风景园林委员会评为高级景观艺术设计师。

上海棠澍景观设计咨询有限公司

公司简介

TANG 棠澍国际景观 TANGSHU INTERNATIONAL LANDSCAPE

上海棠澍景观设计咨询有限公司2017年7月于上海成立，棠澍设计是由拥有17年优秀景观造园经验的施工企业[常州绘景景观规划工程（江苏）有限公司]发展品牌扩展而来的公司。拥有独立法人的景观设计咨询有限公司，注册资金500万元，具备风景园林工程设计专项乙级资质。企业坚持以建筑与环境融为一体的设计理念，将规划、建筑与环境设计相结合，从“感性的视角，理性的设计”角度出发，倡导原创，依托具有丰富国内外项目经验的设计团队，为广大客户提供优质的设计产品。

目前公司设计业务涵盖居住区景观、酒店与度假村、城市公共空间设计、风景区规划与设计、环境提升、商业综合体的景观设计及城市规划、用地规划等设计及咨询工作。公司在景观营造上注重大尺度的空间规划，功能和形式的空间塑造，专注记忆点的打造和人性化的细节，力求将每个作品打造成独具特色的臻品项目。

公司经过几年的积累沉淀，打造了20多个精品项目，期望可以通过精湛的专业水平，进入国内外一流水准的景观设计企业。配合绘景施工团队公司为项目业主提供景观设计施工全程化的服务，努力发展成为国内外一流的“设计施工一体化”的设计团队。目前，公司在上海、无锡、苏州均设立了分公司，欢迎广大热爱景观的小伙伴们加入棠澍大家庭。

主要项目

无锡万科天一项目5号地块景观设计
无锡万科天一项目4号地块景观设计
无锡万科田园东方景观设计
无锡万科维园项目景观设计
万科靖江晨阳甲第一期景观设计
万科靖江晨阳甲第二期景观设计
万科靖江晨阳甲第三、四期景观设计
无锡下甸桥大区项目景观设计
靖江晨阳甲第幼儿园地块景观设计
泰州应迎宾路南侧春晖路东侧地块项目景观设计
常州市新北区新龙二路以东辽河路以北地块项目景观设计
浙江绍兴市夏履镇09住商6号、7号地块示范区景观设计
儒辰-邹城滟澜上府示范区项目景观设计
儒辰-邹城滟澜上府大区项目景观设计
曲江国际小学景观设计
水辰 · 君悦府示范区景观工程
儒辰 · 掌舵龙湖示范区景观设计
盐城万科翡翠书院景观设计
无锡万科江阴应天河南侧44-1号地块景观设计
常州市丽华北路东侧、劳动中路南侧示范区项目景观设计
常州市丽华北路东侧、劳动中路南侧大区项目景观设计
林蓝 · 盛棠府景观设计
碧桂园翡翠都会景观设计
太行水镇二期工程景观设计和建筑物夜景照明设计

所获荣誉

园冶杯年度地产大区景观优秀奖
园冶杯优秀设计机构
园冶杯地产园林金奖
园冶杯杰出项目经理
金盘奖全面战略合作伙伴
金盘奖年度最佳预售楼盘奖
金盘奖年度最佳别墅奖
金盘奖年度最佳预售楼盘奖
园冶杯地产园林示范区类金奖
园匠杯年度示范区景观优秀奖
园匠杯年度年度地产大区景观优秀奖

World Habitat
世界人居

03

World Habitat
世界人居

世界人居优秀人物

第三篇

杨辉波
HuiBo Yang

个人简介

设计总监、高级工程师

现任职务：资深景观设计总监
所在单位：上海艾联景观设计有限公司

杨辉波女士是一个对任何事物都保持全面性好奇的人，工作中喜欢尝试设计不同性质、类型、风格的项目。同时对于方案设计到落地的每一个过程都参与并把控，力求每个项目都能始终如一地贯彻实行自己的设计想法。近10多年的职业历程中，时刻保持好学与创新的态度，能够驾驭不同尺度的各类城市公共景观与高端地产类景观设计。

主要设计项目

· 宁波 · 月湖盛园历史文化街区保护与改造
· 三亚 · 香水湾1号酒店
· 三亚 · 香水湾壹号海景别墅
· 中国人民解放军总医院海南分院服务保障区及疗养区景观规划设计（海棠湾9号凯莱酒店）
· 宁波龙湖 · 滟澜海岸3#地块景观工程
· 慈溪市文化商务区中央广场景观绿化工程
· 宁波龙湖 · 名景台示范区、大区景观设计
· 宁波东部新城D3区块银泰项目
· 景瑞 · 海国图志
· 保亿 · 东海府
· 宁波夏禹公园工程设计
· 宁波翡翠滨江（欢乐海岸C2）项目景观深化设计
· 宁波万科格拉美西项目示范区景观深化设计
· 新安江大城区慢行系统总体规划景观设计
· 禹洲 · 漳州城上城示范区、大区景观设计
· 禹洲 · 合肥雍荣府大区景观设计
· 宁波市高桥文体中心滨水公园

获奖情况

个人获艾景奖2020年度新锐景观规划师
2017年中国人民解放军总医院海南分院服务保障区及疗养区景观规划设计（海棠湾9号凯莱酒店）被浙江省风景园林学会评为“优秀园林设计”奖三等奖
2018年慈溪市文化商务区中央广场景观绿化工程被宁波市勘察设计协会评为优秀勘察设计一等奖
2018年宁波夏禹公园工程设计被宁波市勘察设计协会评为优秀勘察设计二等奖
2018年宁波翡翠滨江（欢乐海岸C2地块）项目景观设计被宁波市勘察设计协会评为优秀勘察设计三等奖
2019年主持设计的禹洲 · 漳州城上城项目获艾景奖2020年度优秀景观设计

张懿琳
YiLin Zhang

个人简介

职务：曾任四川省林科院林业研究所规划设计部主任
现任四川省林科院监理研究所高级工程师、西财巾帼校友会理事长、四川农业大学校外导师及校友会秘书

所在单位：
多年来主持与参加了多项国家级景区申报、园林、林业、产业规划设计以及多个科研项目，具有较强的协作精神，参加编写林业项目总体规划、可研报告、作业设计等，参与2项科技项目获得2015年度四川省科技进步三等奖，发表论文9篇（第一作者2篇），参与编写了四川省珍贵用材树种育苗技术规程——红椿，2015年12月23日川林职改〔2015〕21号文，获高级专业技术职务任职资格。
擅长地震灾后生态修复，生态脆弱区生态修复，沙化治理，国家森林公园，湿地公园，自然保护区资源调查、申报，景区规划设计，动植物环境影响评价，植物研究选育及林地征占和资源核查等相关工作，对文化旅游、特色小镇、乡村振兴、民宿住宅等也有一定了解。

主要设计项目

- 至今代表项目
- 资阳雁江滨水项目
- 山南雅江流域山水林田湖草生态保护修复项目
- 绵阳农科所新址景观规划设计
- 苍溪武当山森林公园规划设计
- 西藏林芝八一镇绿地系统规划及景观设计
- 汶川堡子关植被与景观规划设计
- 广汉三星堆遗址区生态景观详细规划
- 成都金沙遗址博物馆园区绿化改造工程
- 遂宁市桃花山景观规划设计
- 隆昌市古宇湖生态景观林总体规划设计
- 苍溪县城市节点绿化及森林城市总体规划
- 若尔盖国家湿地公园总体规划
- 阆中构溪河国家湿地公园规划
- 四川省珍贵用材树种地方标准编制
- 查验类：苍溪县乐园水库工程建设、大渡河黄金坪水电站项目、嘉陵江亭子口水利枢纽工程，汗牛河流域汗牛河水电站工程等项目拟使用林地查验报告《四川省东义河益地水电站工程拟使用林地查验报告》《洪雅至峨眉山公路新建工程拟使用林地查验报告》
- 中国大熊猫研究中心迎宾区绿化及野化培训区植被恢复
- 四川省川中丘陵区现代林业科技示范园建设规划
- 四川南部县林业博览园总体规划
- 荣县油茶产业总体规划项目
- 四川地震灾区城乡绿化模式研究与示范项目
- 乐至廖家湖湿地公园总体规划及可行性报告编制
- 南江戴家河水库拟使用林地可行性研究报告
- 巴中海螺水泥运输廊道项目拟使用林地可行性研究报告
- 巴中海螺水泥有限责任公司南江县谭家山水泥用石灰岩矿山开采项目拟使用林地可行性研究报告
- 蜂桶寨国家自然保护区景观方案设计
- 四川省芦山县思延乡珍稀苗木产业示范园总体规划
- 四川省芦山县思延乡珍稀苗木产业示范园可行性研究报告
- 四川省芦山县黎明新村景观建设工程方案设计
- 四川省渠县柏林省级湿地公园总体规划
- 四川梓潼智慧林业产业园总体规划
- 四川大竹百岛湖省级湿地公园总体规划
- 四川大竹龙潭省级湿地公园总体规划
- 宜宾“巨达宾态世界”项目总体规划
- 芦山地震灾后恢复重建生态修复项目宝兴县绿尾虹雉保护实施方案
- 四川丹巴大渡河源省级森林公园可行性研究报告
- 四川雷波雷马坪省级森林公园可行性研究报告
- 四川米仓山国家森林公园总体规划
- 四川措普沟国家森林公园总体规划
- 巴塘措普沟州级自然保护区总体规划
- 大熊猫国家公园宝兴保护利用设施建设项目（二期）可行性研究报告
- 平昌县驷马河国家湿地公园植被恢复项目实施方案施方案
- 天全县竹海渔乡渔竹产业园方案设计
- 广安华蓥山樟油产业园总体规划
- 华蓥市柏木山油樟现代林业园区建设方案

获奖情况

乐至廖家湖湿地总体规划获四川省林业科学研究院年度项目三等奖
四川省珍贵用材树种地方标准编制成果（排名第四）
攀西地区乡土板栗良种选育及丰产栽培技术研究 获得四川省科技进步三等奖（排名第四）

高鲲
Kun Gao

个人简介

高级工程师、资深景观人，四川花坞景观创始人、设计总监，原成都麓湖生态城景观总监，原中铁四川生态城景观总监，成都市公园城市管理局专家库景观专家，成都天府新区公园城市管理局专家库景观专家，2024成都世界园博会评审专家，中国城市科学研究会景观学与美丽中国建设专业委员会委员，世界人居智库学术委员会理事会“世界人居智库”专家委员、评审委员，园景人平台第一至五届LIA园匠杯国际竞赛——终审评委，2019—2020第六届地产设计大奖·中国评审员，金堂奖全国联盟·四川站评委，四川大学锦江学院艺术学院外聘教师，成都美汇园艺有限公司外聘景观工程设计高级顾问，四川省家居品牌商会青年设计师专业委员会学术顾问，拥有6项“国家实用新型专利证书”。

主要设计项目

2004年加入成都万华地产开发有限公司，参与第一个以计划单元式开发（PUD）模式建设的项目——麓山国际社区（4500亩）的景观建设，先后建成了麓山小镇、茵特拉肯、圣塔芭芭拉、帕萨迪纳、橡树坡、水景岗、一号、二号景观入口等等经典景观项目。2012年进入到万华开发的麓湖生态城（8300亩）建设团队，历任副总监、总监，负责景观团队的管理和项目的开发建设，参与了项目的规划设计和主持景观专业的设计、实施，8年时间，建成了中国景观界耳熟能详的红石公园、云朵乐园、折线公园、艺展公园、麓阶、山林溪谷，手划船航道以及黑珍珠、黑蝶贝、黑玉岛、麒麟荟、云龙荟、总部办公、游艇会所、麓坊中心、C8、B5样板岛等一大批支撑麓湖生态城成为中国神盘的各类景观项目。其中红石公园、云朵乐园的推出掀起了业界的参观热潮，自2017年开始一度成为了房地产景观，儿童乐园，市政公园竞相参考和模仿的经典案例；2020年初进入中铁文旅集团中铁四川生态城有限公司，参与3万4千亩超大盘的景观建设工作，主持了多项景观项目的设计和实施工作。

获奖情况

代表项目获得2018年英国BALL国家景观奖，2017 REARD地产星设计金奖，2016英国BALL国家景观奖，其中2015年红石公园为国内首次大规模实施花境作为景观美化的落地项目，在国内外获得很高评价。

2023年7月，首次以个人名义在上海2023景观节“第二届园林景观新场景新材料展览会”上展出了个人作品《VOISE GARDEN声音花园》，获得了“最佳展示设计奖”，2023年8月31日登上了人民日报网世界人居栏目：“高鲲：声音花园，用声音交流，与自然共生”，以声音为主题，用花园植物造景的手段去揭示人类随着科技不断发展，交流渠道繁多，但是在面对大自然时，需要回归声音交流和沟通的本真，用声音聆听大自然的心跳。

张帅
Shuai Zhang

个人简介

张帅，泛华建设集团有限公司景观规划总设计师、总工程师，高级工程师，中国传媒大学MBA。北京市政府采购中心评标专家，北京工程勘察设计行业专家，海南省风景园林协会专家，中国长城绿化促进会特邀专家，中国建筑产业互联网平台专家，世界人居智库专家。从事文旅综合开发与风景园林规划设计工作20余年，以“行为导引，运营优先”为设计理念，擅长领域涵盖城市公共空间、城市公园、城市更新、旅游景区、乡村振兴、全域旅游、生态修复、居住环境等。

主要设计项目

· 孝义河生态廊道环境提升工程
· 北京外国语大学西校区环境提升工程
· 齐王陵景区—天齐渊森林公园
· 四川乐山市水口片区乡村振兴示范区
· 金沙江下游河段文旅融合生态休闲带
· 宜昌市柏临河湿地公园
· 河南修武生态系统规划及运粮河公园
· 中国 · 锦州世界园林博览会
· 开封市汴西湖公园
· 银川市当代美术馆景观
· 北京中信诚一期景观
· 北京密云区浅山生态修复工程

获奖情况

2023 中国风景园林学会科学技术奖
2023 中国国际园林景观规划设计大赛金奖
2023—2024 国际环艺创新设计作品大赛金奖
2023 OLYMP'ARTS 国际奥艺委员会中国设计奖
2023 CSA 景观设计大奖优胜奖
2023 CSA景观设计大奖杰出景观设计师
2023 中国造园匠心耕耘人物
2023 HKDADC 香港数字艺术设计大赛一等奖
第五届国际园林景观规划设计大赛年度十佳设计奖
第三届国际园林景观规划设计大赛年度十佳设计奖

陈中川
ZhongChuan Chen

个人简介

上宸工程设计集团有限公司、温州市三川景观旅游规划设计有限公司首席设计师，温州景观协会会长。国际A级景观规划师、高级技师、温州市名师名家，毕业于温州大学艺术设计系，研读西工大土木工程学及风景园林学，进修于意大利米兰理工大学城市规划学院。温州景观协会专家、高级室内设计师，温州大学、温州商学院传媒与设计学院产业教授，温州市干部美育培训特邀导师，长城绿化促进会专家委员、国际景观园林规划设计行业协会特邀嘉宾，现为温州市工商联执委、温州市龙湾区政协委员。

研究领域

2000年至今主要从事建筑室内外环境改造、城市绿地景观、风景旅游设计、乡村规划设计、农业生态观光园规划设计等。本着追求“美丽中国，创意东方、艺术文化、地域风格”的设计理念，秉承“与时俱进，优质服务”的研究理念，凭借超前的国际设计理念打造“美丽中国的中国梦、时代记忆的旅游梦、理想家园的家乡梦”，创造具有地域特色的视觉佳境。并及时把握时代的发展脉搏，时刻了解当前业界的最新动态，追踪未来行业流行趋势和创新。积极探索新领域、新科技，开展AI设计等前沿科技研究。

学术成果

开展美学与景观行业知识讲座，开展校企合作，兼任院校技能导师、客座教师等。被聘为温州商学院传媒与设计学院产业教授、环境设计专业建设委员会主任。2022年4月在温州商学院公开做“乡村情怀与未来”主题报告，在温州市委组织的讲座中面向全市乡村干部做“山水温州的乡村未来”主题公开课，在浙江省为社会提供技能服务等。热衷于参与各类行业交流活动，2020年11月温州景观协会召开“瓯越山水 · 园林学派”专家研讨会，在会上确立了温州地域景观园林风格。

主要设计项目

从事风景园林专业规划设计20年来，在实践中积累了大量经验，每年完成上百个设计项目。
主持了区域绿地系统、区域文化带建设规划、风景园林设计等从规划到工程落地的多层次、多尺度、多维度的综合实践项目。如浙江文成刘基故里创5A级景区提升改造设计、文成县生态农庄及百丈漈、铜铃山、永嘉小若岩景区、玉女谷景区设计、瑞安市美丽乡村中国木活字东源古村落村庄规划、瑞安市美丽乡村及绿道乡村景观线、井冈山南山公园规划、温州一家人拍摄基地均路村项目、公阳乡太极文化创意院、温州龙湾国际网球中心提升工程、龙湾中央绿轴景观提升EPC项目工程、龙湾和合文化园庭院提升设计、福清市润源生态农业园、泰顺县新城弃土区护坡景观设计、泰顺县文祥湖片区景观规划概念性方案等数百个风景园林及旅游规划项目。

获奖情况

2014年12月获国际园林景观规划设计行业协会“年度杰出景观规划师”称号
2014年获得国际景观规划设计大赛艾景奖“年度十佳景观设计奖”
2014年获评温州时尚十大设计师荣誉称号
2016年获评温州市景观园林行业名师名家称号
2016年11月获景观技能赛二等奖
2017年2月获评室内装饰设计师一级技师称号
2017年8月荣获温州市“名师名家”称号
2018年12月入选浙江省“优秀技能人才”称号
2020年9月当选为温州景观协会会长
2022年4月受聘为温州商学院传媒与设计学院产业教授
2023年12月受聘为长城绿化促进会专家委员

朱婕妤
JieYu Zhu

个人简介

中国建设科技有限公司（中国城市建设研究院有限公司）教授级高级工程师，中国城市建设研究院有限公司科技委青年委员，中国工程建设标准协会乡村规划及产业振兴专委会顾问专家委员，住房和城乡建设部职称评审委员会专家（正高级），北京市工程勘察设计协会行业专家，中央企业智库联盟骨干专家，长城绿化促进会专家委员，北京市园林学会专家，北京市科学技术委员会-中关村科技园区管理委员会科技项目评审专家，中国工程师联合会资深会员，中国风景园林学会会员，中国城市科学研究会会员。

从业20年来主持和参与了近百项公司级和所级重大项目，长期从事历史文化遗产保护、城市更新、乡村振兴和大型综合展园的研究与实践工作。参与国家级、省级各类大型综合展园的规划设计，包括第十四届中国国际园林博览会城市更新展区规划设计、湖北省第四届园林博览会申报及博览园总体规划设计等。在国内外学术期刊发表高质量论文25篇。

主要设计项目

· 开封城墙公园五期
· 开封城墙六期（一渠六河示范段）
· 开封城墙七期及西北湖湿地公园
· 开封宋外城遗址公园（1期、2期）
· 开封水系二期（御河）
· 开封龙亭湖西南岸景观工程
· 开封内顺城景观工程
· 开封碧水河景观工程
· 赵王河下游湿地公园
· 渚河源乡村振兴示范区
· 第十四届中国国际园林博览园-城市更新展区
· 新疆拜城喀普斯浪河公园
· 克拉玛依森林公园
· 克拉玛依运动员公寓景观工程
· 青岛体育公园景观工程
· 任丘城市公园系列（植物园、华港公园、张华公园、石化公园、总部桥头、明德园、站前广场等）
· 陇西北关正街历史文化街区城市更新项目
· 保定人民广场更新项目

获奖情况

从事风景园林专业规划设计实践20年来，多次在国际、国内重大项目投标中拔得头筹，主持完成了区域绿地系统、区域文化带建设规划、风景园林设计等从规划到工程落地的多层次、多尺度、多维度的综合实践多达百余项。主持的大型综合工程项目达40余项，大型规划项目5个，这些具有国家、行业影响力的标志性项目，都成为了城乡的精品空间，获得地方政府、行业学协会以及社会各界的广泛好评，先后荣获了44项殊荣，包括全国工程勘察设计协会、中国风景园林学会、河北省住房和城乡建设厅、北京市工程勘察和北京市优秀规划、中国建设科技集团、中国城市建设研究院等机构颁发的奖项。

World Habitat
世界人居